普通高等教育"十三五"规划教材——化工环境系列

水分析化学

（第二版）

张志军　主　编

戴竹青　李定龙　副主编

中国石化出版社

内 容 提 要

　　本书全面介绍了水质分析的基本知识和基本方法，对各种水质指标的含义和测定方法进行了系统介绍，将这些方法分为化学方法和仪器方法两个大类。其中化学方法分为酸碱滴定、络合滴定、沉淀滴定、氧化还原滴定；仪器方法则选择吸收光谱和原子吸收等方法进行详细介绍，同时也介绍了色谱、电导和电位分析等较为常用的仪器分析方法。

　　本书在编写过程中注重基本概念、基本理论和基本技能的培养和训练，书后思考题和习题结合基本理论和水质分析实际问题，对知识点的巩固和增强实际运用能力有促进作用。

　　本书是根据全国高等学校给排水工程学科专业指导委员会制定的水分析化学课程教学基本要求编写的，适用于给排水和环境工程等专业本科学生，各专业教学过程中可根据实际情况对教材内容作适当调整。

图书在版编目（CIP）数据

　　水分析化学／张志军主编. —2 版. —北京：中国石化出版社，2018.12

　　普通高等教育"十三五"规划教材. 化工环境系列

　　ISBN 978-7-5114-5149-1

　　Ⅰ. ①水… Ⅱ. ①张… Ⅲ. ①水质分析–分析化学–高等学校–教材 Ⅳ. ①O661.1

　　中国版本图书馆 CIP 数据核字（2018）第 300301 号

中国石化出版社出版发行

地址:北京市朝阳区吉市口路 9 号

邮编:100020　电话:(010)59964500

发行部电话:(010)59964526

http://www.sinopec-press.com

E-mail:press@sinopec.com

北京科信印刷有限公司印刷

全国各地新华书店经销

*

787×1092 毫米 16 开本 15.25 印张 359 千字

2019 年 1 月第 2 版　2019 年 1 月第 1 次印刷

定价:45.00 元

前　言

　　水分析化学是环境工程和给水排水专业学生在学习无机化学、有机化学之后的一门专业基础课，它是研究水中杂质及其组成、性质和含量测定方法的一门学科。它的任务是使学生掌握分析化学的基本理论和基本操作技能，为将来从事工程设计和科学研究工作打下一定的基础。主要内容为四类化学滴定方法（酸碱滴定法、配位滴定法、沉淀滴定法和氧化还原滴定法）和主要仪器分析方法（如吸收光谱法、气相色谱法和原子吸收法等）的基本原理、基本知识、基本理论和基本技能。

　　编写过程中，在取材方面以酸碱平衡、络合、氧化还原和沉淀溶解平衡为理论基础，结合专业有关实例和水质指标加以论述，并对仪器分析的方法和进展作了适当的介绍。本书的第二、三、四、五章由张志军、李定龙编写，第一、六、七、八章由张志军、戴竹青编写。

　　本书编写过程中得到诸多同事的热情支持和帮助，在此致以衷心的感谢。

　　由于编者业务水平有限，不足之处敬请读者批评指正，以便不断提高本书质量。

目 录

第一章 绪 论

水是社会经济发展和日常生活不可缺少、不可替代的重要资源和环境要素，目前，全球水资源日趋紧张。20 世纪初，就有"19 世纪争煤、20 世纪争石油、21 世纪争水"的说法。现在这种说法已被证实，而且比预想的来得更快、更严峻。全世界有半数以上的国家和地区缺乏饮用水，更为严重的是由于水污染问题，目前已有约 70% 的人，即 17 亿人喝不上清洁的水；每年有 500 多万人，其中包括 200 万儿童死于与水有关的疾病；伴随流域水资源危机而出现的"环境难民"1998 年就已达到 2500 万人，超过了"战争难民"的人数。我国淡水资源总量名列世界第六，但人均占有量仅为世界平均值的四分之一，位居世界第 128 位，倒数排名第 13 位，而且时空分布极不均匀。黄河、淮河、海河、辽河四大流域，总面积为 156 万平方公里，人口为 3.8 亿，人均水资源占有量不足 500 立方米，仅为世界平均值的二十分之一，是我国严重缺水地区。全国 32 个百万以上人口的大城市中有 30 个缺水。北京市人均占有量是我国人均占有量的八分之一，仅为世界平均值的三十二分之一。天津市的人均水资源占有量只有 170 立方米左右，还不到世界平均值的百分之二。中国有四分之一的人口在饮用不符合卫生标准的水，"水污染"已经成为中国最主要的水环境问题。

在我国不少城市饮用水源中检出数十种有机污染物，许多有机污染物具有致癌、致畸、致突变性，对人体健康存在长期潜在危害。为此，2003 年，国家水利部组织对全国 267 个城市的 712 个重点集中式饮用水水源地进行了有机污染物调查，结果表明：苯、四氯化碳、多氯联苯、苯并[a]芘、酞酸二乙基己醇检出率分别为 67.4%、50.1%、12.9%、4.5%、43.5%。2004 年，国家水利部又组织对有机物污染问题比较突出的 89 个城市 217 个重点集中式饮用水水源地进行了跟踪监测，19.3% 的水源地存在 1~3 项有机污染物超标，主要超标有机污染物为多氯联苯、苯并[a]芘、酞酸二乙基己醇等。

2005 年国家环保局对全国 56 个城市的 206 个集中式饮用水源地的有机污染物监测表明：水源地受到 132 种有机污染物污染，其中 103 种属于国内或国外优先控制的污染物。邻苯二甲酸二丁酯、氯仿、二氯甲烷、苯、邻苯二甲酸二酯的检出率最高，分别为 50.0%、45.2%、44.8%、37.2% 和 35.1%。

2006 年由国家发改委、水利部、建设部、卫生部对 120 个城市 152 个典型饮用水水源地的有机污染物进行调查，有机污染物检出率达 40%，有 29 个水源地存在 1~2 项有机污染物超过《地表水环境质量标准》(GB 3838—2002) 限值，超标率为 19.1%，超标有机污染物包括：苯、四氯化碳、苯并[a]芘、多氯联苯、邻苯二甲酸二(2-乙基己基)酯。

珠江三角洲地区由于大量污水、废水未经处理直接排入江河，水体普遍受到点源及面源污染。2006 年，广东排放污水总量 65.5 亿吨，COD_{Mn} 排放总量 104.9 万吨，水源水质受到污染，有些支流污染已经非常严重。特别是流经城市的河流污染尤为严重。广州和深圳的部分水源地水质劣于III类。同时，珠江三角洲咸潮上溯也威胁着珠海、澳门、中山、广州、东莞等城市生活供水安全。

20 世纪 80 年代，松花江随着一曲《太阳岛上》扬名全国。当时，松花江里的鱼虾丰富，看渔民们撒网捕鱼成为松花江上的一道风景。但是，近几年渔民聚居的许多村子里却出现了一种怪病，表现为肌体无力，双手颤抖，关节弯曲，双眼向心性视野狭窄。经医生检查，这是一种汞中毒的症状。经医生进一步诊断，竟然是一种叫做水俣病的恐怖病症。2006 年 11 月 13 日 13 时 45 分左右，吉林石化公司双苯厂苯胺装置发生爆炸着火事故。由于哈尔滨市位于松花江下游，造成松花江部分江段污染，为保证安全，2006 年 11 月 23 日，哈尔滨开始全市大停水。这种整个城市停水的现象在哈尔滨市历史上还是第一次。

随着社会经济的发展，工农业用水的增加，若不加强治理工作，水的污染及水的质量和安全问题将日趋严重。

而有关水的污染状况分析、水的质量、安全等问题都需要借助于对水的相关指标进行分析测定，因此，水分析化学在目前我们的水环境治理中占有的地位越来越重要。

第一节　水分析化学性质和任务

水分析化学是研究水及其杂质、污染物的组成、性质、含量和它们的分析方法的一门学科。水分析化学是研究水中杂质及其变化的重要方法，在国民经济各个领域肩负着重要使命。水分析化学在种类繁多、且日趋严重的水环境污染治理与监测中起着"眼睛"和"哨兵"作用。给水排水设计、水处理工艺、水环境评价、废水综合利用效果等都必须以分析结果为依据，来作出正确判断和评价。

水分析化学是给水排水工程和环境工程专业学生的专业技术课之一。通过水分析化学学习，掌握水分析化学的四大滴定方法(酸碱滴定法、络合滴定法、沉淀滴定法和氧化还原滴定法)和主要仪器分析法(如吸收光谱法、气相色谱法和原子吸收光谱法等)的基本原理、基本理论、基本知识、基本概念和基本技能，掌握水质分析的基本操作，注重培养学生严谨的科学态度，以及独立分析问题和解决实际问题的能力。

第二节　水分析化学的分类

研究水中杂质、污染物质的组分、含量等的方法是多种多样的。除了定性分析和定量分析外，按分析时所依据水中的物质的性质和水样用量等分为化学分析法、仪器分析法和常量分析、半微量分析、微量分析和超微量分析等。

一、化学分析和仪器分析

(一) 化学分析方法

将水中被分析物质与一种已知成分、性质和含量的另一种物质发生化学反应，而产生具有特殊性质的新物质，由此，确定水中被分析物质的存在形式以及它的组成、性质和含量，这种方法称为化学分析法。简言之，以化学反应为基础的分析方法为化学分析方法。这一方法主要有重量分析法和滴定分析法。

1. 重量分析方法

将水中被分析组分与其中的其他组分分离后，转化为一定的称量形式，然后用称重方法计算该组分在水样中的含量。重量分析法按分离方法的不同又分为气化法、沉淀法、电解法和萃取法等。

重量分析法主要用于水中不可滤残渣或悬浮物(SS)、总残渣(蒸发残余量、溶解固形物)、总残渣灼烧减重、CCE、Ca^{2+}、Mg^{2+}、Ba^{2+}、可溶性 SiO_2、硫酸盐等的测定。

重量分析法适用于常量分析，比较准确，相对误差 0.1%~0.2%；但操作麻烦、费时较多，不适于水中微量组分测定。

2. 滴定分析法

滴定分析法又叫容量分析法，是将一已知准确浓度的试剂溶液和被分析物质的组分定量反应完全，根据反应完成时所消耗的试剂溶液的浓度和用量(体积)，计算出被分析物质的含量的方法。

已知准确浓度的试剂溶液称为标准溶液或滴定剂；将标准溶液从滴定管计量并滴加到被分析溶液中的过程称为滴定。

滴定分析法根据反应类型的不同分为四大类：酸碱滴定法、沉淀滴定法、络合滴定法、氧化还原滴定法。

滴定分析法要求化学反应必须满足：

① 反应必须定量地完成，在化学计量点反应的完全程度一般应在99.9%以上。

② 反应必须具有确定的化学计量关系，即反应按一定的反应方程式进行，这是定量计算的基础。

③ 反应能迅速地完成，否则，可加适当催化剂或加热来加快反应的进行。

④ 必须有较方便、可靠的方法确定滴定终点。

滴定分析法用于水样中碱度、酸度、硬度、Ca^{2+}、Mg^{2+}、Al^{3+}、Cl^-、硫化物、溶解氧(DO)、生物化学需氧量(BOD)、高锰酸盐指数、化学需氧量(COD)等许多无机物和有机物的测定。该分析方法的优点是简便、快速，有足够的准确度，相对误差在0.2%左右，主要用于常量组分测定。

(二) 仪器分析方法

以成套的物理仪器为手段，对水样中的化学成分和含量进行测定的方法称为仪器分析方法。实际上，是以水样中被分析成分的物理性质(如光、电、磁、热或声的性质)和物理化学性质，来测定水样中物质的组成和含量的方法。如光学分析法、电化学分析法、色谱分析法、质谱分析法和放射化学分析法等。

1. 光学分析法

利用被分析物质的光学性质来测定其组分含量的方法，是根据被分析物质对电磁波的辐射、吸收、散射等性质而建立的分析方法，是目前常用的微量和超微量分析方法。主要有比色法、吸收光谱法、发射光谱分析法、原子吸收光谱法、火焰光度法、荧光分析法和比浊分析法等。主要用于水中色度、浊度 NH_4^+-N、NO_2^--N、NO_3^--N、余氮、ClO_2^-、酚、CN^-、硫化物、Cd^{2+}、Hg^{2+}、Cr^{5+}、Cr^{3+}、Pb^{2+}、Zn^{2+}、Cu^{2+}、Fe^{2+}、Fe^{3+}、Mn^{2+}、砷化物、以及黄腐酸、木质素等许多微量成分的分析测定。原于吸收光谱法主要用于水中铅、锌、镉、锰、钴、镁、铜、镍等几十种金属元素的测定。冷原子荧光分析法适于测定水中汞。

2. 电化学分析法

利用被分析物质的电学性质进行定量的方法。主要分为电位分析法、电导分析法、库仑分析法和极谱分析法。主要用于水中 pH 值、酸度和碱度的测定，可用于酸碱滴定、络合滴定、沉淀滴定和氧化还原滴定等。

此外还有电子探针 X 射线显微分析法和离子探针微区分析法等。

3. 色谱法

以吸附或分配为基础的分析方法。包括气相色谱法、液相色谱法和离子色谱法等。该方法不仅可测定空气中的各种有害物质的浓度，而且用于水中许多成分的分离和超微量成分的测定。对水中 $CHCl_3$、$CHCl_2Br$、$CHClBr_2$ 和 $HCBr_2$ 等有机卤代物以及有机磷农药、苯系化合物、丙烯酰胺等有机化合物都能测定。

另外气相色谱-质谱(GC/MS)、气相色谱-核磁共振(GC/NMR)及其计算机等的联用分析技术也得到了迅速发展。

二、常量分析、半微量分析和微量分析

根据试样的用量及操作规程不同，可分为常量、半微量、微量和痕量分析。

1. 按分析时所需试样的量分(见表1-1)

表1-1　三种分析分类及所需试样的量

分类名称	所需试样质量/mg	所需试样体积/mL
常量分析(Macro Analysis)	100~1000	10~100
半微量分析(Semi-Micro Anylysis)	10~100	1~10
微量分析(Micro Analysis)	0.1~10	0.01~1

2. 按分析时组分在试样中相对含量分(见表1-2)

表1-2　三种分析分类及分析时组分在试样中相对含量

分类名称	相对含量/%
常量组分析(Macro Component Analysis)	>1
微量组分析(Micro Component Analysis)	0.01~1
痕量组分析(Trace Component Analysis)	<0.01

还有在生产运行中，例如水处理厂的日常分析工作，统称为例行分析或常规分析；裁决是非所进行的分析工作，称为仲裁分析或裁判分析；水处理厂生产线上所进行的自动连续取样分析，称为在线分析等。

第三节　水质指标和水质标准

水质是指水及其中杂质共同表现的综合特性。水质好坏得有个衡量标准和尺度，因此又提出了水质指标和水质标准，水质指标表示水中杂质的种类和数量，它是判断水污染程度的具体衡量尺度。同时针对水中存在的具体杂质或污染物，提出了相应的最低数量或浓度的限制和要求，即水质的质量标准。

一、水质指标

(一)物理指标

1. 水温

水的物理化学性质与水温有密切关系。水中溶解性气体(如氧、二氧化碳等)的溶解度、水生生物和微生物活动、化学和生物化学反应速度及盐度、pH 值等都受水温变化的影响。

水的温度因水源不同而有很大差异。一般来说，地下水温度比较稳定，通常为 8~12℃；地面水随季节和气候变化较大，大致变化范围为 0~30℃。工业废水的温度因工业类型、生产工艺不同有很大差别。

水温测量应在现场进行。常用的测量仪器有水温计、颠倒温度计和热敏电阻温度计。

2. 颜色和色度

颜色、浊度、悬浮物等都是反映水体外观的指标。纯水为无色透明，天然水中存在腐殖质、泥土、浮游生物和无机矿物质，使其呈现一定的颜色。工业废水含有染料、生物色素、有色悬浮物等，是环境水体着色的主要来源。有颜色的水可减弱水体的透光性，影响水生生物生长。

水的颜色可分为真色和表色两种。真色是指去除悬浮物后水的颜色；没有去除悬浮物的水所具有的颜色称为表色。对于清洁或浊度很低的水，其真色和表色相近；对于着色很深的工业废水，二者差别较大。水的色度一般是指真色而言。水的颜色常用以下方法测定。

（1）铂钴标准比色法

本方法是用氯铂酸钾与氯化钴配成标准色列，再与水样进行目视比色确定水样的色度。规定每升水中含 1mg 铂和 0.5mg 钴所具有的颜色为 1 度，作为标准色度单位。测定时如果水样浑浊，则应放置澄清，也可用离心法或用孔径 0.45μm 滤膜过滤去除悬浮物，但不能用滤纸过滤。

该方法适用于较清洁的、带有黄色色调的天然水和饮用水的测定。如果水样中有泥土或其他分散很细的悬浮物，用澄清、离心等方法处理仍不透明时，则测定"表色"。

（2）稀释倍数法

该方法适用于受工业废水污染的地面水和工业废水颜色的测定。测定时，首先用文字描述水样颜色的种类和深浅程度，如深蓝色、棕黄色、暗黑色等。然后取一定量水样，用蒸馏水稀释到刚好看不到颜色，根据稀释倍数表示该水样的色度。

3. 臭

臭是检验原水和处理水的水质必测项目之一。水中臭主要来源于生活污水和工业废水中的污染物、天然物质的分解或与之有关的微生物活动。

测定臭的方法有定性描述法和臭强度近似定量法（臭阈试验）。

（1）定性描述法

这种检验方法的要点是：取 100mL 水样于 250mL 锥形瓶中，检验人员依靠自己的嗅觉，分别在 20℃和煮沸稍冷后闻其臭，用适当的词语描述其臭特征，并按划分的等级报告臭强度，见表 1-3。

表 1-3 臭强度等级

等 级	强 度	说 明
0	无	无任何气味
1	微弱	一般饮用者难以察觉，嗅觉敏感者可以察觉
2	弱	一般饮用者刚能察觉
3	明显	已能明显察觉，不加处理，不能饮用
4	强	有很明显的臭味
5	很强	有强烈的恶臭

(2) 臭阈值法

该方法是用无臭水稀释水样,直至闻出最低可辨别臭气的浓度(称"臭阈浓度"),用其表示臭的阈限。水样稀释到刚好闻出臭味时的稀释倍数称为"臭阈值",即

$$臭阈值 = \frac{水样体积(mL) + 无臭水体积(mL)}{水样体积(mL)}$$

检验操作要点:用水样和无臭水在锥形瓶中配制水样稀释系列(稀释倍数不要让检验人员知道),在水浴上加热至(60 ± 1)℃;检验人员取出锥形瓶,振荡2~3次,去塞,闻其臭气,与无臭水比较,确定刚好闻出臭气的稀释样,计算臭阈值。如水样含余氯,应在脱氯前后各检验一次。

由于检验人员嗅觉敏感性有差异,对同一水样稀释系列的检验结果会不一致,因此,一般选择5名以上嗅觉敏感的人员同时检验,取各检臭人员检验结果的几何均值作为代表值。

4. 残渣

残渣分为总残渣、总可滤残渣和总不可滤残渣三种。它们是表征水中溶解性物质、不溶性物质含量的指标。

(1) 总残渣

总残渣是水和废水在一定的温度下蒸发、烘干后剩余的物质,包括总不可滤残渣和总可滤残渣。其测定方法是取适量(如50mL)振荡均匀的水样于称至恒重的蒸发皿中,在蒸汽浴或水浴上蒸干,移入103~105℃烘箱内烘至恒重,增加的重量即为总残渣(mg/L)。计算式如下:

$$总残渣 = \frac{(A - B) \times 1000 \times 1000}{V}$$

式中　A——总残渣和蒸发皿重,g;
　　　B——蒸发皿重,g;
　　　V——水样体积,mL。

(2) 总可滤残渣

总可滤残渣量是指将过滤后的水样放在称至恒重的蒸发皿内蒸干,再在一定温度下烘至恒重所增加的重量。一般测定103~105℃烘干的总可滤残渣,但有时要求测定180℃±2℃烘干的总可滤残渣。水样在此温度下烘干,可将吸着水全部赶尽,所得结果与化学分析结果所计算的总矿物质含量较接近。计算方法同总残渣。

(3) 总不可滤残渣(悬浮物,SS)

水样经过滤后留在过滤器上的固体物质,于103~105℃烘至恒重得到的物质质量称为总不可滤残渣量。它包括不溶于水的泥沙、各种污染物、微生物及难溶无机物等。常用的滤器有滤纸、滤膜、石棉坩埚。由于它们的滤孔大小不一致,故报告结果时应注明。石棉坩埚通常用于过滤酸或碱浓度高的水样。

5. 电导率

水的电导率与其所含无机酸、碱、盐的量有一定关系。当它们的浓度较低时,电导率随浓度的增大而增加,因此,该指标常用于推测水中离子的总浓度或含盐量。不同类型的水有不同的电导率。新鲜蒸馏水的电导率为0.5~2μS/cm,但放置一段时间后,因吸收了CO_2,增加到2~4 μS/cm;超纯水的电导率小于0.10 μS/cm;天然水的电导率多在50~500μS/cm 之间;海

水的电导率约为 30000 μS/cm。

6. 浊度

浊度是指水中悬浮物对光线透过时所发生的阻碍程度。测定浊度的方法有分光光度法、目视比浊法、浊度计法等。

(1) 分光光度法

① 方法原理：

将一定量的硫酸肼与六次甲基四胺聚合，生成白色高分子聚合物，以此作为浊度标准溶液，在一定条件下与水样浊度比较。该方法适用于天然水、饮用水浊度的测定。

② 测定要点

a. 将蒸馏水用 0.2μm 的滤膜过滤，以此作为无浊度水。

b. 用硫酸肼[(NH₂)₂SO₄·H₂SO₄]和六次甲基四胺[(CH₂)₆N₄]及无浊度水配制浊度储备液、浊度标准溶液和系列浊度标准溶液。

c. 于 680 nm 波长处测定系列浊度标准溶液的吸光度，绘制吸光度–浊度标准曲线。

d. 取适量水样定容，按照测定系列浊度标准溶液方法测其吸光度，并由标准曲线上查出相应浊度，按下式计算水样的浊度(度)：

$$浊度 = \frac{A \cdot V}{V_0}$$

式中　A——经稀释的水样浊度，度；

　　　V——水样经稀释后的体积，mL；

　　　V_0——原水样体积，mL。

(2) 目视比浊法

水样与用硅藻土(或白陶土)配制的标准浊度溶液进行比较，以确定水样的浊度。规定 1L 蒸馏水中含 1mg 一定粒度的硅藻土(或白陶土)所产生的浊度为一个浊度单位，简称度。

(3) 浊度计测定法

浊度计是依据浑浊液对光进行散射或透射的原理制成的测定水体浊度的专用仪器，一般用于水体浊度的连续自动测定。

7. 透明度

透明度是指水样的澄清程度，洁净的水是透明的。透明度与浊度相反，水中悬浮物和胶体颗粒物越多，其透明度就越低。测定透明度的方法有铅字法、塞氏盘法、十字法等。

8. 矿化度

矿化度是水化学成分测定的重要指标，用于评价水中总含盐量，是农田灌溉用水适用性评价的主要指标之一。该指标一般只用于天然水。对无污染的水样，测得的矿化度值与该水样在 103~105℃时烘干的总可滤残渣量值相近。

矿化度的测定方法有重量法、电导法、阴、阳离子加和法、离子交换法、比重计法等。重量法含意明确，是较简单、通用的方法。

9. 氧化还原电位

对一个水体来说，往往存在多种氧化还原电对，构成复杂的氧化还原体系，而其氧化还原电位是多种氧化物质与还原物质发生氧化还原反应的综合结果。这一指标虽然不能作为某种氧化物质与还原物质浓度的指标，但能帮助我们了解水体的电化学特征，分析水体的性质，是一项综合性指标。

水体的氧化还原电位必须在现场测定。其测定方法是以铂电极作指示电极，饱和甘汞电极作参比电极，与水样组成原电池，用晶体管毫伏计或通用 pH 计测定铂电极相对于甘汞电极的氧化还原电位，然后再换算成相对于标准氢电极的氧化还原电位作为报告结果。

（二）微生物指标

水中微生物指标主要有细菌总数、大肠茵群和游离性余氯。

1. 细菌总数

指 1mL 水样在营养琼脂培养基中，于 37℃ 培养 24h 后，所生长细菌菌落的总数。水中细菌总数用来判断饮用水、水源水、地面水等污染程度的标志。我国饮用水中规定细菌总数 ≤100 个/mL。

2. 大肠菌群

大肠菌群可采用多管发酵法、滤膜法和延迟培养法测定。我国饮用水中规定大肠菌群 ≤ 3 个/L。

3. 游离性余氯

饮用水氯消毒之后剩余的游离性有效氯为游离性余氯。可采用碘量法、N,N-二乙基对苯二胺-硫酸亚铁铵滴定法和 N,N-二乙基对苯二胺（DPD）光度法测定。国家饮用水规定：集中式给水出厂水游离性余氯不低于 0.3mg/L，管网末梢水不应低于 0.05mg/L。

（三）化学指标

天然水和一般清洁水中最主要的离子成分有阳离子：Ca^{2+}、Mg^{2+}、Na^+、K^+ 和阴离子：HCO_3^-、SO_4^{2-}、Cl^- 和 SiO_3^{2-} 八大基本离子，再加上量虽少、但起重要作用的 H^+、OH^-、CO_3^{2-}、NO_3^- 等，可以反映出水中离子组成的基本概况。而污染较严重的天然水、生活污水、工业废水可看作是在此基础上又增加了其他杂质成分。表示水中杂质及污染物的化学成分和特性的综合性指标为化学指标，主要有 pH 值、酸度、碱度、硬度、酸根、总合盐量、高锰酸盐指数、TOC、COD、BOD、DO、TOD 等。

1. 酸度和碱度

（1）酸度

酸度是指水中能给出质子的物质总量。这类物质包括无机酸、有机酸、强酸弱碱盐等。

地面水中，由于溶入二氧化碳或被机械、选矿、电镀、农药、印染、化工等行业排放的含酸废水污染，使水体 pH 值降低，破坏了水生生物和农作物的正常生活及生长条件，造成鱼类死亡，作物受害。所以，酸度是衡量水体水质的一项重要指标。

（2）碱度

水的碱度是指水中能接受质子的物质总量，包括强碱、弱碱、强碱弱酸盐等。

天然水中的碱度主要是由重碳酸盐、碳酸盐和氢氧化物引起的，其中重碳酸盐是水中碱度的主要形式。引起碱度的污染源主要是造纸、印染、化工、电镀等行业排放的废水及洗涤剂、化肥和农药在使用过程中的流失。

碱度和酸度是判断水质和废水处理控制的重要指标。碱度也常用于评价水体的缓冲能力及金属在其中的溶解性和毒性等。

2. pH 值

pH 值是溶液中氢离子浓度的负对数，即

$$pH = -\lg\alpha_{H^+}$$

pH 值是最常用的水质指标之一。天然水的 pH 值多在 6~9 范围内；饮用水 pH 值要求在 6.5~8.5 之间；某些工业用水的 pH 值必须保持在 7.0~8.5 之间，以防止金属设备和管道被腐蚀。此外，pH 值在废水生化处理，评价有毒物质的毒性等方面也具有指导意义。

测定水的 pH 值的方法有玻璃电极法和比色法。

3. 溶解氧(DO)

溶解于水中的分子态氧称为溶解氧。水中溶解氧的含量与大气压力、水温及含盐量等因素有关。大气压力下降、水温升高、含盐量增加，都会导致溶解氧含量降低。

清洁地表水溶解氧接近饱和。当有大量藻类繁殖时，溶解氧可能过饱和；当水体受到有机物质、无机还原物质污染时，会使溶解氧含量降低，甚至趋于零，此时厌氧细菌繁殖活跃，水质恶化。水中溶解氧低于 3~4 mg/L 时，许多鱼类呼吸困难；继续减少，则会窒息死亡。一般规定水体中的溶解氧至少在 4 mg/L 以上。在废水生化处理过程中，溶解氧也是一项重要控制指标。

测定水中溶解氧的方法有碘量法及其修正法和氧电极法。清洁水可用碘量法；受污染的地面水和工业废水必须用修正的碘量法或氧电极法。

4. 化学需氧量(COD)

化学需氧量是指水样在一定条件下，氧化 1L 水样中还原性物质所消耗的氧化剂的量，以氧的每升毫克数表示。水中还原性物质包括有机物和亚硝酸盐、硫化物、亚铁盐等无机物。化学需氧量反映了水中受还原性物质污染的程度。基于水体被有机物污染是很普遍的现象，该指标也作为有机物相对含量的综合指标之一。

对废水化学需氧量的测定，我国规定用重铬酸钾法，也可以用与其测定结果一致的库仑滴定法。

5. 高锰酸盐指数

以高锰酸钾溶液为氧化剂测得的化学耗氧量，以前称为锰法化学耗氧量。我国新的环境水质标准中，已把该值改称高锰酸盐指数，而仅将酸性重铬酸钾法测得的值称为化学需氧量。国际标准化组织(ISO)建议高锰酸钾法仅限于测定地表水、饮用水和生活污水。

按测定溶液的介质不同，分为酸性高锰酸钾法和碱性高锰酸钾法。因为在碱性条件下高锰酸钾的氧化能力比酸性条件下稍弱，此时不能氧化水中的氯离子，故常用于测定含氯离子浓度较高的水样。

酸性高锰酸钾法适用于氯离子含量不超过 300 mg/L 的水样。当高锰酸盐指数超过 5 mg/L 时，应少取水样并经稀释后再测定。

6. 生化需氧量(BOD)

生化需氧量是指在有溶解氧的条件下，好氧微生物在分解水中有机物的生物化学氧化过程中所消耗的溶解氧量。同时亦包括如硫化物、亚铁等还原性无机物质氧化所消耗的氧量，但这部分通常占很小比例。

有机物在微生物作用下好氧分解大体上分两个阶段。第一阶段称为含碳物质氧化阶段，主要是含碳有机物氧化为二氧化碳和水；第二阶段称为硝化阶段，主要是含氮有机化合物在硝化菌的作用下分解为亚硝酸盐和硝酸盐。然而这两个阶段并非截然分开，而是各有主次。对生活污水及性质与其接近的工业废水，硝化阶段大约在 5~7d，甚至 10d 以后才显著进行，故目前国内外广泛采用的20℃五天培养法(BOD$_5$法)测定BOD值一般不包括硝化阶段。

BOD是反映水体被有机物污染程度的综合指标,也是研究废水的可生化降解性和生化处理效果,以及生化处理废水工艺设计和动力学研究中的重要参数。

7. 总有机碳(TOC)

总有机碳是以碳的含量表示水体中有机物质总量的综合指标。由于TOC的测定采用燃烧法,因此能将有机物全部氧化,它比BOD$_5$或COD更能反映有机物的总量。

目前广泛应用的测定TOC的方法是燃烧氧化-非色散红外吸收法。其测定原理是:将一定量水样注入高温炉内的石英管,在900~950℃温度下,以铂和三氧化钴或三氧化二铬为催化剂,使有机物燃烧裂解转化为二氧化碳,然后用红外线气体分析仪测定CO$_2$含量,从而确定水样中碳的含量。因为在高温下,水样中的碳酸盐也分解产生二氧化碳,故上面测得的为水样中的总碳(TC)。为获得有机碳含量,可采用两种方法:一种是将水样预先酸化,通入氮气曝气,驱除各种碳酸盐分解生成的二氧化碳后再注入仪器测定;另一种方法是使用高温炉和低温炉皆有的TOC测定仪。

8. 总需氧量(TOD)

总需氧量是指水中能被氧化的物质,主要是有机物质在燃烧中变成稳定的氧化物时所需要的氧量,结果以O$_2$的每升毫克数表示。

二、水质标准

水质标准是表示生活饮用水、工农业用水等各种用途的水中污染物质的最高容许浓度或限量阈值的具体限制和要求。因此,水质标准实际是水的物理、化学和生物学的质量标准。这些水质标准都是为保障人群健康的最基本的卫生条件和按各种用水及其水源的要求而提出的。

水质标准分为国家正式颁布的统一规定和企业标准。前者是要求各个部门、企业单位都必须遵守的具有指令性和法律性的规定;后者虽不具法律性,但对水质提出的限制和要求,在控制水质、保证产品质量方面有积极的参考价值。有关这些水质标准请详见附表。

1. 生活饮用水卫生标准

生活饮用水水质标准是制约水厂向居民供应符合卫生要求的生活饮用水,保障人群身体健康的基本限制和要求。生活饮用水水质不应超过附表所列限量。

(1) 不仅感官性状无不良刺激或不愉快的感觉,如饮用水中色度、浊度、嗅味等符合标准外,对水中由于氯消毒形成氯代酚而引起强烈臭味的挥发酚类化合物规定<0.002mg/L;使水产生金属涩味、浑浊、并使衣服、瓷器产生铜绿的锌与铜规定均不超过1.0mg/L,等等。

(2) 所含有害或有毒物质的浓度对人体健康不产生毒害和不良影响。

(3) 同时重要的是生活饮用水中不应含有各种病源细菌、病毒和寄生虫卵,在流行病学上安全可靠。我国饮用水中规定细菌总数不超过100个/mL,大肠菌群不超过3个/L,游离性余氯不应低于0.3mg/L(出厂水),等等。

2. 工业用水水质要求

工业种类繁多,对其用水要求也不尽相同,但有它们的共同点:就是水质必须保证产品质量,保障生产正常运行。工业用水主要有生产技术用水、锅炉用水和冷却水。各种工业用水往往由本行业自身做出规定。

3. 农业用水与渔业用水水质要求

农业用水约占地球用水的 70%，主要是灌溉用水，要求在农田灌溉后，水中各种盐类被植物吸收不会因食用中毒或引起其他影响。尤其用水含盐量不得过多，否则导致土壤盐碱化，因此我国规定，对非盐碱土农田的灌溉用水总合盐量不得超过 1500mg/L。

渔业用水除保证鱼类的正常生存、繁殖外，还要防止因水中有毒有害物质通过食物链在鱼体内的积累、转化引起鱼类死亡或人类中毒现象发生。

4. 水体污染控制标准

水体污染控制标准就是为保护天然水体免受污染。为饮用水、工农业用水、渔业用水等提供优质合格水资源的重要限制举措。

我国颁布的《地面水环境质量标准》和《污水排放标准》就是为保护水域水质、控制污染物排放、保证受纳水体水质符合用水要求而制定的具体措施和法规。

第四节　水样的采集和保存

一、地面水样的采集

(一) 采样前的准备

采样前，要根据监测项目的性质和采样方法的要求，选择适宜材质的盛水容器和采样器，并清洗干净，此外，还需准备好交通工具。交通工具常使用船只。对采样器具的材质要求化学性能稳定，大小和形状适宜，不吸附欲测组分，容易清洗并可反复使用。

(二) 采样方法和采样器(或采水器)

采集表层水时，可用桶、瓶等容器直接采取。一般将其沉至水面下 0.3~0.5m 处采集。采集深层水时，可使用带重锤的采样器沉入水中采集。将采样容器沉降至所需深度(可从绳上的标度看出)，上提细绳打开瓶塞，待水样充满容器后提出。对于水流急的河段，宜采用急流采样器。它是将一根长钢管固定在铁框上，管内装一根橡胶管，其上部用夹子夹紧，下部与瓶塞上的短玻璃管相连，瓶塞上另有一长玻璃管通至采样瓶底部。采样前塞紧橡胶塞，然后沿船身垂直伸入要求水深处，打开上部橡胶管夹，水样即沿长玻璃管流入样品瓶中，瓶内空气由短玻璃管沿橡胶管排出。这样采集的水样也可用于测定水中溶解性气体，因为它是与空气隔绝的。测定溶解气体(如溶解氧)的水样，常用双瓶采样器采集。将采样器沉入要求水深处后，打开上部的橡胶管夹，水样进入小瓶(采样瓶)并将空气驱入大瓶，从连接大瓶短玻璃管的橡胶管排出，直到大瓶中充满水样，提出水面后迅速密封。此外，还有多种结构较复杂的采样器，例如，深层采水器、电动采水器、自动采水器、连续自动定时采水器等。

二、废水样品的采集

(一) 采样方法

1. 浅水采样

可用容器直接采集，或用聚乙烯塑料长把勺采集。

2. 深层水采样

可使用专制的深层采水器采集，也可将聚乙烯筒固定在重架上，沉入要求深度采集。

3. 自动采样

采用自动采样器或连续自动定时采样器采集。例如，自动分级采样式采水器，可在一个生产周期内，每隔一定时间将一定量的水样分别采集在不同的容器中；自动混合采样式采水器可定时连续地将定量水样或按流量将采集的水样汇集于一个容器内。

三、地下水样的采集

从监测井中采集水样常利用抽水机设备。启动后，先放水数分钟，将积留在管道内的杂质及陈旧水排出，然后用采样容器接取水样。对于无抽水设备的水井，可选择适合的专用采水器采集水样。对于自喷泉水，可在涌水口处直接采样。对于自来水，也要先将水龙头完全打开，放水数分钟，排出管道中积存的死水后再采样。地下水的水质比较稳定，一般采集瞬时水样，即能有较好的代表性。

四、底质(沉积物)样品的采集

水、底质和水生生物组成了一个完整的水环境体系。底质能记录给定水环境的污染历史，反映难降解物质的积累情况，以及水体污染的潜在危险。底质的性质对水质、水生生物有着明显的影响，是天然水是否被污染及污染程度的重要标志。所以，底质样品的采集监测是水环境监测的重要组成部分。底质监测断面的设置原则与水质监测断面相同，其位置应尽可能与水质监测断面相重合，以便于将沉积物的组成及其物理化学性质与水质监测情况进行比较。由于底质比较稳定，受水文、气象条件影响较小，故采样频率远较水样低，一般每年枯水期采样 1 次，必要时可在丰水期增采 1 次。采集表层底质样品一般采用挖式(抓式)采样器或锥式采样器。

五、流量的测量

在采集水样的同时，还需要测量水体的水位(m)、流速(m/s)、流量(m^3/s)等水文参数，因为在计算水体污染负荷是否超过环境容量、控制污染源排放量、估价污染控制效果等工作中，都必须知道相应水体的流量。对于较大的河流，水文部门一般设有水文监测断面，应尽量利用其所测参数。

六、水样的运输和保存

各种水质的水样，从采集到分析测定这段时间内，由于环境条件的改变，微生物新陈代谢活动和化学作用的影响，会引起水样某些物理参数及化学组分的变化。为将这些变化降低到最低程度，需要尽可能地缩短运输时间、尽快分析测定和采取必要的保护措施；有些项目必须在采样现场测定。

(一) 水样的运输

对采集的每一个水样，都应做好记录，并在采样瓶上贴好标签，运送到实验室。在运输过程中，应注意以下几点：①要塞紧采样容器器口塞子，必要时用封口胶、石蜡封口(测油类的水样不能用石蜡封口)。②为避免水样在运输过程中因震动、碰撞导致损失或沾污，最好将样瓶装箱，并用泡沫塑料或纸条挤紧。③需冷藏的样品，应配备专门的隔热容器，放入致冷剂，将样品瓶置于其中。④冬季应采取保温措施，以免冻裂样品瓶。

(二) 水样的保存

储存水样的容器可能吸附欲测组分，或者沾污水样，因此要选择性能稳定、杂质含量低的材料制做的容器。常用的容器材质有硼硅玻璃、石英、聚乙烯和聚四氟乙烯。其中，石英和聚四氟乙烯杂质含量少，但价格昂贵，一般常规监测中广泛使用聚乙烯和硼硅玻璃材质的容器。不能及时运输或尽快分析的水样，则应根据不同监测项目的要求，采取适宜的保存方法。水样的运输时间，通常以 24h 作为最大允许时间；最长储放时间一般为：清洁水样 72h；轻污染水样 48h；严重污染水样 12h。保存水样的方法有以下几种：①冷藏或冷冻法冷藏或冷冻的作用是抑制微生物活动，减缓物理挥发和化学反应速度。②加入化学试剂保存法。③调节 pH 值：测定金属离子的水样常用 HNO_3 酸化至 pH 为 1~2，既可防止重金属离子水解沉淀，又可避免金属被器壁吸附；测定氰化物或挥发性酚的水样加入 NaOH 调至 pH 为 12 时，使之生成稳定的酚盐等。

（三）水样的过滤或离心分离

如欲测定水样中组分的全量，采样后立即加入保存剂，分析测定时充分摇匀后再取样。如果测定可滤（溶解）态组分的含量，国内外均采用以 0.45μm 微孔滤膜过滤的方法，这样可以有效地除去藻类和细菌，滤后的水样稳定性好，有利于保存。测定不可过滤的金属时，应保留过滤水样用的滤膜备用。如没有 0.45μm 微孔滤膜，对泥沙型水样可用离心方法处理。含有机质多的水样，可用滤纸或砂芯漏斗过滤。自然沉降后取上清液测定可滤态组分是不恰当的。

第五节　水样的预处理

环境水样的组成是相当复杂的，并且多数污染组分含量低，存在形态各异，所以在分析测定之前，需要进行适当的预处理，以得到欲测组分适于测定方法要求的形态、浓度和消除共存组分干扰的试样体系。

下面介绍主要预处理方法。

一、消解处理

水样的消解是当测定含有机物水样中的无机元素时，需进行消解处理。消解处理的目的是破坏有机物，溶解悬浮性固体，将各种价态的欲测元素氧化成单一高价态或转变成易于分离的无机化合物。消解后的水样应清澈、透明、无沉淀。消解水样的方法有湿式消解法和干式分解法（干灰化法）。

（一）湿式消解法

1. 硝酸消解法

对于较清洁的水样，可用硝酸消解。其方法要点是：取混匀的水样 50~200mL 于烧杯中，加入 5~10mL 浓硝酸，在电热板上加热煮沸，蒸发至小体积，试液应清澈透明，呈浅色或无色，否则，应补加硝酸继续消解。蒸至近干，取下烧杯，稍冷后加 $2\%HNO_3$（或 HCl）20mL，温热溶解可溶盐。若有沉淀，应过滤，滤液冷至室温后于 50mL 容量瓶中定容，备用。

2. 硝酸-高氯酸消解法

两种酸都是强氧化性酸，联合使用可消解含难氧化有机物的水样。因为高氯酸能与羟基化合物反应生成不稳定的高氯酸酯，有发生爆炸的危险，故先加入硝酸，氧化水样中的羟基化合物，稍冷后再加高氯酸处理。

3. 硝酸-硫酸消解法

两种酸都有较强的氧化能力，其中硝酸沸点低，而硫酸沸点高，二者结合使用，可提高消解温度和消解效果。常用的硝酸与硫酸的比例为 5:2。

4. 硫酸-磷酸消解法

两种酸的沸点都比较高,其中,硫酸氧化性较强,磷酸能与一些金属离子如 Fe^{3+} 等络合,故二者结合消解水样,有利于测定时消除 Fe^{3+} 等离子的干扰。

5. 硫酸-高锰酸钾消解法

该方法常用于消解测定汞的水样。高锰酸钾是强氧化剂,在中性、碱性、酸性条件下都可以氧化有机物,其氧化产物多为草酸根,但在酸性介质中还可继续氧化。消解要点是:取适量水样,加适量硫酸和 5%高锰酸钾,混匀后加热煮沸,冷却,滴加盐酸羟胺溶液破坏过量的高锰酸钾。

6. 多元消解方法

为提高消解效果,在某些情况下需要采用三元以上酸或氧化剂消解体系。例如,处理测总铬的水样时,用硫酸、磷酸和高锰酸钾消解。

7. 碱分解法

当用酸体系消解水样会造成易挥发组分损失时,可改用碱分解法,即在水样中加入氢氧化钠和过氧化氢溶液,或者氨水和过氧化氢溶液,加热煮沸至近干,用水或稀碱溶液温热溶解。

(二) 干灰化法

干灰化法又称高温分解法。其处理过程是:取适量水样于白瓷或石英蒸发皿中,置于水浴上蒸干,移入马弗炉内,于 450~550℃ 灼烧到残渣呈灰白色,使有机物完全分解除去。取出蒸发皿,冷却,用适量 2%HNO_3(或 HCl)溶解样品灰分,过滤,滤液定容后供测定。本方法不适用于处理测定易挥发组分(如砷、汞、镉、硒、锡等)的水样。

二、富集与分离

当水样中的欲测组分含量低于分析方法的检测限时,就必须进行富集或浓缩;当有共存干扰组分时,就必须采取分离或掩蔽措施。富集和分离往往是不可分割、同时进行的。常用的方法有过滤、挥发、蒸馏、溶剂萃取、离子交换、吸附、共沉淀、层析、低温浓缩等,要结合具体情况选择使用。

(一) 挥发和蒸发浓缩

挥发分离法是利用某些污染组分挥发度大,或者将欲测组分转变成易挥发物质,然后用惰性气体带出而达到分离的目的。例如,用冷原子荧光法测定水样中的汞时,先将汞离子用氯化亚锡还原为原子态汞,再利用汞易挥发的性质,通入惰性气体将其带出并送入仪器测定;用分光光度法测定水中的硫化物时,先使之在磷酸介质中生成硫化氢,再用惰性气体载入乙酸锌-乙酸钠溶液吸收,从而达到与母液分离的目的。测定废水中的砷时,将其转变成砷化氢气体(AsH_3),用吸收液吸收后供分光光度法测定。蒸发浓缩是指在电热板上或水浴中加热水样,使水分缓慢蒸发,达到缩小水样体积,浓缩欲测组分的目的。该方法无需化学处理,简单易行,尽管存在缓慢、易吸附损失等缺点,但无更适宜的富集方法时仍可采用。据有关资料介绍,用这种方法浓缩饮用水样,可使铬、锂、钴、铜、锰、铅、铁和钡的浓度提高 30 倍。

(二) 蒸馏法

蒸馏法是利用水样中各污染组分具有不同的沸点而使其彼此分离的方法。测定水样中的挥发酚、氰化物、氟化物时，均需先在酸性介质中进行预蒸馏分离。在此，蒸馏具有消解、富集和分离三种作用。氟化物可用直接蒸馏装置，也可用水蒸气蒸馏装置；后者虽然对控温要求较严格，但排除干扰效果好，不易发生暴沸，使用较安全。测定水中的氨氮时，需在微碱性介质中进行预蒸馏分离。

（三）溶剂萃取法

溶剂萃取法是基于物质在不同的溶剂相中分配系数不同，而达到组分的富集与分离。

（四）离子交换法

离子交换是利用离子交换剂与溶液中的离子发生交换反应进行分离的方法。离子交换剂可分为无机离子交换剂和有机离子交换剂，目前广泛应用的是有机离子交换剂，即离子交换树脂。离子交换树脂是可渗透的三维网状高分子聚合物，在网状结构的骨架上含有可电离的、或可被交换的阳离子或阴离子活性基团。强酸性阳离子树脂含有活性基团—SO_3H、—SO_3Na 等，一般用于富集金属阳离子。强碱性阴离子交换树脂含有—$N(CH_3)_3$—X^- 基团，其中 X^- 为 OH^-、Cl^-、NO_3^- 等，能在酸性、碱性和中性溶液中与强酸或弱酸阴离子交换，应用较广泛。

（五）共沉淀法

共沉淀系指溶液中一种难溶化合物在形成沉淀过程中，将共存的某些痕量组分一起载带沉淀出来的现象。共沉淀现象在常量分离和分析中是力图避免的，但却是一种分离富集微量组分的手段。例如，在形成硫酸铜沉淀的过程中，可使水样中浓度低至 $0.02\mu g/L$ 的 Hg^{2+} 共沉淀出来。

共沉淀的原理基于表面吸附、形成混晶、异电核胶态物质相互作用及包藏等。

（六）吸附法

吸附是利用多孔性的固体吸附剂将水样中一种或数种组分吸附于表面，以达到分离的目的。常用的吸附剂有活性炭、氧化铝、分子筛、大网状树脂等。被吸附富集于吸附剂表面的污染组分，可用有机溶剂或加热解吸出来供测定。例如，国内某单位用国产 DA201 大网状树脂富集海水中 10^{-9} 级有机氯农药，用无水乙醇解吸，石油醚萃取两次，经无水硫酸钠脱水后，用气相色谱电子捕获检测器测定，对农药各种异构体均得到满意地分离效果，其回收率均在 80% 以上，且重复性好，一次能富集几升甚至几十升海水。

第六节　水分析结果的误差及其表示方法

水质分析的目的是准确测定水样中相关组分的含量。这就要求分析结果具有一定的准确度，因为不准确的分析结果会使水污染治理走弯路，工程设计不合理，甚至在科学上得出错误的结论。但是不论从实际情况出发，还是从认识论的观点来看问题，世界上不存在绝对准确的分析结果。人们发现，在分析过程中即使技术很熟练的人，采用最先进的分析方法和最精密的仪器，对同一水样进行多次分析，也不可能得到完全相同的结果。也就是说，分析过程中的误差是客观存在的。我们的任务就是查出产生误差的原因及其研究减免误差的具体办法。还要学会运用科学的方法来表述和评价分析结果的可靠程度。

一、误差的来源

根据误差的来源和性质分为系统误差和随机误差。

（一）系统误差

系统误差又叫可测误差。由某些经常的原因引起的误差，使测定结果系统偏高或偏低。其大小、正负也有一定规律，具有重复性和可测性。系统误差包括：

1. 方法误差

由于某一分析方法本身不够完善或有缺陷而造成的。例如滴定分析法中反应进行不完全，干扰离子的影响，化学计量点和滴定终点不一致，副反应的产生，重量分析法中沉淀的溶解，共沉淀现象、灼烧时沉淀分解或挥发以及分析步骤过繁，试剂不足或过量等造成的系统偏高或偏低。

2. 仪器和试剂误差

由于仪器本身不够精确和试剂或蒸馏水不纯造成的误差。如，砝码重量、容量器皿（如滴定管）刻度、仪表刻度不准确以及试剂和蒸馏水中含有被测物质或干扰物质等，使分析结果偏高或偏低。

3. 操作误差

由于操作人员一些生理上或习惯上的原因而造成的。例如，分析人员所掌握的分析操作与正确实验条件不符或分析人员由于视觉原因，在辨别滴定终点的颜色时，有的人偏浅，有的人偏深，在读取刻度时有的人偏高，有的人偏低。

（二）随机误差

随机误差又叫偶然误差。由某些偶然原因引起的误差，如，水温、气压的微小波动、仪器的微小变化，分析人员对水样预处理、保存或操作技术上的微小差别以及天平（万分之一分析天平最小读数 0.0001g）、滴定管（常量滴定管最小读数 0.01mL）最后一位读数的不确定性等一些不可避免的偶然因素使分析结果产生波动造成的误差。随机误差的大小、正负无法测量，也不能加以校正，所以随机误差又叫不可测误差。

（三）过失误差

应该指出，由于分析人员主观上责任心不强、粗心大意或违反操作规程等原因造成的"过失误差"，例如水样的丢失或沾污、读数记录或计算错误等，不属于上述两类误差范畴。分析人员只要有严谨的作风、细致的工作态度和强烈的责任感，这些过失误差是可以避免的。

二、分析方法的误差与准确度

误差分绝对误差和相对误差。

绝对误差：测量值(X)与真实值(X_T)之差称为绝对误差(E)或误差

$$绝对误差＝测量值-真值$$

$$E = X - X_T$$

相对误差：绝对误差在真值中所占的百分率。则相对误差 $RE(\%)$：

$$RE = \frac{E}{X_T} \times 100\% = \frac{X - X_T}{X_T} \times 100\% \qquad (1-1)$$

绝对误差和相对误差都有正负之分，正值表示测定值比真值偏高，负值表示测定值比真值偏低。

准确度：指测定结果与真实值接近的程度，分析方法的准确度由系统误差和随机误差决定的。可用绝对误差或相对误差表示。误差越小，准确度越高。但在实际水处理和分析实践中，通常以"回收率"表示方法的准确度。

$$回收率 = \frac{加标水样测定值 - 水样测定值}{加标量} \times 100\% \qquad (1-2)$$

式中　加标水样测定值——水样中加入已知量的标准物后；按分析流程测定值，mg 或
　　　　　　　　　　mg/L；

　　　　水样测定值——水样直接按分析流程测定值，mg 或 mg/L；

　　　　　　加标量——加入标准物质的量，mg 或 mg/L。

回收率用百分数表示，回收率越大，方法的准确度越高。

三、偏差与精密度

通常把测定值(X_i)与平均值($\bar{X}$)之差称做绝对偏差(用 d 表示)，或用平均偏差($\bar{d}$)即偏差绝对值的平均值表示：

绝对偏差：
$$d = X - \bar{X}$$

或平均偏差

$$\bar{d} = \frac{\sum_{i=1}^{n} |d_i|}{n} \qquad (1-3)$$

相对偏差：绝对偏差(d)在平均值 $\bar{X}$ 中所占的百分数。

则相对偏差 $d(\%)$：

$$d(\%) = \frac{d}{\bar{X}} \times 100\% \qquad (1-4)$$

相对平均偏差：平均偏差($\bar{d}$)在平均值($\bar{X}$)中所占的百分数。

$$\bar{d}(\%) = \frac{\bar{d}}{\bar{X}} \times 100\% \qquad (1-5)$$

精密度：指各次测定结果互相接近的程度。分析方法的精密度是由随机误差决定的。由于平均偏差或相对平均偏差取了绝对值($|d_i|$)，因而都是正值，所以偏差越小，精密度越高，否则相反。

在分析化学中，有时用平行性、重复性和再现性表示不同情况下分析结果的精密度。

平行性：指两个或多个平行样测定结果的符合程度。

重复性：表示同一分析人员在同一分析条件下所得分析结果的精密度。

再现性：表示不同分析人员或不同实验室之间在各自条件下所得分析结果的精密度。

用数理统计方法处理数据时，在研究报告中，常用相对标准偏差来反映一组平行测定数据的精密度。

相对标准偏差：标准偏差(S)在平均值($\bar{X}$)中所占的百分数。又称变异系数，用 $CV(\%)$ 表示。

$$CV = \frac{S}{\bar{X}} \times 100\% \qquad (1-6)$$

$$S = \sqrt{\frac{\sum_{i=1}^{n} (X_i - \bar{X})^2}{n-1}} = \sqrt{\frac{\sum_{i=1}^{n} d_i^2}{n-1}} \qquad (1-7)$$

式中　CV——变异系数，百分率表示；

　　　S——有限测定次数时标准差；

　　　X_i——水样测定值，$i=1$，2，$\cdots$，n；

　　　$\overline{X}$——水样测定结果的平均值；

　　　n——水样测定次数；

　$n-1$——自由度，$(n-1)$指立偏差的个数；

　　　d_i——测定值与平均值之差。

例1-1　一个水样中 Cl^- 用银量法 10 次测定结果为 10.1，10.0，9.5，9.7，10.2，9.9，10.5，9.8，9.9，10.4mg/L，求该方法的精密度。

解　$\overline{X}=10.0$。由式(1-7)得：$S=0.31$

则由式(1-6)得：$CV=3.1\%$

四、提高准确度与精密度的方法

为了提高分析方法的准确度和精密度。必须减少或消除系统误差和随机误差。

（一）减少系统误差

1. 校准仪器

对滴定管、容量瓶、移液管、砝码、以及精密分析仪表定期进行校正。

2. 做空白试验

在进行水质分析时，需要以蒸馏水代替水样，按与分析水样相同的操作步骤和条件进行测定，求得空白值；然后从水样测定值中扣除空白值。

3. 做对照试验

水样与标准物质按同一分析方法对照进行分析，或同一水样，进行不同人员、不同单位之间分析对照。

4. 对分析结果校正

如测定水样中的 Cu，先用电重量方法测定电极上析出的 Cu（令为 A），然后用比色法测定残留在水溶液中未被电解的 Cu（令为 B），则 $A+B$ 之和就是水样中的铜。

（二）增加测定次数

同一水样，多做几次取平均值，可减少随机误差。测定次数越多，平均值越接近真值。一般，要求平行测定 2~4 次。

（三）减少测量误差

在重量分析和滴定分析中，分析天平的称量误差为 0.0001g，滴定管读数误差为 0.01mL，相对误差均要求小于 0.1%。

（四）选择合适的分析方法

对常量组分宜采用重量分析法和滴定分析法，灵敏度虽不高，但准确度较高。微量组分宜采用仪器分析方法，允许有较大的相对误差，但灵敏度较高。

第七节　数据处理

上面已经讲了误差来源、表示方法及其减少和消除误差办法。下面介绍水样经过分析测定后所得结果的数据处理方法。

一、有限次测量数据的统计处理

如前述，分析结果的系统误差易于测量校正，但随机误差不能测定也无法消除，因此讨论它的分布规律更有意义。随机误差服从正态分布（又高斯分布），正态分布规律只有无限多次测量数据时，测量的平均值才完全等于真值。而实际分析测量次数都是有限的，这样正态分布规律不适用了，而采用 t 分布规律，即有限次测量数据的分布规律（这方面内容见有关参考文献）。在有限次测量中，合理的得到真值的方法应该是估计出有限次测量中平均测量值与真值的接近程度，即在测量值附近估算出真值可能存在的范围。这又引出置信度和置信度区间问题。

置信度就是人们对分析结果判断的有把握程度。它的实质仍然归结为某事件出现的概率（或可能性或机会），置信度与概率两概念并无本质区别，只是观察问题的角度不同。如讲"概率"，指考察测量值（X）在真值（μ）附近某一范围内出现的可能性有多大，用 $X = \mu \pm t_\text{表} S_x$ 表示。如讲"置信度"，指考察在测量值（X）附近某一范围内出现真值（μ）的把握性有多大，用 $\mu = X \pm t_\text{表} S_x$ 表示。显然，后者对水分析工作更有意义。实际水分析工作中，用下式表示分析测量结果。

$$\mu = \overline{X} \pm i_\text{浓} S_{\overline{X}} = \overline{X} \pm i_\text{浓} \frac{S}{\sqrt{n}} \tag{1-8}$$

式中　X 和 $\overline{X}$——测量值和多次测量结果的平均值；

　　　　μ——真值；

　　　　$i_\text{浓}$——自由度（$f = n-1$）与概率 P（置信度）相对应的 t 值（由 t 值表 1-4 查出）；

　　　　S——标准偏差，见式（1-7）；

　　　　$S_{\overline{X}}$——平均值的标准偏差，即标准偏差与测量次数的平方根的比值，用来表示测量结果的分散程度；

$$S_{\overline{X}} = \frac{S}{\sqrt{n}} = \sqrt{\frac{\sum_{i=1}^{n} (X_i - \overline{X})^2}{n(n-1)}} \tag{1-9}$$

式中　n——测量次数。

表 1-4　$t_{\alpha-f}$ 值表（双边）

置信度显性水平 α / 自由度 f	$P = 0.50$ / $\alpha = 0.50$	0.90 / 0.10	0.95 / 0.05	0.99 / 0.01
1	1.00	6.31	12.71	63.66
2	0.82	2.92	4.30	9.93
3	0.76	2.35	3.18	5.84
4	0.74	2.13	2.78	4.60
5	0.73	2.02	2.57	4.03
6	0.72	1.94	2.45	3.71
7	0.71	1.90	2.37	3.50
8	0.71	1.86	2.31	3.36
9	0.70	1.83	2.26	3.25
10	0.70	1.81	2.23	3.17
20	0.69	1.72	2.09	2.85
∝	0.67	1.64	1.96	2.58

二、有效数字及其计算规则

(一) 有效数字

为了得到准确的分析结果,不仅要按分析程序正确操作测量外,还要如实地记录和正确地表示测量结果。分析测量结果必须用有效数字来表示。用有效数字表示的测量结果,除最后一位数字是不甚确定(或可疑)的以外,其余各位数字必须是确定无疑的。

有效数字是可靠数字和可疑数字(或欠准数字)的总称。可靠数字指一个量几次测定结果,总是固定不变的数字。例如:用分析天平多次称量邻苯二钾酸氢钾结果是:1.5002,1.5003,1.5001,其中1.500为可靠数字,最后一位为可疑数字,因此,有5位有效数字。又如:用常量滴定管几次滴定某水样时所消耗的体积为25.25mL,25.24mL,25.26mL,25.20mL,有4位有效数字,其中前3位数字为可靠数字,第4位数字是估算出来的,为可疑数字。对有效数字的最后一位可疑数字,通常理解为可能有(±1)个单位的误差。

下面几组数据的有效数字的位数:

0.05	2×10^3	1 位;
0.0053	4.2×10^4	2 位;
0.0530	4.20×10^{-4}	3 位;
0.5300	42.00%	4 位;
1.0530	10531	5 位;

有效数字中"0"有双重意义,例如0.0530前面两个"0"只起定位作用,只与采用单位有关,与测量的精度无关,不是有效数字。而最后位"0"则表示测量精度所能达到的位数,是有效数字。

还应注意:像4200mg有效数字位数较含糊,可写成4.2×10^3mg(2位),4.20×10^3mg(3位),4.200×10^3mg(4位)有效数字位数就明确了。还有像pH、pM、lg$K$等对数值,其有效数字位数仅取决于小数部分(尾数)数字的位数,其中整数部分实际上只起定位作用。如pH=7.00,只有2位有效数字,因为$[H^+]=1.0\times10^{-7}$mol/L;pH=7.0,只有1位有效数字,因为$[H^+]=1\times10^{-7}$mol/L,等等。

(二) 有效数字的计算规则

分析数据计算处理本身是无法提高结果的精确程度的,只能如实地反映测量可能达到的精度;因此,在有效数字的计算中必须遵守如下规则:

① 在加减法中,它们的和或差有效数字位数,应与参加运算的数字中小数点后位数最小的那个数字相同。例如,210.2+2.46+3.758=216.4。

其中210.2的小数点后位数最少。故取216.4。

② 在乘除法中,它们的积或商的有效数字位数,应与参加运算的数字中有效数字位数最小的那个数字相同,例如:5.21×0.021×1.0432=0.16。

其中0.021有效数字位数最少,故取0.16。

(三) 数字的修约规则

测量值的有效数字位数确定后,就要将它们后面多余的数字舍弃。舍弃多余数字的过程称为"数字修约"。数字修约规则是"四舍六入五成双"。

例如: 4 舍 6 入: $\begin{cases}2.243\rightarrow2.24\\2.246\rightarrow2.25\end{cases}$

5 成双：$\begin{cases} 2.245 \to 2.24 \\ 2.235 \to 2.24 \end{cases}$

（四）极端值取舍

偏离其他几个测量值较远的数值，为极端值或逸出值或离群值。

例如：22.34，20.25，20.30，20.33，显然 22.34 偏离其他测量值较远。极端值或逸出值的取舍应持慎重态度，从理论上讲一个数值也不应舍弃。如果一个试验中明显知道有过失错误，测量结果就应舍掉。但是如找不到原因，一般参照 4d 检验法、Q 检验法、格鲁布斯（F. F. Grubbs）检验法以及 Cochran 最大方差检验法等。

（五）显著性检验

如果测定结果的平均值 $\overline{X}$ 与其值 μ 不一致，是由随机误差引起的，这样差异必然很小，则可认为测定结果与分析方法是可靠的。相反，如这种不一致，由系统误差引起的，则这种差异必然很显著，则说明测定结果和分析方法不可靠。显著性差异的检验方法可采用如下方法。

1. t 检验法

t 检验法是检验测定结果的平均值 $\overline{X}$ 与标准值 μ 之间是否存在显著差异。t 检验法的理论基础仍然是 t 分布，按式（1-9）平均值的置信区间表达式 $\mu = \overline{X} \pm t_{\text{表}} S_x$，定义参数 $t_{\text{计}}$ 为：

$$t_{\text{计}} = \frac{\overline{X} - \mu}{S} \cdot \sqrt{n} \tag{1-10}$$

因为，根据测定平均值 $\overline{X}$，标准值 μ，标准偏差 S 和测定次数 n，即可求得 $t_{\text{计}}$。同时根据自由度（$f = n-1$）和所要求的置信度 P 由 t 值表查出相应 $t_{\text{物}}$，如：

$|t_{\text{计}}| \leq t_{\text{表}}$，则 $\overline{X}$ 与 μ 无显著差异，否则

$|t_{\text{计}}| > t_{\text{表}}$，则 $\overline{X}$ 与 μ 有显著差异。

具有显著性差异的测量值在随机误差分布中出现的概率称为显著性水平或显著性水准，用 α 表示。如果概率 P（置信度）$= 0.95$，则显著性水平 $\alpha = 0.05$。P 与 α 实质上是一样的，只是看问题角度不同。两者关系是 $\alpha = 1-P$。

一旦发现有显著性差异，就要设法找到产生误差的原因。

如果无合适的标准样品，可采用公认的已成熟的或标准的老方法与新方法进行比较，如两方法测定的 $\overline{X}_1$ 与 $\overline{X}_2$ 不存在显著差异，则新方法可靠；否则有显著差异，是由系统误差造成的，说明方法不可靠。此时可用 F 检验法和 t 检验法联合检验。

2. F 检验法和 t 检验法联合检验

（1）F 检验法

主要通过比较两组数据的方差 S^2，确定它们的精密度是否有显著性差异。

令两种测定结果分别为 $\overline{X}_1$、S_1 和 n_1 以及 $\overline{X}_2$、S_2 和 n_2。先按下式计算 $F_{\text{计}}$ 值。

$$F_{\text{计}} = \frac{S^1_{\text{大}}}{S^2_{\text{小}}} \text{（此值总是大于 1）}$$

式中　S^2 称作方差，是标准偏差的平方。由式（1-7）：

$$S^2 = \frac{\sum\limits_{i=1}^{n} (X_i - \overline{X})^2}{n-1} \tag{1-11}$$

然后由两组测定的自由度 $f_{s\text{大}}$ 和 $f_{s\text{小}}$ 查出相应的 $F_{\text{表}}$ 值。

$F_{计} > F_{表}$，有显著差异

否则 $F_{计} < F_{表}$，则说明 S_1 和 S_2 没有显著差异，需进一步做 t 检验，以便确定是否有系统误差存在，即 $\overline{X}_1$ 与 $\overline{X}_2$ 之间是否有显著差异。

应注意：表 1-5 中的 F 值为单边值（$P = 95\%$，$\alpha = 5\%$），即指一组数据的方差只能大于、等于但不可能小于另一组的方差。例如判断一台性能良好的新仪器的精密度是否显著优于旧仪器时，只能新仪器比旧仪器好或相当，而不会差，故属单边检验。而双边检验是指一组数据的方差可能大于、等于或小于另一组数据的方差。

（2）t 检验法

$$t_n = \frac{\overline{X}_1 - \overline{X}_2}{S_合} \cdot \sqrt{\frac{n_1 \cdot n_2}{n_1 + n_2}} \tag{1-12}$$

$$S_合 = \sqrt{\frac{(n_1 - 1)S_1^2 + (n_2 - 1)S_2^2}{n_1 + n_2 - 2}} \tag{1-13}$$

式中　$S_合$——合并标准偏差。

再由自由度 $f_总 = n_1 + n_2 - 2$ 和所定的置信度 P 在 t 表值中查出相应的 $t_表$ 值。如果 $t_{计} > t_表$，则 $\overline{X}_1$ 与 $\overline{X}_2$ 之间有显著差异，表明方法不可靠。

表 1-5　置信度 95 时 F 值（单边）

$f_小$②　$\diagdown$　$f_大$①	2	3	4	5	6	7	8	9	10	∞
2	19.00	19.16	19.25	19.30	19.33	19.36	19.37	19.38	19.39	19.50
3	9.55	9.25	9.12	9.01	8.94	8.88	8.84	8.81	8.78	8.53
1	6.94	6.59	6.39	6.26	6.16	6.09	6.04	6.00	5.96	5.63
5	5.79	5.11	3.19	5.05	4.95	4.88	4.82	4.78	4.74	4.36
6	5.14	4.76	4.53	1.39	4.28	4.21	4.15	4.10	4.06	3.67
7	4.74	4.35	1.12	3.97	3.87	3.79	3.73	3.68	3.63	3.23
8	4.46	4.07	3.84	3.69	3.58	3.50	3.44	3.39	3.34	2.93
9	4.26	3.86	3.63	3.18	3.37	3.29	3.23	3.18	3.13	2.71
10	4.10	3.71	3.48	3.33	3.22	3.14	3.07	3.02	2.97	2.54
∞	3.00	2.60	2.37	2.21	2.10	2.01	1.94	1.88	1.83	1.00

注：① $f_大$：大方差数据的自由度；② $f_小$：小方差数据的自由度。

例 1-2　为检验一种方法测定水中 ClO_2^- 含量的可靠性，与用原来的碘量法测定水样中 ClO_2^- 含量进行比较，结果如下：

新方法：5.26、5.25、5.22 mg/L

原方法：5.35、5.31、5.33、5.34 mg/L

问新方法是否可靠（$P = 0.90$）。

解：本例题属双边检验问题。首先用 F 检验法检验两个方法的精密度有无显著性差异。已知

$$n_1 = 3, \quad \overline{X}_1 = 5.24 \quad S_1 = \sqrt{\frac{\sum_{i=1}^{n}(X_i - \overline{X})^2}{n - 1}} = 0.021$$

$$n_2 = 4, \quad \overline{X}_2 = 5.33 \quad S_2 = 0.017$$

由 $F_计 = \dfrac{S^1_大}{S^1_小}$ 计算 F 计:

$$F_计 = \frac{(0.021)^2}{(0.017)^2}$$

查 F 值表(见表1-5), $f_大 = 2$, $f_小 = 3$, $F_表 = 9.55$

$$F_计 < F_表$$

说明两组数据的标准偏差没有显著性差异。

表1-5中的 F 值做双边检验时, α 是单边检验时的 2 倍,做出此种判断的置信度为 90%, 再按式(1-13)和式(1-12)分别求合并标准偏差 $S_合$ 和 $t_计$:

$$S_合 = 0.019。$$

$$t_计 = 6.21。$$

查 t 值表,当 $P = 0.90$ $f = n_1 + n_2 - 2 = 5$ 时, $t_表 = 2.02$

则 $t_计 > t_表$ 故两种分析方法之间存在显著性差异,必须找出原因,加以解决。

三、回归分析法(或最小二乘法)

回归分析就是研究变量间相互关系的统计方法,把两个变量之间的线性关系配成直线的方法称为回归分析法。其一元线性回归直线方程:

$$Y = aX + b$$

式中 Y——水样中某物质的浓度或含量;

X——该物质对应的响应值;

a——回归直线的斜率,称回归系数;

b——回归直线的截距。

假设 X 能够准确测量的,当 X 取值 X_1, 并通过计算求得 Y 的估算值 $Y_{1估算}$, 则

$$Y_{1估算} = aX_1 + b$$

令 Y 的实测值为 $Y_{1实测}$, 则 Y 的实测值 $Y_{1实测}$ 与估算值 $Y_{1估算}$ 的绝对误差为 $Y_{1实测} - Y_{1估算}$。最小二乘法就是要求 n 个 $(Y_{1实测} - Y_{1估算})$ 的平方和 S 达到最小,即选择适当的 a 和 b, 使

$$S = \sum_{i=1}^{n} (Y_{i实测} - Y_{i估算})^2 = \sum_{i=1}^{n} (Y_{i实测} - aX_i - b)^2 = 最小值$$

a 和 b 由求极值方法求得:

$$a = \frac{S(xy)}{S(xx)} \; ; \; b = \overline{Y} - a\overline{X} \tag{1-14a}$$

$$\overline{X} = \frac{1}{n} \sum_{i=1}^{n} X_1 \; ; \; \overline{Y} = \frac{1}{n} \sum_{i=1}^{n} Y_1 \tag{1-14b}$$

$$S(xx) = \sum_{i=1}^{n} (X_i - \overline{X})^2 \; ; \; S(xy) = \sum_{i=1}^{n} (X_i - \overline{X})(Y_i - \overline{Y}) \tag{1-14c}$$

应该指出,回归分析不能代替准确测量,只是对准确测量的一个补充。因此量之间存在某种线性关系时,回归直线才有意义。判断回归直线是否有意义,用相关系数。相关系数表示两个变量之间的接近程度,用 r 表示。r 越接近 1, 线性关系就越好。

$$r = \frac{S_{(xy)}}{\sqrt{S_{(xx)} S_{(yy)}}} = \frac{\sum_{i=1}^{n} (X_i - \overline{X})(Y_i - \overline{Y})}{\sqrt{\sum_{i=1}^{n} (X_i - \overline{X})^2 (Y_i - \overline{Y})^2}} \tag{1-15a}$$

$(0 \leqslant |r| \leqslant 1)$

$$S(yy) = \sum_{i=1}^{n} (Y_i - \bar{Y})^2 \qquad (1-15b)$$

在应用相关系数判断两个变量是否相关时，应考虑测量的次数和置信水平。如果计算的相关系数大于相应的 r 值，可认为这种线性关系是有意义的。

回归方程的精密度用剩余标准差 Sy 表示：

$$Sy = \sqrt{\frac{S_{(xr)} - aS_{(xr)}}{n-2}} = \sqrt{\frac{(1-r)^2 S_{(xr)}}{n-2}} \qquad (1-16)$$

在测量范围内的每个 X 值，有95.4%的 y 值落在两条平行直线 $Y' = aX+b-2S$ 与 $Y'' = aX+b+2S$ 之间；有99.7%的 y 值落在两条平行直线 $Y' = aX-b-3S$ 与 $Y'' = aX+b+3S$ 之间。

第八节 标准溶液和物质的量浓度

一、标准溶液和基准物质

已知准确浓度的溶液为标准溶液。能用于直接配制或标定标准溶液的物质称为基准物质或标准物质。基准物质必须满足下列条件：①纯度高，其中杂质含量<（0.01%～0.02%）。②稳定；不吸水、不分解、不挥发、不吸收 CO_2、不易被空气氧化。③易溶解。④有较大的摩尔质量。称量时用量大，可减少称量误差。⑤定量参加反应，无副反应。⑥试剂的组成与它的化学式完全相符。

用于酸碱滴定的有 Na_2CO_3、邻苯二甲酸氢钾 $KHC_8H_2O_4$、硼砂 $Na_2B_4O_7 \cdot 10H_2O$；用于沉淀而定的有 $NaCl$、KCl；用于络合滴定的有 Zn、$CaCO_3$、ZnO 等；用于氧化还原滴定的有重铬酸钾 $K_2Cr_2O_7$，溴酸钾 $KBrO_3$，草酸钠 NaC_2O_4、草酸 $H_2C_2O_4$、$2H_2O$ 等，见表1-6。

表1-6 滴定分析常用的基准物质

应用范围	基准物质		干燥条件
	名称	化学式	
酸碱滴定	无水碳酸钠	Na_2CO_3	180℃，干燥器中冷却
	硼砂	$Na_2B_4O_7 \cdot 10H_2O$	在盛有 $NaCl$ 和蔗糖饱和溶液的密闭容器中干燥
	邻苯二甲酸氢钠	$KHC_8H_2O_4$	105～110℃烘 3～4h，干燥器中冷却
	氨基磺酸	$HOSO_2NH_2$	真空干燥器中放 48h
络合滴定	锌	Zn	用 0.1mol/L HCl 洗表面后，依次用 H_2O_2、C_2H_6OH、$(CH_3)_2CO$ 冲洗。室温干燥器中 24h
	氧化锌	ZnO	900～1000℃灼烧至恒黄，干燥器中冷却
	碳酸钠	Na_2CO_3	105～110℃烘 2h，干燥器中冷却
沉淀滴定	氯化钠	$NaCl$	500～600℃烘 40～50min，干燥器中冷却
	氯化钾	KCl	500～600℃
	氟化钠	NaF	500～550℃烘 40～50min，干燥器中冷却

续表

应用范围	基准物质		干 燥 条 件
	名称	化学式	
氧化还原滴定	重铬酸钾	$K_2Cr_2O_7$	130℃烘干1.5~2h，干燥器中冷却
	草酸钠	$Na_2C_2O_4$	105~110℃烘干2h，干燥器中冷却
	溴酸钠	$NaBrO_3$	130℃烘干1.5~2h，干燥器中冷却
	碘酸钾	KIO_3	130℃烘干1.5~2h，干燥器中冷却
	铜	Cu	室温干燥器中保存
	三氧化二砷	As_2O_3	150℃下3~4h，干燥器中冷却24h
	草酸钠	$Na_2C_2O_4$	室温空气干燥

二、标准溶液的配制和标定

标准溶液的配制有直接法和标定法。

（一）直接法

准确称取一定量基准物质，用少量水（或其他溶剂）溶解后，稀释成一定体积的溶液。根据所用物质质量和溶液体积来计算其准确浓度。例如：欲配制重铬酸钾标准溶液（1/6 $K_2Cr_2O_7$，0.1000mol/L），准确称取预先在120℃烘干2h的重铬酸钾4.9038，用水溶解后，稀释至1L。

（二）标定法

标定法又叫间接配制法。不能做基准物质的 NaOH、HCl、H_2SO_4、硫酸亚铁铵 $(NH_4)_2Fe(SO_4)_2 \cdot 6H_2O$、硫代硫酸钠 $Na_2S_2O_3$ 等，不能直接配制标准溶液，首先按需要配成近似浓度的操作溶液，再用基准物质或其他标准溶液测定其准确浓度。这种用基准物质或标准溶液测定操作溶液准确浓度的过程称为标定。

例如：欲配制0.1mol/L HCl 标准溶液。先用浓 HCl 稀释配成浓度约为0.1mol/L的稀溶液，然后用一定量的硼砂或已知准确浓度的 NaOH 标准溶液进行标定。

三、标准溶液浓度的表示方法

物质的量浓度

物质的量指溶液中所含溶质的量（过去称为摩尔数），其单位为 mol 或 mmol。物质的量浓度是指单位体积溶液中所含溶质的物质的量，其单位为 mol/L 与 mmol/L。用符号 C 表示。

例如：体积为 $V_A(L)$ 的溶液中所含 A 物质的量为 $n_A(mol)$，则该溶液物质的浓度 C_A（mol/L）为

$$C_A = \frac{n_A}{V_A}$$

或

$$n_A = C_A \cdot V_A$$

若 A 物质的摩尔质量为 $M_A(g/mol)$，则每升溶液中含 A 物质的质量 $m_A(g)$ 为：

$$m_A = n_A \cdot M_A = C_A \cdot V_A \cdot M_A$$

例如：$C_{NaCO_3} = 0.1mol/L$，表示每升溶液中含 $NaCO_3$ 0.1 mol，其中 $NaCO_3$ 的质量：

$$m_{NaCO_3} = n_{NaCO_3} M_{NaCO_3} = 0.1 \times 10^6 = 10.6g$$

应该特别指出，在滴定分析中，标准溶液配制、标定、滴定剂与待测物质之间的计量关系以及分析结果的计算等，都要涉及物质的量，且物质的量的数值与基本单元的选择有关。因此在表示物质的量浓度时，必须指明基本单元，一般采用分子、原子、离子、电子及其他粒子或这些粒子的特定组合作为基本单元。而基本单元的选择，一般以化学反应的计量关系为依据。

例如：在酸性溶液中，用草酸（$C_2O_4^{2-}$）作基准物质标定 $KMnO_4$ 溶液浓度时，其滴定化学反应是

$$2MnO_4^- + 5H_2C_2O_4 + 6H^+ \longrightarrow 2\,Mn^{2+} + 10\,CO_2\uparrow + 8H_2O$$

由化学反应的化学计量数（过去称摩尔比）可得出

$$\frac{n_{KMnO_4}}{n_{H_2C_2O_4}} = \frac{2}{5}$$

因此，确定 $KMnO_4$ 基本单元为 $1/5\ KMnO_4$，而 $H_2C_2O_4$ 为 $1/2\ H_2C_2O_4$ 在化学计量点（过去称等当点）时，则有：

$$n\left(\frac{1}{5}KMnO_4\right) = n\left(\frac{1}{2}H_2C_2O_4\right)$$

凡是涉及物质的量和物质的量浓度时均可按此法处理和表示。例如下列溶液中：

氢氧化钠的量浓度 $C(NaOH) = 1mol/L$，其基本单元是 $NaOH$；

硫酸的量浓度 $C(1/2H_2SO_4) = 1mol/L$，其基本单元是 $1/2\ H_2SO_4$；

硫酸的量浓度 $C(H_2SO_4) = 1mol/L$，其基本单元是 H_2SO_4；

重铬酸钾的量浓度 $C(1/6K_2Cr_2O_7) = 0.25000mol/L$，其基本单元是 $1/6K_2Cr_2O_7$；

碳酸钠的量浓度 $C(1/2Na_2CO_3) = 0.1mol/L$，其基本单元是 $1/2Na_2CO_3$；等等。

使用物质的量浓度以后，过去的当量浓度、体积摩尔浓度、克分子浓度等均不再使用。

四、水质分析结果的表示方法

水质分析中至少取两个或两个以上平行样进行分析，并用其平均值表示分析结果。

水样分析结果通常用毫克/升（mg/L）或 10^{-6}（即百万分之几）表示。当浓度小于 0.1 mg/L 时，则用微克/升（μg/L）或 10^{-9}（即十亿分之几）表示或更小的单位纳克/升（ng/L）或 10^{-12}（即万亿分之几）表示。

$$1g = 10^3 mg = 10^6 \mu g = 10^9 ng。$$

对浓度大于 1000mg/L 时，用百分数表示，当相对密度等于 1.00 时，1% 等于 10000mg/L。当测量高相对密度的水样（废液）时，如以 10^{-6} 或质量百分比表示时，应作如下修正：

$$10^{-6}(按质量) = \frac{(mg/L)}{相对密度}$$

$$\%(按质量) = \frac{(mg/L)}{10000 \times 相对密度}$$

在此情况下，如以毫克/升表示时，则应注明相对密度，显然，当水样的相对密度为 1.0000 时，1 mg/L 恰好等于百万分之一，即 1 毫克/升 = 1mg/L = 1×10^{-6}；同样有 1 微克/升 = $1\mu g/L = 1 \times 10^{-9}$；1 纳克/升 = $1ng/L = 1 \times 10^{-12}$。在水质分析中，一般天然水、多数废水和污水的相对密度都近似于 1，因此实际工作中 mg/L 与 10^{-6}，μg/L 与 10^{-9} 等常常互相混用。但

是对于高相对密度的工业废水、废液、海水或水中的污泥等测定结果，必须进行修正。

应该指出，水质分析结果一般不采用百分含量表示。但是，对于底质(如河水底泥、水处理污泥等)中高含量成分(如≥1mg/g)时的分析结果常以百分含量表示；对于低含量成分则以10^{-6}或mg/kg表示。

思 考 题

1. 水样为何要保存？其保存技术的要点是什么？
2. 简述分析方法的准确度、精密度及它们之间的关系，实际分析中分析方法的准确度和精密度如何表示？
3. 物质的量浓度的含义是什么？举例说明之。
4. 什么是标准溶液和基准物质？
5. 滴定分析中化学计量点与滴定终点有何区别？

习 题

1. 常量滴定的计数误差为±0.01mL，如果要求滴定的相对误差分别小于0.5%和0.05%，问滴定时至少消耗标准溶液的量是多少毫升(mL)？这些结果说明了什么问题？
2. 万分之一分析天平，可准确称至±0.0001g，如果分别称取试剂30.0mg和10.0mg，相对误差是多少，为了不增大误差，滴定时标准溶液的量至少多少毫升？
3. 测定某废水中的COD，十次测定结果分别为50.0，49.2，51.2，48.9，50.5，49.7，51.2，48.8，49.7和49.5mgO$_2$/L，测定结果的相对平均偏差和相对标准偏差各是多少？
4. 水中Ca^{2+}为20.04mg/L，令其相对密度为1.0，其物质的量浓度是多少？

第二章　酸碱滴定法

酸碱滴定法是以质子传递反应为基础的滴定方法。

我们知道酸、碱是许多化学反应最重要的参与者。酸度、碱度、pH 值是水质的重要指标。一般能与酸、碱直接或间接发生质子传递反应的物质，都可以用酸碱滴定方法来测定。本书采用布朗斯特德-劳莱（Bronsted-Lowry）的酸碱质子理论处理有关酸碱平衡问题，这样便于将水溶液和非水溶液中的酸碱平衡统一起来。酸碱平衡是酸碱滴定的理论基础，而且学好酸碱滴定法又是掌握滴定分析方法有关原理的关键。因此，要求在学习中除了要学会应用水溶液中酸碱平衡的方法外，还要能正确选用酸碱溶液氢离子平衡浓度的计算公式，掌握酸碱滴定的基本原理，解决水分析中的一些实际问题。

第一节　水溶液中的酸碱平衡

一、酸碱定义

根据布朗斯特德-劳莱的酸碱质子概念，凡给出质子的物质是酸，能够接受质子的物质是碱。如以 HB 作为酸的化学式代表符号，则

$$HB \rightleftharpoons H^+ + B^-$$

酸（HB）给出一个质子（H^+）而形成碱（B^-），碱（B^-）接受一个质子（H^+）变成为酸（HB）；此时碱（B^-）称为酸（HB）的共轭碱，酸（HB）称为碱（B^-）的共轭酸。这一对酸和碱具有互相依存的关系，彼此不能分开，这种因质子得失而互相转变的一对酸碱成为共轭酸碱对，这样的反应称为酸碱半反应。例如：

$$
\begin{array}{ccccccc}
\text{共轭酸} & \rightleftharpoons & \text{质子} & + & \text{共轭碱} & & \text{共轭酸碱对} \\
HCl & \rightleftharpoons & H^+ & + & Cl^- & & HCl/Cl^- \\
H_2CO_3 & \rightleftharpoons & H^+ & + & HCO_3^- & & H_2CO_3/HCO_3^- \\
HCO_3^- & \rightleftharpoons & H^+ & + & CO_3^{2-} & & HCO_3^-/CO_3^{2-} \\
NH_4^+ & \rightleftharpoons & H^+ & + & NH_3 & & NH_4^+/NH_3 \\
\end{array}
$$

由此可见，酸碱即可是中性分子也可是正离子或负离子，酸较它的共轭碱多一个正电荷。

有些物质既可以给出质子，又可获得质子，称为酸碱两性物质，例如，HCO_3^- 在共轭酸碱（H_2CO_3/HCO_3^-）对中是碱，而在（HCO_3^-/CO_3^{2-}）共轭酸碱对中却是酸，还有像 $H_2PO_4^-$、HPO_4^{2-}、$Al(H_2O)_6^{3+}$、$Fe(H_2O)_6^{3+}$、$H_2N—CH_2—COOH$ 等都属酸碱两性物质。

二、酸碱反应

酸碱反应的前提是给出质子的物质和接受质子的物质同时存在，实际是两个共轭酸碱对共同作用的结果，或者说由两个酸碱半反应相结合而完成的。

例：

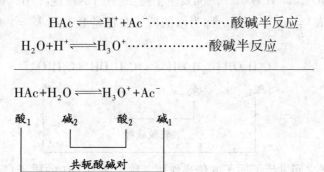

$$HAc \rightleftharpoons H^+ + Ac^- \quad \cdots\cdots\cdots\cdots\text{酸碱半反应}$$
$$H_2O + H^+ \rightleftharpoons H_3O^+ \quad \cdots\cdots\cdots\cdots\text{酸碱半反应}$$

$$HAc + H_2O \rightleftharpoons H_3O^+ + Ac^-$$

酸₁ 碱₂ 酸₂ 碱₁（共轭酸碱对）

在上述反应中，H_2O 起碱的作用。

例：

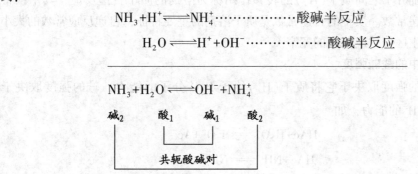

$$NH_3 + H^+ \rightleftharpoons NH_4^+ \quad \cdots\cdots\cdots\cdots\text{酸碱半反应}$$
$$H_2O \rightleftharpoons H^+ + OH^- \quad \cdots\cdots\cdots\cdots\text{酸碱半反应}$$

$$NH_3 + H_2O \rightleftharpoons OH^- + NH_4^+$$

碱₂ 酸₁ 碱₁ 酸₂（共轭酸碱对）

在此反应中，H_2O 却起酸的作用。

由此我们得出结论，酸碱反应的实质就是质子的转移过程。酸或碱的离解，必须有 H_2O 的参加，H_2O 即可起酸的作用，又可起碱的作用；还应指出，H_3O^+ 称为水合质子（或水合氢离子），可简写成 H^+。一般为简便起见，表示酸碱反应的反应式，都可不写出与溶剂的作用过程。如

$$HAc \rightleftharpoons H^+ + Ac^- （HAc \text{ 的离解}）$$
$$NH_4^+ \rightleftharpoons H^+ + NH_3 （NH_4^+ \text{ 的离解}）$$
$$HAc + NH_3 \rightleftharpoons NH_4^+ + Ac^- （HAc \text{ 与 } NH_3 \text{ 的反应}）$$

这些反应代表一完整反应，一方面不能看成酸碱半反应，另一方面不能忽视溶剂（H_2O）的作用。

三、溶剂的质子自递反应

由上面讨论可知，H_2O 作为一种溶剂，既可作酸又可作碱，而且 H_2O 本身有质子传递作用。如

$$H_2O + H_2O \rightleftharpoons H_3O^+ + OH^-$$

碱₁ 碱₂ 酸₂ 酸₁（共轭酸碱对）

上述反应，有 1mol H_2O 分子给出了 1mol 质子形成 OH^-，另外，1mol H_2O 分子接受了

1mol 质子形成 H_2O^+，即 H_2O 分子之间发生了质子（H^+）的传递作用，称 H_2O 的质子自递作用。其平衡常数 $K_w = \alpha_{H_3O^+} \cdot \alpha_{OH^-}$ 称为水的质子自递常数，用 $K_S = 1.0×10^{-14}$（25℃）表示。又如

$$C_2H_5OH + C_2H_5OH \rightleftharpoons C_2H_5OH_2^+ + C_2H_5O^-$$

酸₁　　　碱₂　　　　酸₂　　　　碱₁

共轭酸碱对

C_2H_5OH 分子之间发生了质子的传递作用，称为 C_2H_5OH 的质子自递反应，其平衡常数 $K_S = \alpha_{C_2H_5OH_2^+} \cdot \alpha_{C_2H_5O^-} = 7.9×10^{-20}$（25℃）称为 C_2H_5OH 的质子自递常数。

这类同种溶剂分子之间质子（H^+）的转移作用称为溶剂的质子自递反应，其平衡常数称为溶剂的质子自递常数。质子的自递常数是质子溶剂的重要特征，自递反应常数的大小，标志质子溶剂能产生区分效应范围的宽窄。

四、水溶液中的酸碱强度

水溶液中酸的强度取决于它将质子（H^+）给予 H_2O 分子的能力，碱的强度取决于它从 H_2O 分子中夺取 H^+的能力，如

$$HAc + H_2O \rightleftharpoons H_3O^+ + Ac^-$$
$$HAc + NH_3 \rightleftharpoons NH_4^+ + Ac^-$$

同样是 HAc，在 H_2O 中微弱离解，HAc 表现为弱酸；而在 NH_3 中全部反应，HAc 呈现强酸性。这是因为两溶剂的碱性不同，NH_3 的碱性远远大于 H_2O 的碱性，所以 HAc 易将 H^+传递给 NH_3。可见酸碱强度除与本身性质有关外，还与溶剂的性质有关。因此，得出结论：凡是把 H^+给予溶剂能力大的，其酸的强度就强；相反，从溶剂分子夺取 H^+能力大的，其碱的强度就大。

这种给出和获得质子能力的大小，通常用酸碱在水中的离解常数的大小来衡量。酸碱的离解常数越大酸碱性越强。它们的离解常数分别用 K_a 和 K_b 表示

如以 HB 和 B^-作为酸和碱的化学式代表符号，则：

$$HB + H_2O \rightleftharpoons H_3O^+ + B^-$$

$$K_a = \frac{\alpha_{H_3O^+} \cdot \alpha_{B^-}}{\alpha_{HB}}$$

$$B + H_2O \rightleftharpoons HB^+ + OH^-$$

$$K_b = \frac{\alpha_{HB^+} \cdot \alpha_{OH^-}}{\alpha_B}$$

例：弱酸弱碱的强度，凡 K_a 或 K_b 大的则强。

$$HAc + H_2O \rightleftharpoons H_3O^+ + Ac^- \quad K_a = 1.70×10^{-6}$$
$$NH_4^+ + H_2O \rightleftharpoons H_3O^+ + NH_3 \quad K_a = 5.60×10^{-10}$$
$$HS^- + H_2O \rightleftharpoons H_3O^+ + S^{2-} \quad K_a = 7.10×10^{-15}$$

K_a 大　小 ↓　强度 强　弱

相反，上述三种酸的共轭碱的强度如何呢？实质是盐的水解。

$$Ac^- + H_2O \rightleftharpoons HAc + OH^- \qquad K_b = 5.9 \times 10^{-10}$$

$$NH_3 + H_2O \rightleftharpoons NH_4^+ + OH^- \qquad K_b = 1.80 \times 10^{-5}$$

$$S^{2-} + H_2O \rightleftharpoons HS^- + OH^- \qquad K_b = 1.41$$

$$\left. \begin{array}{c} K_b \\ \text{小} \\ \text{大} \end{array} \right| \begin{array}{c} \text{强度} \\ \text{弱} \\ \text{强} \end{array} \Bigg\downarrow$$

例：在水溶液中，H_3O^+ 是实质上能够存在的最强的酸形式。如果任何一种酸的强度 > H_3O^+，且浓度又不是很大的话，必将定量地与 H_2O 起反应，完全转化为 H_3O^+，如

$$HCl + H_2O \rightleftharpoons H_3O^+ + Cl^- \qquad K_a \geqslant 1$$

共轭酸碱对

其中 Cl^- 是 HCl 的共轭碱，因为上述反应进行得如此完全，以致于 Cl^- 将几乎没有从 H_3O^+ 中夺取质子转化为 HCl 的能力；也就是说，Cl^- 是一种非常弱的碱，它的 K_b 小到几乎测不出来。

例：同样，在水溶液中，OH^- 是实际上能够存在的最强的碱的形式。若任何一种碱的强度 > OH^-，且浓度又不是很大的话，必将定量地与 H_2O 起反应，完全转化为 OH^-。

五、共轭酸碱对 K_a 与 K_b 的关系

以 HAc 为例，讨论 HAc 与 Ac^- 共轭酸碱对的 K_a 与 K_b 的关系。

$$HAc + H_2O \rightleftharpoons H_3O^+ + Ac^- \qquad K_a = \frac{[H^+][Ac^-]}{[HAc]}$$

$$Ac^- + H_2O \rightleftharpoons HAc + OH^- \qquad K_b = \frac{[HAc][OH^-]}{[Ac^-]}$$

则 $K_a \cdot K_b = [H^+][OH^-] = K_w = 1.0 \times 10^{-14}$（25℃）

可见，共轭酸碱对之间的 K_a 与 K_b 之间有确定的关系。

对于 H_2O 以外的其他溶剂时，$K_a \cdot K_b = K_s$（溶剂的质子自递常数）。由此得出结论：共轭酸碱对的 K_a 和 K_b 之乘积是一常数，等于 K_w 或 K_s。

六、溶剂的拉平效应和区分效应

(一) 溶剂的拉平效应 (Leveling Effect)

将不同强度的酸被溶剂拉平到溶剂化质子水平的效应称为溶剂的拉平效应。例如：

$$\left. \begin{array}{c} HCl \\ H_2SO_4 \\ HNO_3 \\ HClO_4 \end{array} \right\} + H_2O \rightleftharpoons H_3O^+（水合质子）+ \left\{ \begin{array}{c} Cl^- \\ HSO_4^- \\ NO_3^- \\ ClO_4^- \end{array} \right. \qquad K_a \geqslant 1$$

四种酸均被溶剂 H_2O 拉平到水合质子 H_3O^+ 的强度水平，也就是说 HCl、H_2SO_4、HNO_3、$HClO_4$ 在水中的强度无多大差别。这又进一步说明凡是比 H_3O^+ 更强的酸，在水溶液中都被拉平到 H_3O^+ 水平，H_3O^+ 是水溶液中最强的酸。

又如，HCl 和 HAc 在水溶液中的酸性呈一强一弱，但在 NH_3 溶剂中都呈现强酸的性质。

$$\left. \begin{array}{c} HCl \\ HAc \end{array} \right\} + NH_3 \rightleftharpoons HN_4^+（氨合质子）+ \left\{ \begin{array}{c} Cl^- \\ Ac^- \end{array} \right. \qquad K_a \geqslant 1$$

HCl 和 HAc 中的 H^+ 全部给予 NH_3 并转变成氨合质子 NH_4^+，所以 HCl 和 HAc 在溶剂 NH_3 中强度没有什么差别。由上述讨论可看出，溶剂的拉平效应除与溶剂的性质有关外，还与溶质的性质有关。引起拉平效应的溶剂为拉平溶剂，如 H_2O 和 NH_3，而 H_3O^+ 和 NH_4^+ 通称溶剂化质子。一般接受质子(H^+)能力强的溶剂才具有拉平效应。如果溶剂接受质子(H^+)能力弱，将发生什么情况呢?

(二) 溶剂的区分效应(Differentiating Effect)

当 HCl、H_2SO_4、HNO_3 和 $HClO_4$ 四种酸的溶剂不是 H_2O，而是 HAc 时，却出现了酸性强弱的区别。这是为什么?

$$\left.\begin{array}{c}HClO_4\\H_2SO_4\\HCl\\HNO_3\end{array}\right\}+HAc \rightleftharpoons H_2Ac^+ +\left\{\begin{array}{ll}ClO_4^- & K_a=1.58\times10^{-6}\\HSO_4^- & K_a=6.3\times10^{-9}\\Cl^- & K_a=1.58\times10^{-9}\\NO_3^- & K_a=4.0\times10^{-10}\end{array}\right. \quad \begin{array}{c}K_a\\ 大\\ 小\end{array} \downarrow \begin{array}{c}强度\\ 强\\ 弱\end{array}$$

就是因为 HAc 接受 H^+ 能力较 H_2O 弱的缘故，也就是说 HAc 的碱性比 H_2O 弱得多。又如:

$$HCl+H_2O \rightleftharpoons H_3O^+ +Cl^- \quad K_a \gg 1$$
$$HAc+H_2O \rightleftharpoons H_3O^+ +Ac^- \quad K_a=1.7\times10^{-5}$$

$$\begin{array}{c}K_a\\大\\小\end{array}\downarrow\begin{array}{c}强度\\强\\弱\end{array}$$

这里，HCl 和 HAc 在 H_2O 作溶剂中，却出现了这一强一弱。因此，溶剂的区分效应除与溶剂的酸碱性质有关外，还与溶质的性质有关。这种溶剂能区分酸强度的效应称为区分效应。

应该说明几点:

① 碱也存在溶剂的拉平效应，通常在水中 pK_b 小于 9 的弱碱物质，在 HAc 中，其碱性强度都被拉平到溶剂阴离子 Ac^- 的水平。HAc 是这些碱的拉平性溶剂。

② 溶剂的拉平效应和区分效应解释了酸与碱相对强弱及其互相转化。

③ 可使某些在水溶液中不能进行的酸碱滴定反应，却能在非水溶液中进行。例如: 有机羧酸，以 H_2O 为溶剂时，不能用碱滴定，而可用甲醇(或乙醇)为溶剂，用甲醇钠进行滴定，使有机羧酸测定成为可能。

④ 酸碱质子理论扩大了酸碱的范围，酸碱是相互对立的统一体;酸碱反应广义讲，也包括盐类的水解;酸碱质子理论不仅适用于水溶液，也适用于非水溶液。

⑤ 酸碱质子理论有其局限性，不适用于无质子(H^+)参与的酸碱反应。如

$$SO_3+CaO \stackrel{\longrightarrow}{=\!=\!=} CaSO_4$$

但这类物质不多，不影响该理论的应用。

第二节　酸碱指示剂

酸碱滴定反应的滴定终点可由酸碱指示剂的颜色变化来判断。酸碱指示剂一般指的是弱的有机酸或有机碱。

一、酸碱指示剂的作用原理

酸碱指示剂多数是有机弱酸，少数是有机弱碱或两性物质，它们的共轭酸碱对有不同的结构，因而呈现不同的颜色。如 pH 改变，则显示不同的颜色。酸碱指示剂之所以能够改变颜色，是由于它们在给出或得到质子的同时，其分子结构也发生了变化，而且这些结构变化和颜色反应都是可逆的。

$$酸式色 \Longleftrightarrow 碱式色$$

（一）甲基橙

一种弱的有机酸，双色指示剂，用 NaR 表示。

当 pH 值改变时，共轭酸碱对相互发生转变，引起颜色的变化。在酸性溶液中得到质子，平衡右移，溶液呈现红色；在碱性溶液中失去 H^+，平衡向左移，溶液呈现橙黄色。

（二）酚酞

非常弱的有机酸，单色指示剂。在很稀的水溶液中，几乎完全以分子状态存在。

同样，pH 变化，酚酞共轭酸碱对相互发生转变，引起颜色变化，在中性或酸性溶液中得到 H^+，平衡左移，呈无色；在碱性溶液中，失去质子 H^+，平衡向右移，呈现红色。

应该指出，酚酞的碱式色不稳定，在浓碱溶液中，醌式结构变成羧酸盐式离子，由红色变无色。这是应用中应该注意的。

酚酞溶液一般配成 0.1% 或 1% 的 90% 乙醇溶液。

二、指示剂的变色范围

上述两指示剂的颜色改变表明是由 pH 值决定的，而且指示剂的共轭酸碱对互变异构体彼此处于平衡状态，当 pH 值改变时，平衡发生移动，颜色发生了变化。同时 pH 值的变化还有一个范围，以弱酸型指示剂 HIn 来讨论。

$$HIn \Longleftrightarrow H^+ + In^-$$

其离解常数 $K_{HIn} = \dfrac{[H^+][In^-]}{[HIn]}$，则

$$[H^+] = \frac{K_a [HIn]}{[In^-]}$$

$$pH = pK_a - \lg \frac{[HIn]}{[In^-]}$$

可见，$\dfrac{[HIn]}{[In^-]}$ 比值是 H^+ 浓度的函数，或 pH 值是由 $\dfrac{[HIn]}{[In^-]}$ 比值决定的。

当 $\dfrac{[HIn]}{[In^-]} \geqslant 10$ 时，看到的是酸式颜色，此时

$$pH \leqslant pK_a - 1$$

当 $\dfrac{[HIn]}{[In^-]} \leqslant \dfrac{1}{10}$ 时，看到的是碱式颜色，

$$pH \geqslant pK_a + 1$$

因此，当溶液的 pH 值由 $pK_a - 1$ 变化到 $pK_a + 1$ 时，就能明显地看到指示剂酸式色变为碱式色，或者相反。所以

$$pH = pK_a \pm 1$$

此式称为指示剂的变色范围。

当 $\dfrac{[HIn]}{[In^-]} = 1$ 时，两浓度相等，此时，

$$pH = pK_a$$

此时称为指示剂的理论变色点。各种指示剂的 pK_a 值不同，它们变色点的 pH 值也各异，指示剂在变色点时所显示的颜色是酸式色和碱式色的混合色，当溶液的 pH 值由指示剂的变色点逐渐降低时，指示剂的颜色就逐步向以酸式色为主的方向过渡；反之则向碱式色为主的方向变化，于是溶液的 pH 值在指示剂变色点附近改变时，溶液的颜色随之发生变化。例如：酚酞的 $K_{HIn} = 10^{-9.1}$，则理论变色点 pH=9.1，理论变色范围为 $pH = pK_{HIn} \pm 1 = (9.1 \pm 1)$ = 8.1~10.1，各种指示剂的离解常数 K_{HIn} 不同，它们的变色范围也不同。按上述理论推算，指示剂的变色范围都是两个 pH 单位，但实际观察结果，大多数指示剂的变色范围是 1.6~1.8 个 pH 单位。例如甲基橙的 $pK_a = 3.46$，其理论变色范围为 pH=2.46~4.46，但实际观察结果是 pH=3.1~4.4。这说明理论计算变色范围与实际观察值之间不一致，并非总是两个 pH 单位。这是由于人肉眼对不同颜色的敏感程度有差别造成的。实际应用中，指示剂变色范围越窄越好，这样在计量点，pH 稍有改变，指示剂即可由一种颜色变到另一种颜色。

影响指示剂变色范围的因素除了人的肉眼的敏感力外，还有指示剂浓度、用量和滴定时的温度，如果双色指示剂浓度过高或用量过多，终点颜色不明显；单色指示剂又会影响变色范围，如 50~100mL 溶液中，加入 2~3 滴 0.1% 酚酞，pH=9 左右时呈红色，但加入 10~15 滴，则 pH=8 时就显红色。指示剂用量太少，又不易观察到颜色的变化。

由于指示剂的浓度对变色范围或观察效果有影响，故一般指示剂的用量都很少，通常使用的都是 0.1% 的溶液。每 10mL 滴定液加一滴即可。

当温度改变时，指示剂的 pK 和水的 pK_w 都会发生变化，因而指示剂的变色范围也随之改变。如果 pH>7 的指示剂，温度升高，变色范围向碱性大的方向移动；如果 pH<7 的指示剂，温度升高时，变色范围向酸性大的方向移动。例如，甲基橙指示剂，在 18℃ 变色范围 pH=3.1~4.4，在 100℃ 时，变色范围是 pH=2.5~3.7。溴百里酚蓝则由 pH=6.0~7.6 变为 pH=6.2~7.8。

还有溶液的离子强度和使用的溶剂不同，对指示剂的变色范围都有一定影响。

三、常用酸碱指示剂和混合指示剂

常用酸碱指示剂列于表 2-1 中。这些单一的指示剂变色范围较宽，一般都有约两个 pH 单位的变色范围，其中有些指示剂由于变色过程有过渡颜色，终点不易辨认；另一方面，有些弱酸或弱碱的滴定突跃范围很窄，这就要求选择变色范围较窄、色调变化明显的指示剂。因此，常采用 K_a 相近的两种指示剂配成混合指示剂，解决这些矛盾。混合指示剂是利用两种指示剂变色范围的相互叠合及颜色之间的互补作用，使变色范围变窄，滴到终点时变色敏锐。例如，溴甲酚绿($pK_a = 4.9$)和甲基红($pK_a = 5.0$)配制成的混合指示剂，在 pH=5.1 时，由于溴甲酚绿的蓝绿色和甲基红的紫红色互补作用而呈浅灰色，没有中间色，使颜色发生突变，终点变色十分敏锐。

表 2-1 常用的酸碱碱指示剂及其变色范围

指示剂	pH 变色范围	颜色		pH	浓度
		酸色	碱色		
百里酚蓝 (第一次变色)	1.2~2.8	红	黄	1.6	0.1%的20%乙醇溶液
甲基黄	2.9~4.0	红	黄	3.3	0.1%的90%乙醇溶液
甲基橙	3.1~4.4	红	黄	3.4	0.1%水溶液
溴酚蓝	3.1~4.6	黄	紫	4.1	0.1%的20%乙醇溶液
溴甲酚绿	3.8~5.4	黄	蓝	4.9	0.1%的20%乙醇溶液
甲基红	4.4~6.2	红	黄	5.2	0.1%的60%乙醇溶液
溴百里酚蓝	6.0~7.6	黄	蓝	7.3	0.1%的20%乙醇溶液或其钠盐的水溶液
中性红	6.8~8.6	红	黄橙	7.4	0.1%的60%乙醇溶液
酚红	6.7~8.4	黄	红	8.0	0.1%的60%乙醇溶液或其钠盐的水溶液
酚酞	8.0~9.8	无	红	9.1	0.1%的90%乙醇溶液
百里酚蓝 (第二次变色)	8.0~9.6	黄	蓝	8.9	0.1%的20%乙醇溶液
百里酚酞	9.4~10.6	无	蓝	10.0	0.1%的90%乙醇溶液

另一种混合指示剂，是以某种惰性染料(如亚甲基蓝，靛蓝二磺酸钠等)作为指示剂变色的背衬，也是由于两种颜色叠合及互补作用来提高颜色变化的敏锐性。

第三节　酸碱滴定法的基本原理

酸碱滴定法是以质子传递反应为基础的滴定分析方法。在酸碱滴定中，滴定剂一般都是强酸或强碱，如 HCl、H_2SO_4、NaOH 和 KOH 等；被滴定的是各种具有碱性或酸性的物质，如 NaOH、NH_3、H_2CO_3、H_3PO_4 和吡啶盐 PyH^+ 等。弱酸或弱碱之间的滴定，由于滴定突跃太小，实际意义很小，故本节不进行讨论。

本节主要讨论，能够直接准确进行酸碱滴定的条件，根据酸碱平衡原理，讨论由计算的溶液 pH 值随滴定剂体积变化的滴定曲线，酸碱滴定过程中，在一定 pH 下，用合适的指示剂来确定滴定终点。下面将通过强碱滴定强酸的滴定讨论，阐述酸碱滴定的基本原理。

强碱滴定强酸的滴定曲线

按酸碱质子理论，当强酸、强碱溶液的浓度不是很大时，由于溶剂的拉平效应，它们互相滴定的反应实质是

$$H_3O^+ + OH^- \rightleftharpoons 2H_2O$$

简写成 $$H^+ + OH^- \rightleftharpoons H_2O$$

因此，滴定到化学计量点(简称计量点)时，滴定液总是

$$[H^+] = [OH^-] = 1.00 \times 10^{-7} \text{mol/L}, \text{ 即 pH} = 7.00$$

这类反应的平衡常数(又称滴定常数)用 K_t 表示

$$K_t = \frac{1}{a_{H^+} \cdot a_{OH^-}} = 1.00 \times 10^{14}$$

可见，这类滴定反应进行得非常完全，在实际应用中 K_t 可由反应达到平衡时各组分的平衡浓度代替活度，作近似处理。

现以 0.1000mol/L(C_{NaOH}) NaOH 滴定 20.00mL 0.1000mol/L(C_{HCl}) HCl 为例，来讨论酸碱滴定曲线和指示剂的选择。

(1) 滴定前

溶液的[H^+]等于 HCl 的原始浓度

$$[H^+] = 0.1000 \text{mol/L}$$

$$pH = 1.00$$

(2) 滴定开始至计量点前

溶液的[H^+]取决于溶液中剩余 HCl 的量，即

$$V_{\text{剩余HCl}} = V_{HCl} - V_{\text{加入NaOH}}$$

$$[H^+] = \frac{C_{HCl} \times V_{\text{剩余HCl}}}{V_{HCl} + V_{\text{加入NaOH}}}$$

当滴入 NaOH 19.98mL 时，则 $[H^+] = \dfrac{0.1000 \times 0.02}{20.00 + 19.98} = 5.00 \times 10^{-5} \text{mol/L}$，

$$pH = 4.30$$

(3) 计量点时

即滴入 20.00mL NaOH，此时 $C_{HCl} = C_{NaOH}$，

$$[H^+] = [OH^-] = 1.00 \times 10^{-7} \text{mol/L}$$

$$pH = 7.00$$

(4) 计量点后

溶液的[H^+]取决于过量 NaOH 的量，即 $V_{\text{过量NaOH}} = V_{\text{加入NaOH}} - V_{HCl}$

$$[OH^-] = \frac{C_{NaOH} \times V_{\text{过量NaOH}}}{V_{HCl} + V_{\text{加入NaOH}}}$$

例如：滴入 20.02mL NaOH，则

$$[OH^-] = \frac{0.1000 \times 0.02}{20.00 + 20.02} = 5.00 \times 10^{-5} \text{mol/L}$$

$$pOH = 4.30$$

$$pH = 9.7$$

如此逐一计算，其结果列于表 2-2。以 NaOH 的加入量(或滴定百分数)为横坐标，以 pH 值为纵坐标绘制的曲线称为酸碱滴定曲线。

表 2-2　0.1000mol/L NaOH 滴定 20.00mL 0.1000mol/L HCl 时的 pH 值变化

加入 NaOH 的量/mL	滴定百分数/%	剩余 HCl 量/mL	过量 NaOH 量/mL	溶液[H⁺]/(mol/L)	pH 值	
0.00		20.00		1.00×10^{-1}	1.00	
18.00	90.00	2.00		5.26×10^{-3}	2.28	
19.96	99.80	0.04		1.00×10^{-4}	4.00	
19.98	99.90	0.02		5.00×10^{-5}	4.30	突跃
20.00	100.00	0.00		1.00×10^{-7}	7.00	范围
20.02	100.10		0.02	2.00×10^{-10}	9.70	
20.04	100.20		0.04	1.00×10^{-10}	10.00	
22.00	110.00		2.00	2.01×10^{-12}	11.70	
40.00	200.00		20.00	3.00×10^{-13}	12.50	

　　可见，计量点前后，从 HCl 剩余 0.02mL 到 NaOH 过量 0.02mL，即滴定由不足 0.1% 到过量 0.1% 总共滴入 NaOH 约 1 滴左右，溶液的 pH 值却从 4.30 增加到 9.70，改变 5.4 个 pH 单位，形成滴定曲线中的突跃部分。它所包括的 pH 范围称为滴定突跃范围，滴定突跃范围是选择指示剂的依据。

　　指示剂的选择：最理想的指示剂应恰好在计量点时变化。但是，实际上凡在 pH = 4.30~9.70，范围内变色的指示剂，均可保证有足够的准确度。一般在满足滴定准确度要求的前提下，其变色点越接近计量点则越好。因此，甲基红(pH4.4~6.2，红~黄，变色点 5.2)、酚酞(pH8.0~9.8，无~红，变色点 9.1)、酚红(pH6.4~8.2，黄~红，变色点 8.0)和溴百里酚蓝(pH6.0~7.6，黄~蓝，变色点 7.30)等均可选作这种类型滴定的指示剂。而甲基橙(pH3.1~4.4，红~黄，变色点 3.46)作指示剂时，计量点前溶液为酸性，甲基橙为红色，当滴定至甲基橙刚好变为橙色时，溶液的 pH 为 4，变色点不在滴定突跃范围内，所以应滴定至刚好呈现黄色，其 pH 值为 4.4，方可达到所要求的滴定准确度。

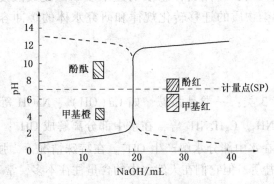

图 2-1　强碱滴定强酸的滴定曲线(实线部分)

(0.1000mol/L NaOH 滴定 0.1000mol/L HCl)

虚线--同浓度的 HCl 滴定 NaOH 曲线

应该指出：

① 强酸滴定强碱的滴定曲线与强碱滴定强酸类同，只是位置相反(见图 2-1 中虚线部分)。

② 滴定突跃大小与滴定液和被滴定液的浓度有关。如果是等浓度的强酸强碱互相滴定，其滴定起始浓度减少一个数量级，则滴定突跃缩小两个 pH 单位。如图 2-2 所示。

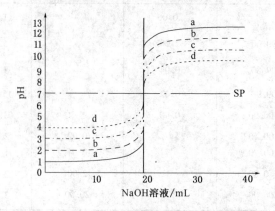

图 2-2　起始浓度对强酸强碱滴定突跃的影响(强碱滴定等浓度强酸)

a—1.000×10^{-1} mol/L; b—1.000×10^{-2} mol/L;

c—1.000×10^{-3} mol/L; d—1.000×10^{-4} mol/L

③ 各类酸碱滴定选用指示剂的原则都是一样的。所选择的指示剂变色范围，必须处于或部分处于计量点附近的 pH 突跃范围内。

第四节　水中碱度和酸度

水中的碱度指水中所含能接受质子的物质的总量，即水中所有能与强酸定量作用的物质的总量。而水中的酸度是指水中的所含能够给出质子的物质的总量，即水中所有能与强碱定量作用的物质的总量。碱度和酸度都是水质综合性特征指标之一。当水中碱度或酸度的组成成分为已知时，可用具体物质的量来表示碱度或酸度。水中酸度、碱度的测定在评价水环境中污染物质的迁移转化规律和研究水体的缓冲容量等方面有重要的实际意义。

一、碱度

(一) 碱度的组成

水中的碱度主要有 3 类：一类是强碱，如 $Ca(OH)_2$、NaOH 等，在水中全部离解成 OH^-；一类是弱碱，如 NH_3、$C_6H_5NH_2$ 等，在水中部分离解成 OH^-；另一类是强碱弱酸盐，如 Na_2CO_3、$NaHCO_3$ 等在水中部分水解产生 OH^-。在特殊情况下，强碱弱酸盐碱度还包括磷酸盐、硅酸盐、硼酸盐等，但它们在天然水中的含量往往不多，常忽略不计。

一般水中碱度主要有重碳酸盐(HCO_3^-)碱度、碳酸盐(CO_3^{2-})碱度和氢氧化物(OH^-)碱度。这些碱度与水中 pH 有关，一般 pH>10 时主要是 OH^- 碱度，碳酸盐水解也可以使溶液 pH 值达到 10 以上。按碳酸平衡规律，pH8.3～10 以上，存在 CO_3^{2-} 碱度，而 pH4.5～10 以上，存在 HCO_3^- 碱度。在 pH≈8.31 时，CO_3^{2-} 就全部转化为 HCO_3^-，而 pH=12.5，HCO_3^- 又全部转化为 CO_3^{2-}。pH<4.5 时，主要是 H_2CO_3，可认为碱度=0。

水中可能存在的碱度组成有 5 类：

(1) OH⁻碱度

(2) OH⁻和 CO_3^{2-} 碱度

(3) CO_3^{2-} 碱度

(4) CO_3^{2-} 和 HCO_3^- 碱度

(5) HCO_3^- 碱度

一般假设水中 HCO_3^- 和 OH⁻不能同时存在。

对于 pH<8.3 的天然水中主要含有 HCO_3^-，而 pH 略大于 8.3 的天然水、生活污水中除有 HCO_3^- 外还有 CO_3^{2-}，而工业废水中如造纸、制革废水、石灰软化的锅炉水中主要有 OH⁻和 CO_3^{2-} 碱度。

碱度的测定在水处理工程实践中，如饮用水、锅炉用水、农田灌溉用水和其他用水中，应用很普遍。碱度又常作为混凝效果、水质稳定和管道腐蚀控制的依据以及废水好氧厌氧处理设备良好运行的条件等。

(二) 碱度的测定——酸碱指示剂滴定法

水中碱度的测定可采用酸碱指示剂滴定法和电位滴定法。下面介绍前一种方法。

水中碱度的测定采用酸碱指示剂滴定法，即以酚酞和甲基橙作指示剂，用 HCl 或 H_2SO_4 标准溶液滴定水样中碱度至终点，根据所消耗酸标准溶液的量，计算水样中的碱度。

由于天然水中的碱度主要有氢氧化物(OH⁻)、碳酸盐(CO_3^{2-})和重碳酸盐(HCO_3^-)三种碱度来源，因此，用酸标准溶液滴定时的主要反应有：

氢氧化物碱度：

$$OH^- + H^+ \Longleftrightarrow H_2O \tag{2-1}$$

碳酸盐碱度：

$$CO_3^{2-} + H^+ \Longleftrightarrow HCO_3^- \tag{2-2}$$

$$\frac{HCO_3^- + H^+ \Longleftrightarrow CO_2 \uparrow + H_2O}{CO_3^{2-} + 2H^+ \Longleftrightarrow CO_2 \uparrow + H_2O}$$

重碳酸盐碱度：

$$HCO_3^- + H^+ \Longleftrightarrow CO_2 \uparrow + H_2O \tag{2-3}$$

可见，CO_3^{2-} 与 H⁺的反应分两步进行，第一步反应完成时，pH 在 8.3 附近，此时恰好酚酞变色，所用酸的量又恰好为完全滴定 CO_3^{2-} 所需总量的一半。

当水样首先加酚酞为指示剂，用酸标准溶液滴定至终点时，溶液由桃红色变为无色，pH 在 8.3 附近，所消耗的酸标准溶液的量用 P(mL) 表示。此时水样中的酸碱反应包括两部分：

$$OH^- + H^+ \longrightarrow H_2O$$

和

$$CO_3^{2-} + H^+ \longrightarrow HCO_3^-$$

也就是说，这两部分含有 OH⁻碱度和 $1/2CO_3^{2-}$ 碱度，

即

$$P = OH^- + 1/2CO_3^{2-}$$

一般，以酚酞为指示剂，滴定的碱度为酚酞碱度。

上述水样在用酚酞为指示剂滴定终点之后，接着以甲基橙为指示剂用酸标准溶液滴定至终点。此时溶液由桔黄色变成桔红色，pH 在 3.7 附近，所用酸标准溶液的量用 M(mL) 表示。此时水样中的酸碱反应：

$$HCO_3^- + H^+ \longrightarrow CO_2 \uparrow + H_2O$$

这里的 HCO_3^- 包括水样中原来的 HCO_3^- 和另一半 CO_3^{2-} 与 H^+ 反应产生的。即：

$$M = HCO_3^- + 1/2CO_3^{2-}$$
$$（原有的）$$

因此，总碱度等于酚酞碱度 $P+M$。

显然，根据上述两个终点到达时所消耗的酸标准溶液的量，可以计算出水中 OH^-、CO_3^{2-} 和 HCO_3^- 碱度及总碱度。

应该指出，总碱度也可以这样求得：水样直接以甲基橙为指示剂，用酸标准溶液滴定至终点时（pH≈4.4），所消耗酸标准溶液的量用 T 表示，此时水中碱度为甲基橙碱度，又称总碱度，它包括水样中的 OH^-、CO_3^{2-} 和 HCO_3^- 碱度的全部总和，T 不同于 M；换言之以酚酞和甲基橙作指示剂连续滴定时的 M 并非是甲基橙碱度。

下面介绍酸碱指示剂滴定的具体方法。

连续滴定法

取一定体积水样，首先以酚酞为指示剂，用酸标准溶液滴定至终点后，接着以甲基橙为指示剂，再用酸标准溶液滴定至终点，根据前后两个滴定终点消耗的酸标准溶液的量来判断水样中 OH^-、CO_3^{2-} 和 HCO_3^- 碱度组成和计算含量的方法为连续滴定法。令以酚酞为指示剂滴定终点，消耗酸标准溶液的量为 P(mL)；以甲基橙为指示剂滴定终点，消耗酸标准溶液的量为 M(mL)。

（1）水样中只有 OH^- 碱度

一般 pH>10

$$P>0 ，M=0$$

P 包括全部 OH^- 和 $1/2CO_3^{2-}$，但由于 $M=0$，说明即无 CO_3^{2-}，也无 HCO_3^-，则

$$OH^- = P，总碱度 T = P$$

（2）水样中有 OH^- 和 CO_3^{2-} 碱度

一般 pH>10

$$P>M$$

P 包括 OH^- 和 $1/2CO_3^{2-}$ 碱度，M 为另一半 CO_3^{2-} 碱度，则

$$OH^- = P-M$$
$$CO_3^{2-} = 2M$$
$$T = P+M$$

（3）水样中有 CO_3^{2-} 和 HCO_3^- 碱度

一般 pH=9.5~8.5 之间

$$P<M$$

P 为 $1/2CO_3^{2-}$ 碱度，M 为另一半 CO_3^{2-} 和原来的 HCO_3^- 碱度

$$CO_3^{2-} = 2P$$
$$HCO_3^- = M-P$$
$$T = P+M$$

（4）水样中只有 CO_3^{2-} 碱度

一般 pH>9.5

$$P=M$$

P 为 1/2CO$_3^{2-}$ 碱度，M 为另一半 CO$_3^{2-}$ 碱度

$$CO_3^{2-} = 2P = 2M$$
$$T = 2P = 2M$$

（5）水样中只有 HCO$_3^-$ 碱度

一般 pH<8.3

$$P = 0, \quad M > 0$$

$P=0$ 说明水样中无 OH$^-$ 和 CO$_3^{2-}$ 碱度，只有 HCO$_3^-$ 碱度

故

$$HCO_3^- = M$$
$$T = M$$

（三）碱度单位及其表示方法

1. 碱度以 CaO 计毫克/升（mg/L）和 CaCO$_3$ 计毫克/升（mg/L）

$$总碱度（CaO 计，mg/L）= \frac{C(P+M)28.04}{V} \times 1000$$

$$总碱度（CaCO_3 计，mg/L）= \frac{C(P+M)50.05}{V} \times 1000$$

式中　C——HCl 标准溶液浓度，mol/L；

28.04——氧化钙摩尔质量，1/2CaO，g/mol；

50.05——碳酸钙摩尔质量，1/2CaCO$_3$，g/mol；

V——水样体积，mL；

P——酚酞为指示剂滴定至终点时消耗 HCl 标准溶液的量，mL；

M——甲基橙为指示剂滴定至终点时消耗 HCl 标准溶液的量，mL。

2. 碱度以摩尔/升（mol/L）表示

3. 碱度以毫克/升（mg/L）表示

如第一章所述，物质的量的数值（或浓度）与基本单元的选择有关，而基本单元的选择，又以化学反应与计量关系为依据。在碱度的测定中，由于以 HCl 标准溶液为滴定剂，则 H$^+$ 与 OH$^-$、CO$_3^{2-}$ 和 HCO$_3^-$ 的质子传递反应中，根据它们的化学计量数（过去称摩尔比）和等物质的量反应的规则，其 OH$^-$ 基本单元为 OH$^-$，CO$_3^{2-}$ 基本单元为 1/2CO$_3^{2-}$，HCO$_3^-$ 基本单元为 HCO$_3^-$，因此表示如下：

① 如果以摩尔/升（mol/L）表示碱度，应注明 OH$^-$ 碱度（OH$^-$，mol/L）、CO$_3^{2-}$ 碱度（1/2CO$_3^{2-}$，mol/L）、HCO$_3^-$ 碱度（HCO$_3^-$，mol/L）。

② 如以摩尔/升（mol/L）表示时，在碱度计算中，由于采用 Cmol/L HCl 标准溶液滴定，所以各具体物质采用的摩尔质量：OH$^-$ 为 17g/mol，1/2CO$_3^{2-}$ 为 30g/mol，HCO$_3^-$ 为 61g/mol。

如果已经知道了构成碱度的具体物质组成如 OH$^-$ 或 CO$_3^{2-}$ 或 HCO$_3^-$，则具体物质碱度的含量，可由两个滴定终点消耗的 HCl 标准溶液的量 P 和 M 关系中，分别计算 OH$^-$ 碱度、CO$_3^{2-}$ 碱度和 HCO$_3^-$ 碱度。此处不再赘述。

碱度单位也有用"度"表示的。详见硬度的单位。

例 2-1　取水样 100.0mL，用 0.1000mol/L HCl 溶液滴定至酚酞无色时，用去 15.00mL；接着加入甲基橙指示剂，继续用 HCl 标准溶液滴定至橙红色出现，又用去 3.00mL。问水样有

何种碱度，其含量各位多少？(分别以 CaO 计，$CaCO_3$ 计 mg/L)和(mol/L、mg/L)。

解：$P = 15.00$mL，$M = 3.00$mL，

$$P > M$$

∴ 水中有 OH^- 和 CO_3^{2-} 碱度，$OH^- = P-M$，$CO_3^{2-} = 2M$。

$$OH^- \text{碱度(CaO 计，mg/L)} = \frac{C_{HCl} \times (P-M) \times 28.04 \times 1000}{100}$$

$$= \frac{0.1000 \times (15.00 - 3.00) \times 28.04 \times 1000}{100}$$

$$= 336.48 \text{mg/L}$$

$$OH^- \text{碱度(}CaCO_3 \text{ 计，mg/L)} = \frac{C_{HCl} \times (P-M) \times 50.05 \times 1000}{100}$$

$$= 600.60 \text{mg/L}$$

$$OH^- \text{碱度(}OH^-\text{，mol/L)} = \frac{C_{HCl} \times (P-M) \times 1000}{100}$$

$$= 12.0 \text{mol/L}$$

$$OH^- \text{碱度(}OH^-\text{，mg/L)} = \frac{C_{HCl} \times (P-M) \times 17 \times 1000}{100}$$

$$= 204.0 \text{mg/L}$$

CO_3^{2-} 碱度：$CO_3^{2-} = 2M = 6.00$(mL)

$$CO_3^{2-} \text{碱度(CaO 计，mg/L)} = \frac{C_{HCl} \times 2M \times 28.04}{100} \times 1000$$

$$= 168.24 \text{mg/L}$$

$$CO_3^{2-} \text{碱度(}CaCO_3 \text{ 计，mg/L)} = \frac{C_{HCl} \times 2M \times 50.05}{100} \times 1000$$

$$= 300.3 \text{mg/L}$$

$$CO_3^{2-} \text{碱度(}1/2CO_3^{2-}\text{，mol/L)} = \frac{C_{HCl} \times 2M}{100} \times 1000$$

$$= 6.0 \text{mol/L}$$

$$CO_3^{2-} \text{碱度(}CO_3^{2-}\text{，mg/L)} = \frac{C_{HCl} \times 2M \times 30}{100} \times 1000$$

$$= 180.0 \text{mg/L}$$

式中　30——碳酸根的摩尔质量($1/2CO_3^{2-}$，g/mol)。

二、酸度

(一)酸度的组成

天然水中的 CO_2 是酸度的基本组成成分。天然水中的 CO_2 主要来自大气中溶解和污水中有机物被微生物分解产生的 CO_2。一般溶于水中的 CO_2 与 H_2O 作用形成 H_2CO_3。

$$CO_2 + H_2O \Longrightarrow H_2CO_3$$

当反应达到平衡后，由于平衡常数 $K_C = \dfrac{[H_2CO_3]}{[CO_2]} = 1.6 \times 10^{-3}$，$[H_2CO_3]$ 仅为 $[CO_2]$ 的

0.16%，也就是说水中的 CO_2 主要是呈气体状态。这种呈气体状态的 CO_2 与少量的碳酸的

总和叫游离二氧化碳，又称平衡二氧化碳。一般地面水中的 CO_2 含量在 $10 \sim 20mg/L$ 以下，而地下水中 CO_2 含量相对较高，一般在 $30 \sim 50mg/L$，有的甚至高达 $100mg/L$ 以上。

天然水中含有的游离二氧化碳，可与岩石中的碳酸盐建立下列平衡：

$$CaCO_3 + CO_2 + H_2O \Longrightarrow Ca(HCO_3)_2$$
$$MgCO_3 + CO_2 + H_2O \Longrightarrow Mg(HCO_3)_2$$

如果水中游离的 CO_2 含量大于上述平衡，就溶解碳酸盐，产生重碳酸盐 (HCO_3^-)，使平衡向右移动，这部分能与碳酸盐起反应的 CO_2，称为侵蚀性二氧化碳。侵蚀性二氧化碳对水工建筑物具有侵蚀破坏作用，当侵蚀性二氧化碳与氧共存时，对金属(铁)具有强烈侵蚀作用。

游离性二氧化碳和侵蚀性二氧化碳是天然水酸度的重要来源。除此之外，还有采矿、选矿、化学制品制造、电池制造、人造及天然纤维制造以及发酵处理(啤酒)等许多工业废水中常含有某些重金属盐类(尤其等 Fe^{3+}、Al^{3+} 盐)或一些酸性废液(如 HCl、H_2SO_4 等)，也是水中酸度的来源。例如冶金上的铁酸洗水中含有大量的 H_2SO_4；酸性矿山排放水中含有的大量的二价、三价铁和铝盐，它们水解而释放出无机酸。

$$FeCl_3 + 3H_2O \Longrightarrow 3HCl + Fe(OH)_3$$

因此，组成水中酸度的物质可归为弱酸(如 CO_2、H_2CO_3、H_2S 及单宁酸等各种有机弱酸)、强酸弱碱盐[如 $FeCl_3$ 和 $Al_2(SO_4)_3$ 等]和强酸(如 HCl、H_2SO_4、HNO_3)三大类。

水中的 CO_2 于饮用无害，但含 CO_2 过多的水会对混凝土和金属有侵蚀破坏作用，如果水中还有强酸、强酸弱碱盐，不仅会污染河流，伤害水中生物，如作为用水还会腐蚀管道，而且使水的利用价值受到了限制。因此，水中酸度的测定对于工业用水、农业灌溉用水、饮用水以及了解酸碱滴定过程中 CO_2 的影响都有实际意义。

(二) 酸度的测定

酸度的测定同样可采用酸碱指示剂滴定法和电位滴定法。酸碱指示剂滴定法是用碱标准溶液(如 $NaOH$、Na_2CO_3 标准溶液)作为滴定剂，滴定水中的 H^+，以甲基橙为指示剂，滴定终点时溶液由橙红色变桔黄色，$pH = 3.7$；如以酚酞为指示剂，滴定终点时，溶液由无色至刚好变为浅红色，$pH = 8.3$；由碱标准溶液所消耗的量，求得酸度。

如果以甲基橙为指示剂，用 $NaOH$ 标准溶液滴定至终点 $pH = 3.7$ 的酸度，称为甲基橙酸度，代表一些较强的酸，适用于废水和严重污染水中的酸度的测定。

如果以酚酞为指示剂，用 $NaOH$ 标准溶液滴定至终点 $pH = 8.3$ 的酸度称为酚酞酸度，又叫总酸度，它包括水样中的强酸和弱酸的总和。主要用于未受工业废水污染或轻度污染水中酸度的测定。

酸度的单位及计算方法与碱度类似。

1. 游离二氧化碳的测定

由于游离二氧化碳($CO_2 + H_2CO_3$)能定量地与 $NaOH$ 反应：

$$CO_2 + NaOH \longrightarrow NaHCO_3$$
$$H_2CO_3 + NaOH \longrightarrow NaHCO_3 + H_2O$$

当达到计量点时，溶液地 pH 约为 8.3，故选用酚酞为指示剂。根据 $NaOH$ 标准溶液的用量求出游离二氧化碳含量

$$游离二氧化碳（CO_2，mg/L）= \frac{V_1 \times C_{NaOH} \times 44 \times 1000}{V_水}$$

式中　V_1——NaOH 标准溶液的耗量，mL；

　　C_{NaOH}——NaOH 标准溶液的浓度，mol/L；

　　44——二氧化碳的摩尔质量，CO_2，g/mol；

　　$V_水$——水样的量，mL。

2. 水中侵蚀性二氧化碳测定

首先取水样（不加 $CaCO_3$ 粉末），以甲基橙为指示剂，用 HCl 标准溶液滴定至终点。同时另取水样加入 $CaCO_3$ 粉末放置 5 天，待水样中侵蚀性二氧化碳与 $CaCO_3$ 反应完全之后，以甲基橙为指示剂，用 HCl 标准溶液滴定至终点，主要反应为

$$CaCO_3 + CO_2 + H_2O \longrightarrow Ca(HCO_3)_2$$
$$Ca(HCO_3)_2 + 2HCl \longrightarrow CaCl_3 + 2H_2CO_3$$

根据水样中加入 $CaCO_3$ 与未加 $CaCO_3$ 用 HCl 标准溶液滴定时消耗的量之差，求出水中侵蚀性二氧化碳的含量。

$$侵蚀性二氧化碳（CO_2，mg/L）= \frac{(V_2 - V_1) \times C_{HCl} \times 22 \times 1000}{V_水}$$

式中　V_2——5 天后（加 $CaCO_3$ 粉末）滴定时消耗 HCl 标准溶液的量，mL；

　　V_1——当天（未加 $CaCO_3$ 粉末）滴定时消耗 HCl 标准溶液的量，mL；

　　C_{HCl}——HCl 标准溶液的浓度，mol/L；

　　22——侵蚀性二氧化碳的摩尔质量，$1/2CO_2$，g/mol；

　　$V_水$——水样的量，mL。

应该指出，如果测定结果 $V_2 \leqslant V_1$，则说明水中不含侵蚀性二氧化碳。

思 考 题

1. 水的酸度、碱度和 pH 值有什么联系和差别，举例说明之。

2. 水中碱度主要有那些？在水处理工程实践中，碱度的测定有何意义？简述碱度测定的基本原理。

3. 什么是酸碱滴定的突跃范围？其影响因素有哪些？如何选择指示剂？

4. 选择酸碱指示剂的依据是什么？化学计量点的 pH_{sp} 与选择酸碱指示剂有何关系？

5. 游离二氧化碳和侵蚀性二氧化碳有何不同？测定它们的意义何在？

习 题

1. 已知下列各物质的 K_a 或 K_b，比较它们的相对强弱，计算它们的 K_b 或 K_a，并写出它们共轭酸（或碱）的化学式。

（1）HCN　　　　　NH_4^+　　　　　$H_2C_2O_4$

$4.93 \times 10^{-3}(K_a)$　$5.6 \times 10^{-10}(K_a)$　$5.9 \times 10^{-2}(K_{a_1})$

　　　　　　　　　　　　　　　　$6.4 \times 10^{-5}(K_{a_2})$

（2）NH_2OH　　　CH_3NH_2　　　　Ac^-

$9.1 \times 10^{-9}(K_b)$　$4.2 \times 10^{-4}(K_b)$　$5.9 \times 10^{-10}(K_b)$

2. 某一弱酸型指示剂在 pH=4.5 的溶液中呈现蓝色，在 pH=6.5 的溶液中呈现黄色，该指示剂的离解常数 K_{HIn} 为多少？

3. 如一弱酸型指示剂的离解常数为 $K_{HIn}=6.0\times10^{-9}$，问该指示剂的变色范围为多少？

4. 下列物质可否在水溶液中直接滴定

(1) 0.1mol/L HAc

(2) 0.1mol/L HCOOH

(3) 0.1mol/L CH_3NH_2

(4) 0.1mol/L HCl + 0.1mol/L H_3BO_3

5. 取水样 100mL，用 0.1000mol/L HCl 溶液滴定至酚酞终点，消耗 13.00mL；再加甲基橙指示剂，继续用 HCl 溶液滴定至橙红色出现，消耗 20.00mL，问水样中有何种碱度？其含量为多少(mg/L 表示)？

6. 取某一天然水样 100mL，加酚酞指示剂时，未滴入 HCl 溶液，溶液已呈现终点颜色，接着以甲基橙为指示剂，用 0.0500mol/L HCl 溶液滴定至刚好橙红色，用去 13.50mL，问该水样中有何种碱度？其含量为多少(mg/L 表示)？

7. 称取含 Na_2CO_3 和 K_2CO_3 的试样 1.000g，溶于水后以甲基橙作指示剂，终点时消耗 0.5000mol/L HCl 溶液 30.00mL，计算试样中 Na_2CO_3 和 K_2CO_3 的百分含量。

8. 用虹吸法吸取某地面水样 100mL，注入 250mL 锥形瓶中，加酚酞指示剂后

(1) 若不出现红色，则迅速用 0.0100mol/L NaOH 溶液滴定至红色，用去 1.80mL，问该水样中游离二氧化碳 CO_2 含量是多少(mg/L 表示)？

(2) 若出现红色说明什么问题？

第三章　络合滴定法

利用形成络合物的反应进行的滴定分析的方法，称为络合滴定法。

络合滴定是以络合反应为基础的滴定分析方法。络合反应广泛用于分析化学的各种分离和测定中。在水质分析中，络合滴定法主要用于水中硬度以及 Ca^{2+}、Mg^{2+}、Fe^{3+}、Al^{3+} 等几十种金属离子的测定，也间接用于水中 SO_4^{2-}、PO_4^{3-} 等阴离子的测定。

许多金属离子与多种配位离子通过共价键形成的化合物称为络合物或配位化合物。例如亚铁氰化钾 $K_4[Fe(CN)_6]$ 络合物中，$[Fe(CN)_6^{4-}]$ 称为络离子，络离子中的金属离子(Fe^{2+})称为中心离子，与中心离子络合的阴离子(CN^-)称为配位体，配位体还可是中性分子，如 NH_3，配位体中直接与中心离子络合的原子称为配位原子，与中心离子络合的配位原子的数目叫配位数。在络合反应中，配位体叫络合剂。

能够用于络合滴定的反应，必须具备下列条件：① 形成的络合物要相当稳定；② 在一定的反应条件下，配位数必须固定；③ 络合反应的速度要快；④ 要有适当的方法确定滴定终点。

第一节　络合平衡

络合物的稳定常数

金属离子(M)与络合剂(L)的反应，如果只能形成化学计量数为 1：1 型络合物时，其反应方程式为(为讨论方便，略去所带电荷)

$$M + L \rightleftharpoons ML$$

反应达到平衡时，反应平衡常数为络合物的稳定常数，用 $K_稳$ 表示。

$$K_稳 = \frac{[ML]}{[M][L]}$$

$K_稳$ 的倒数称为络合物的离解常数，用 $K_{不稳}$ 表示。即

$$K_{不稳} = \frac{1}{K_稳}$$

应该指出，不同络合物具有不同的稳定常数，例如

$$Ag^+ + 2CN^- \rightleftharpoons [Ag(CN)_2]^- \qquad K_{稳1} = 10^{21.1}$$

$$Ag^+ + 2NH_3 \rightleftharpoons [Ag(NH_3)_2]^+ \qquad K_{稳2} = 10^{7.40}$$

$K_稳$ 越大，则络合物越稳定。显然上述两种络合物的稳定性是前者大于后者。

两种同类型的络合物 $K_稳$ 不同，在络合反应中形成络合物的先后次序也不同，$K_稳$ 大者先络合，小者后络合。

另一方面，同一种金属离子与不同络合剂形成络合物的稳定性($K_稳$)不同时，则络合剂可以互相置换。例如

$$Ag(NH_3)_2^+ + 2CN^- \rightleftharpoons Ag(CN)_2^- + 2NH_3$$

$Ag(NH_3)_2^+$ 中的 NH_3 被 CN^- 置换，这是 $Ag(CN)_2^-$ 的稳定性（$K_稳$）更强的缘故。

第二节　氨羧络合剂

一、无机络合剂

能够形成无机络合物的反应很多，但能用于络合滴定的并不多，这是由于大多数无机络合物稳定性不高，而且不存在分步络合，滴加络合剂时，容易形成配位数不同的络合物使反应条件难以控制，判断终点困难，因而无机络合剂的应用受到了限制。

相反，有机络合剂中常含有两个或两个以上的配位原子，它与金属离子形成具有环状结构的螯合物，不仅稳定性高，且一般只形成一种型体络合物，非常适合于络合滴定，其中常用的是氨羧络合剂。

二、氨羧络合剂

有机络合剂分子中含有氨氮和羧氧配位原子的氨基多元酸，统称为氨羧络合剂。它是一类以氨基乙二酸 $-N{\Large\langle}\begin{matrix}CH_2COOH\\CH_2COOH\end{matrix}$ 为基体的有机络合剂（或螯合剂）。最常见的是乙二胺四乙酸。

乙二胺四乙酸

$$\begin{matrix}HOOCH_2C\\ \\HOOCH_2C\end{matrix}{\Large\rangle}N-CH_2-CH_2-N{\Large\langle}\begin{matrix}CH_2COOH\\ \\CH_2COOH\end{matrix}$$

简称 EDTA 或 EDTA 酸，用 H_4Y 表示其分子式，为四元酸，在室温下它的溶解度很小（0.02g/100mL 水，22℃），故常用它的二钠盐，也简称 EDTA（$Na_2H_2Y \cdot 2H_2O$，M = 372.24），或 EDTA 二钠盐。EDTA 二钠盐的溶解度为 11.2 g/100mL 水（22℃），其浓度为 0.3mol/L，0.01mol/L EDTA 溶液的 pH 值为 4.8。

常见的氨羧络合剂还有 DCTA，NTA，EGTA，EDTP 等，其中最重要的是 EDTA。

三、EDTA 的离解平衡

在水溶液中，EDTA 分子中互为对角线上的两个羧基的 H^+ 会转移至 N 原子上，形成双偶极离子。

$$\begin{matrix}HOOCH_2C\\ \\HOOCH_2C\end{matrix}{\Large\rangle}\overset{H}{\overset{|}{N}}-CH_2-CH_2-\overset{H}{\overset{|}{N}}{\Large\langle}\begin{matrix}CH_2COOH\\ \\CH_2COOH\end{matrix}$$

在强酸溶液中，H_4Y 的两个羧酸根可再接受质子，形成 H_6Y^{2+}，这样 EDTA 就相当于六元酸，有 6 级离解平衡：

$$H_6Y^{2+} \rightleftharpoons H^+ + H_5Y^+ \qquad K_1 = 10^{-0.9}$$
$$H_5Y^+ \rightleftharpoons H^+ + H_4Y \qquad K_2 = 10^{-1.6}$$
$$H_4Y \rightleftharpoons H^+ + H_3Y^- \qquad K_3 = 10^{-2.07}$$

$$H_3Y^- \Longrightarrow H^+ + H_2Y^{2-} \qquad K_4 = 10^{-2.75}$$

$$H_2Y^{2-} \Longrightarrow H^+ + HY^{3-} \qquad K_5 = 10^{-6.24}$$

$$HY^{3-} \Longrightarrow H^+ + Y^{4-} \qquad K_6 = 10^{-0.9}$$

在水溶液中，EDTA 可以 H_6Y^{2+}、H_5Y^+、H_4Y、H_3Y^-、H_2Y^{2-}、HY^{3-}、Y^{4-} 七种型体存在。在溶液中某种型体组分的平衡浓度 [Y] 占 EDTA 总浓度 $[Y]_总$ 的分数，用下式表示：

$$\delta_Y = \frac{[Y]}{[Y]_总} \qquad\qquad (3-1)$$

其各种型体的分数 δ_i-pH 曲线见图 3-1。由图可知，各种型体的相对含量取决于 pH 值的大小。当：

pH<1 时，EDTA 主要以 H_6Y^{2+} 型体存在；

pH = 2.75~6.24 时，EDTA 主要以 H_2Y^{2-} 型体存在；

pH>10.34 时，EDTA 主要以 Y^{4-} 型体存在；

pH≥12 时，只有 Y^{4-} 型体。

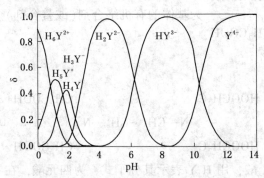

图 3-1 EDTA 各种型体分布曲线图

四、EDTA 与金属离子络合物及其稳定性

（一）EDTA 与 1~4 价金属离子都能形成易溶性络合物

在水溶液中，EDTA 几乎与所有金属离子都能迅速形成易溶性络合物。因此可满足络合滴定的基本要求。但是由于络合反应速度大多数较快，这就要求在进行络合滴定中设法提高络合滴定的选择性，以便有针对性地测定其中的某一种金属离子。

（二）形成络合物的稳定性较高

EDTA 分子中，有个可与金属离子形成配位键的原子，其中包括两个 N 原子和 4 个羧基氧原子。在 EDTA 中能形成配位键的 N—O 之间和两个 N 原子之间均隔着两个不能形成配位键的碳原子。所以，EDTA 与金属离子络合时形成了 5 个 5 圆环，这种具有环状结构的络合物称为螯合物，是非常稳定的。

（三）多数情况下，EDTA 与金属离子以 1:1 的比值形成络合物

在书写反应式时，应根据溶液的 pH 值，将 EDTA 的主要型体写入反应式中。例如

pH = 2.75~6.24 时， $M^{n+} + H_2Y^{2-} \longrightarrow MY^{n-4} + 2H^+$

pH = 7~9 时， $M^{n+} + HY^{3-} \longrightarrow MY^{n-4} + H^+$

pH>10 时， $M^{n+} + Y^{4-} \longrightarrow MY^{n-4}$

在不同 pH 下，EDTA 与金属离子的络合反应可用如下通式表示：

$$M^{n+} + H_j Y^{j-4} \longrightarrow MY^{n-4} + jH^+ \qquad (3-2)$$

可见，不论是几价金属离子，与任何型体的 EDTA 络合反应都形成化学计量数为 1∶1 型的络合物。

有时为简便起见，用 Y 表示 EDTA，MY 表示金属离子与 EDTA 络合物，并略去离子电荷。

只有少数高价金属离子与 EDTA 螯合时，形成化学计量数不是 1∶1 型。

（四）形成络合物的颜色特征

EDTA 与无色金属离子生成无色络合物，可利用指示剂确定滴定终点，与有色金属离子一般生成颜色较深的络合物。

（五）影响 EDTA 与金属离子络合物稳定性的因素

1. 主要决定金属离子络合剂的性质——本质因素

不同金属离子与同一络合剂（EDTA）形成的络合物的稳定性不同。一般 EDTA 与碱金属离子络合物最不稳定（见表 3-1）。

碱金属离子和 Ag^+ 络合物较稳定，$\lg K_稳 = 8 \sim 11$。

过渡金属、稀土元素及 Al^{3+} 络合物稳定，$\lg K_稳 = 15 \sim 19$。

3、4 价金属离子和 Hg^{2+} 的络合物最稳定，$\lg K_稳 > 20$，这些差别主要是由金属离子本身的离子电荷及离子半径和电子层结构的内在差别造成的。

2. 络合反应中溶液的温度和其络合剂存在的外在因素影响络合物的稳定性

其中溶液 pH 值对 EDTA-金属离子络合物稳定性的影响是主要的。

表 3-1　常见 EDTA-金属离子络合物稳定性

	$\lg K_稳$		$\lg K_稳$		$\lg K_稳$		$\lg K_稳$
Na^+	1.7	Mg^{2+}	8.7	Fe^{2+}	14.3	Hg^{2+}	21.8
Li^+	2.8	Ca^{2+}	10.7	La^{3+}	15.4	Th^{4+}	23.2
				Al^{3+}	16.1	Fe^{3+}	25.1
				Zn^{2+}	16.5	Bi^{3+}	27.9
				Cd^{2+}	16.5	ZrO^{2+}	29.9
				Pb^{2+}	18.0		
				Cu^{2+}	18.8		

第三节　pH 对络合滴定的影响

一、EDTA 的酸性效应

在络合滴定中，滴定 EDTA(Y) 与被测定金属离子形成 MY 的络合反应是主反应：

$$M + Y \longrightarrow MY \qquad (3-3)$$

如前所述，在水溶液中的 EDTA 可有 $H_6 Y^{2+}$、$H_5 Y^+$、$H_4 Y$、$H_3 Y^-$、$H_2 Y^{2-}$、HY^{3-} 和 Y^{4-} 七种型体存在，各型体的相对含量取决于溶液的 pH 大小。按酸碱质子理论，这七种型体的 EDTA(Y) 是碱。因此，当 M 与 Y 进行络合反应时，如有 H^+ 存在，就会与 Y 作用，生成它的共轭酸 HY、H_2Y、H_3Y...H_6Y 等一系列副反应产物，而使 Y 的平衡浓度降低，对主反应不利：

$$M + Y \longrightarrow MY$$
$$\Big\Vert H^+$$
$$HY \underset{}{\overset{H^+}{\rightleftharpoons}} H_2Y \underset{}{\overset{H^+}{\rightleftharpoons}} H_3Y \underset{}{\overset{H^+}{\rightleftharpoons}} H_4Y \underset{}{\overset{H^+}{\rightleftharpoons}} H_5Y \underset{}{\overset{H^+}{\rightleftharpoons}} H_6Y \tag{3-3a}$$

可见，pH 对 EDTA 离解平衡有重要影响，这种由于 H^+ 的存在，使络合剂参加主体反应能力的降低效应称为酸效应。

从 EDTA 与金属离子的络合反应来看，主要是 Y^{4-} 和金属离子络合，从 EDTA 的 δ_i-pH 的分布曲线(图 3-1)可见，只有 pH≥12 时，才能有 Y^{4-} 型体，在其他的 pH 值下，Y^{4-} 只占 EDTA 总浓度的一部分。如用 $[Y]_{总}$ 表示 EDTA 溶液的总浓度，则

$$[Y]_{总} = [Y^{4-}] + [HY^{3-}] + [H_2Y^{2-}] + [H_3Y^-] + [H_4Y] + [H_5Y^+] + [H_6Y^{2+}] \tag{3-3b}$$

式中　$[Y]_{总}$——未参加络合反应的 EDTA 总浓度；

$[Y^{4-}]$——能与金属离子络合的 Y^{4-} 的浓度(4 价络阴离子浓度)称为有效浓度；

$[Y]_{总}$ 与 $[Y^{4-}]$ 浓度的比值定义为络合剂(EDTA)的酸效应系数，用 $\alpha_{Y(H)}$ 表示，即

$$\alpha_{Y(H)} = \frac{[Y]_{总}}{[Y^{4-}]} \tag{3-4}$$

酸效应系数 $\alpha_{Y(H)}$ 数值，随溶液的 pH 值增大而减小，这是因为 pH 值增大，$[Y^{4-}]$ 增多的缘故。

酸效应系数的计算方法：

由 $\alpha_{Y(H)}$ 的定义可知，这是 EDTA 的分布分数 $\delta_Y = [Y]/[Y]_{总}$ 的倒数。

$$\alpha_{Y(H)} = \frac{1}{\delta_Y} \tag{3-4a}$$

可见，酸效应系数 $\alpha_{Y(H)}$ 越小，EDTA 的分布分数 δ_Y 越大，即 $[Y^{4-}]$ 增大，则表示 Y 受 H^+ 引起副反应的影响程度越小。

如果将 Y 的质子化产物看作是氢络合物，并可将其各级质子化产物的离解常数(K_{a_1}、K_{a_2}···K_{a_6})换算成稳定常数，则有

$$Y^{4-} + H^+ \rightleftharpoons HY^{3-} \qquad K_1 = \frac{[HY^{3-}]}{[H^+][Y^{4-}]} = \frac{1}{K_{a_6}}$$

$$HY^{3-} + H^+ \rightleftharpoons H_2Y^{2-} \qquad K_2 = \frac{[H_2Y^{2-}]}{[H^+][HY^{3-}]} = \frac{1}{K_{a_5}}$$

$$H_5Y^+ + H^+ \rightleftharpoons H_6Y^{2+} \qquad K_6 = \frac{[H_6Y^{2+}]}{[H^+][H_5Y^+]} = \frac{1}{K_{a_1}}$$

于是，累级稳定常数表示为

$$\beta_1 = K_1 = \frac{1}{K_{a_6}}$$

$$\beta_2 = K_1 K_2 = \frac{1}{K_{a_6} K_{a_5}}$$

$$\vdots$$

$$\beta_6 = K_1 K_2 K_3 \cdots K_6 = \frac{1}{K_{a_6} K_{a_5} K_{a_4} \cdots K_{a_1}}$$

则式(3-3b)变为：

$$[Y]_{总} = [Y^{4-}] + \beta_1[Y^{4-}][H^+] + \beta_2[Y^{4-}][H^+]^2 + \beta_3[Y^{4-}][H^+]^3 + \beta_4[Y^{4-}][H^+]^4 + \beta_5[Y^{4-}][H^+]^5 + \beta_6[Y^{4-}][H^+]^6$$

$$= [Y^{4-}](1 + \beta_1[H^+] + \beta_2[H^+]^2 + \beta_3[H^+]^3 + \beta_4[H^+]^4 + \beta_5[H^+]^5 + \beta_6[H^+]^6)$$

故
$$\alpha_{Y(H)} = \frac{[Y]_{总}}{[Y^{4-}]} = 1 + \beta_1[H^+] + \beta_2[H^+]^2 + \beta_3[H^+]^3 + \beta_4[H^+]^4 + \beta_5[H^+]^5 + \beta_6[H^+]^6 \qquad (3-5)$$

可见，酸效应系数 $\alpha_{Y(H)}$ 是 $[H^+]$ 的函数，是定量表示 EDTA 酸效应进行程度的参数，它的物理意义是当络合反应达到平衡时，未参加反应的络合剂总浓度是其游离状态存在的络合剂(Y)的平衡浓度的倍数。

当无副反应时，$[Y]_{总} = [Y^{4-}]$，$\alpha_{Y(H)} = 1$

当有副反应时，$[Y]_{总} > [Y^{4-}]$，$\alpha_{Y(H)} > 1$

可见总有，$\alpha_{Y(H)} \geqslant 1$

不同的 pH 值时的 $\alpha_{Y(H)}$ 列于表3-2。由于 $\alpha_{Y(H)}$ 值变化范围较大，故表中均取对数值。

表3-2　不同 pH 值时的 $\lg\alpha_{Y(H)}$ 值

pH	$\lg\alpha_{Y(H)}$	pH	$\lg\alpha_{Y(H)}$	pH	$\lg\alpha_{Y(H)}$	pH	$\lg\alpha_{Y(H)}$	pH	$\lg\alpha_{Y(H)}$
0.0	23.64	1.9	13.88	3.8	8.85	5.7	5.15	7.6	2.68
0.1	23.06	2.0	13.8	3.9	8.65	5.8	4.98	7.7	2.57
0.2	22.47	2.1	13.16	4.0	8.6	5.9	4.81	7.8	2.47
0.3	21.89	2.2	12.82	4.1	8.24	6.0	4.8	7.9	2.37
0.4	21.32	2.3	12.50	4.2	8.04	6.1	4.49	8.0	2.3
0.5	20.75	2.4	12.19	4.3	7.84	6.2	4.34	8.1	2.17
0.6	20.18	2.5	11.90	4.4	7.64	6.3	4.20	8.2	2.07
0.7	19.62	2.6	11.62	4.5	7.44	6.4	4.06	8.3	1.97
0.8	19.08	2.7	11.35	4.6	7.24	6.5	3.92	8.4	1.87
0.9	18.54	2.8	11.09	4.7	7.04	6.6	3.79	8.5	1.77
1.0	18.01	2.9	10.84	4.8	6.84	6.7	3.67	8.6	1.67
1.1	17.49	3.0	10.8	4.9	6.65	6.8	3.55	8.7	1.57
1.2	16.98	3.1	10.37	5.0	6.60	6.9	3.43	8.8	1.48
1.3	10.49	3.2	10.14	5.1	6.26	7.0	3.4	8.9	1.38
1.4	16.02	3.3	9.92	5.2	6.07	7.1	3.21	9.0	1.4
1.5	15.55	3.4	9.70	5.3	5.88	7.2	3.10	9.1	1.19
1.6	15.11	3.5	9.48	5.4	5.69	7.3	2.99	9.2	1.10
1.7	14.68	3.6	9.27	5.5	5.51	7.4	2.88	9.3	1.01
1.8	14.27	3.7	9.06	5.6	5.33	7.5	2.78	9.4	0.92

pH	$\lg\alpha_{Y(H)}$	pH	$\lg\alpha_{Y(H)}$	pH	$\lg\alpha_{Y(H)}$	pH	$\lg\alpha_{Y(H)}$	pH	$\lg\alpha_{Y(H)}$
9.5	0.83	10.1	0.39	10.7	0.1	11.3	0.04	11.9	0.01
9.6	0.75	10.2	0.33	10.8	0.11	11.4	0.03	12.0	0.01
9.7	0.67	10.3	0.28	10.9	0.09	11.5	0.02	12.1	0.01
9.8	0.59	10.4	0.24	11.0	0.07	11.6	0.02	12.2	0.005
9.9	0.52	10.5	0.20	11.1	0.06	11.7	0.02	13.0	0.0008
10.0	0.45	10.6	0.1	11.2	0.05	11.8	0.01	13.9	0.0001

二、酸效应对金属离子络合物稳定性的影响

(一) 条件稳定常数 $K'_{稳}$

从表3-2可以看出，多数情况下 $\alpha_{Y(H)}>1$，$[Y]_总>[Y^{4-}]$；只有在 pH≥12 时，$\alpha_{Y(H)}=1$，$[Y]_总=[Y^{4-}]$。而通常所说络合平衡时的稳定常数 $K_稳$ 是 $[Y]_总=[Y^{4-}]$，即 $\alpha_{Y(H)}=1$ 时的稳定常数。这样 EDTA 不能在 pH<12 时应用。在实际应用中，溶液的 pH<12 时，必须考虑酸效应对金属离子络合物稳定性的影响，所以又引进条件稳定常数，用 $K'_{稳}$ 表示。

金属离子与 EDTA 的主体反应是

$$M^{n+}+Y^{4-}\longrightarrow MY^{n-4}, \quad K_{稳\,(MY)}=\frac{[MY^{n-4}]}{[M^{n+}][Y^{4-}]}$$

由式(3-4)，

$$[Y^{4-}]=\frac{[Y]_总}{\alpha_{Y(H)}}$$

代入上式得：

$$K_稳=\frac{[MY^{n-4}]\alpha_{Y(H)}}{[M^{n+}][Y]_总}$$

定义：

$$K'_稳=\frac{K_稳}{\alpha_{Y(H)}}=\frac{[MY^{n-4}]}{[M^{n+}][Y]_总}$$

$$K'_稳=\frac{[MY^{n-4}]}{[M^{n+}][Y]_总} \tag{3-6}$$

可见，在一定条件下，酸效应系数 $\alpha_{Y(H)}$ 为定值，络合物的稳定常数 $K_稳$ 与 $\alpha_{Y(H)}$ 的比值 $K'_稳$ 也是常数，称为条件稳定常数。有时为强调 $K'_稳$ 是 EDTA 的酸效应影响为主，可在络合剂 Y 右上角打上一撇，用 $K_{MY'}$ 表示。

(二) 条件稳定常数 $K'_稳$ 的意义

1. $K'_稳$ 表示在 pH 外界因素影响下，络合物的实际稳定程度

只有在一定 pH 时，$K'_稳$ 才是定值，pH 改变 $K'_稳$ 也改变。在络合滴定中更有实际意义。在实际应用中常取对数值。

$$\lg K'_稳=\lg K_稳-\lg\alpha_{Y(H)} \tag{3-7}$$

由于 pH 值越大，$\alpha_{Y(H)}$ 越小，则条件稳定常数 $K'_稳$ 越大，形成络合物越稳定，对络合滴定就越有利。另外，$K'_稳$ 越大，络合反应就越完全，计量点附近金属离子浓度的变化就有明显突跃，终点则越敏锐。那么，如何才算作络合反应完全呢？同样用 $K'_稳$ 来判断。

2. 判断络合反应完全程度

实际水处理中，水样同时含有 Ca^{2+}、Mg^{2+} 和 Fe^{3+}、Al^{3+} 等，当 pH 值升高时，Fe^{3+} 和 Al^{3+}

易水解生成沉淀或生成羟基络合物，这不仅能测定 Fe^{3+} 和 Al^{3+}，而且对 Ca^{2+}、Mg^{2+} 测定也产生干扰。所以必须选择合适的 pH 值。如前所述，pH 增大，$\alpha_{Y(H)}$ 减小，$K_{稳}$ 变大，对滴定越有利。那么，$K'_{稳}$ 到底多大才适合呢？下面讨论络合滴定对 $K'_{稳}$ 的基本要求。

络合滴定中允许的最低 pH 值取决于允许的误差和检测终点的准确度。络合滴定的目测终点与计量点时金属离子浓度的负对数（pM）的差值一般为（±0.2）~0.5，即 ΔpM 至少为 0.2，用 ΔpM 表示终点观测的不确定性；若允许滴定误差为（±0.1）%，并用 TE% 表示终点误差，则 ΔpM = ±0.2，TE% = ±0.1，并根据终点滴定误差公式求得：

$$TE = \frac{10^{\Delta pM} - 10^{-\Delta pM}}{\sqrt{C_{M \cdot sp} K'_{MY}}} \times 100\%$$

即

$$C_{M \cdot sp} K'_{MY} = \left(\frac{10^{\Delta pM} - 10^{-\Delta pM}}{TE} \times 100\% \right)^2$$

取对数则得准确进行络合滴定的判断式

$$\lg(C_{M \cdot sp} K'_{MY}) = 2\lg(10^{\Delta pM} - 10^{-\Delta pM}) + 2P^{TE} \tag{3-8a}$$

式中 $\lg(10^{\Delta pM} - 10^{-\Delta pM})$ 为检测终点的灵敏度，其值越小，灵敏度越高，否则相反。

当 ΔpM = ±0.2 时，$\lg(10^{\Delta pM} - 10^{-\Delta pM}) \approx 0$

故式（3-8a）变为：

$$\lg(C_{M \cdot sp} K'_{MY}) \approx 2P^{TE} \tag{3-8b}$$

当 TE ≤ 0.1% 时，则

$$\lg(C_{M \cdot sp} K'_{MY}) \geq 6 \tag{3-8c}$$

式中 $C_{M \cdot sp}$——计量点时金属离子的浓度，通常将 $\lg(C_{M \cdot sp} K'_{MY}) \geq 6$ 作为能否用络合滴定法测定单一金属离子的条件。

如果以金属离子浓度 $C_{M \cdot sp}$ 为 0.01mol/L 作为典型条件来讨论酸效应和其他因素对滴定的影响，则（3-8c）式就可以写成 $\lg K'_{MY} \geq 8$，即

$$\lg K'_{MY} = \lg K_{MY} - \lg \alpha_{Y(H)} \geq 8 \tag{3-9}$$

或 $$\lg \alpha_{Y(H)} \leq \lg K_{MY} - 8$$

可见，络合物的 $K'_{MY} \geq 10^8$，即 $\lg K'_{MY} \geq 8$，才能定量络合完全。

应该说明，上述判据不是绝对的，而是有条件的。应用 $\lg(C_{M \cdot sp} K'_{稳}) \geq 6$ 做为络合滴定能够直接准确滴定的判据时，条件是终点观测的不确定性为 ±0.2pM，允许滴定误差（TE）为（±0.1）%。条件改变，则该判据也将有所不同。如 TE ≤（±0.3）% 时，$\lg(K'_{MY \cdot sp}) \geq 5$；TE ≤ 1% 时，$\lg(K'_{MY} C_{M \cdot sp}) \geq 4$。

应用 $\lg K'_{稳} = \lg K_{稳} - \lg \alpha_{Y(H)} \geq 8$ 作为定量络合完全的条件是计量点时金属离子的浓度 C_{sp} = 0.01mol/L。条件改变，则判据也应改变。

如，$C_{sp} = 10^{-4}$mol/L，则

$$\lg K'_{稳} = \lg K_{稳} - \lg \alpha_{Y(H)} \geq 10$$

第四节 络合滴定基本原理

在络合滴定法中，通常以 EDTA 等氨羧络合剂为滴定剂，故也称螯合滴定。本节主要讨

论 EDTA 溶液为滴定剂滴定水中金属离子的滴定曲线和金属指示剂的选择。

一、络合滴定曲线

应该说,EDTA 溶液滴定水中的金属离子(M^{n+})的变化规律,即滴定曲线与酸碱滴定非常类似。在络合滴定中,随着 EDTA 滴定剂的不断加入,被滴定金属离子(M^{n+})的浓度不断减少,在计量点附近时,溶液的 pM(即$-\lg[M]$)发生突跃。绘制 pM—EDTA 溶液加入量的曲线即为络合滴定曲线。在酸碱滴定中,酸的K_a是不变的,在络合滴定中,由于各种副反应发生(忽略络合物 MY 的副反应),络合物(MY)的$K'_稳$将小于$K_稳$,但在络合滴定中,$K'_稳$基本保持不变。

本节只考虑 EDTA 的酸效应,讨论以 0.01mol/L 标准溶液滴定 20.00mL,0.01mol/L Ca^{2+}溶液的滴定曲线。

只考虑酸效应时,见式(3-6),$K'_{CaY}=\dfrac{K_{CaY}}{\alpha_{Y(H)}}=\dfrac{[CaY]}{[Ca][Y]_总}$

当 pH=12 时,查表 3-2,$\lg\alpha_{Y(H)}=0.01$,即$\alpha_{Y(H)}=1$,可认为无酸效应。所以$K'_{CaY}=K_{CaY}=4.9\times10^{10}=10^{10.69}$

(1)滴定前,溶液中的Ca^{2+}的浓度:

$$[Ca^{2+}]=0.01mol/L$$

∴ $$pCa=-\lg[Ca^{2+}]=2.0$$

(2)计量点前,溶液中$[Ca^{2+}]$取决于剩余的Ca^{2+}浓度

例如滴入 EDTA 溶液 19.98mL 时,

$$[Ca^{2+}]=\frac{0.0100\times(20.00-19.98)}{20.00+19.98}=5.0\times10^{-6}mol/L$$

$$pCa=5.3$$

(3)计量点时,滴入 20.00mL EDTA 溶液,达到计量点

溶液中$[Ca^{2+}]_{sp}=[Y]_{sp}$,$[CaY]=(C_{Ca}/2)$

则

$$K_{CaY}=\frac{[CaY]}{[Ca^{2+}]_{sp}[Y]_{sp}}=\frac{C_{Ca}/2}{[Ca^{2+}]_{sp}^2}$$

∴

$$[Ca^{2+}]_{sp}=\sqrt{\frac{C_{Ca}}{2\cdot K_{CaY}}}=\sqrt{\frac{0.0100}{2\times4.9\times10^{10}}}=10^{-6.50}mol/L$$

故 $pCa_{sp}=6.50$

(4)计量点后,溶液中$[Y]$决定于 EDTA 的过量浓度

例如滴入 EDTA 溶液 20.02mL 时,

$$[Y]=\frac{0.0100\times(20.02-20.00)}{20.00+20.02}=4.998\times10^{-6}mol/L$$

$$[CaY]=\frac{0.0100\times20.00}{20.00+20.00}=5.00\times10^{-3}mol/L$$

代入$K_{CaY}=\dfrac{[CaY]}{[Ca^{2+}][Y]}$式得:

$$10^{10.69}=\frac{5.0\times10^{-3}}{[Ca^{2+}]\times4.998\times10^{-6}}$$

则 $[Ca^{2+}] = 10^{-7.69}$

$\therefore pCa = 7.69$

由滴定开始计算 pCa，并将数据（部分）列于表 3-3。同时绘制滴定曲线（见图 3-2）。

表 3-3 pH=12.0 时，0.0100mol/L EDTA 滴定 20.00mL 0.0100mol/L Ca^{2+} 溶液 pCa 值变化

加入 EDTA/mL	滴定百分数/%	剩余 Ca^{2+}/mL	过量 EDTA/mL	pCa	
0.00	0.0	20.00		2.0	
18.00	90.0	2.00		3.3	
19.80	99.00	0.20		4.3	
19.98	99.9	0.02		5.3	突跃范围
20.00	100.0	0.00		6.5	
20.02	100.1		0.02	7.69	
20.20	101.0		0.20	8.69	
40.00	200.0		20.00	10.69	

当 pH=9.0 时，查表 3-2，$\lg\alpha_{Y(H)}=1.29$，有酸效应存在，此时

$$\lg K'_{CaY} = \lg K_{CaY} - \lg\alpha_{Y(H)} = 10^{10.69} - 10^{1.29} = 10^{9.40}$$

即

$$K'_{CaY} = 10^{9.40}$$

计量点时：

$$[Ca^{2+}]_{sp} = \sqrt{\frac{C_{Ca}/2}{K'_{CaY}}} = \sqrt{\frac{0.0100/2}{10^{9.40}}} = 1.4\times10^{-6}\,mol/L$$

$$pCa_{sp} = 5.85$$

同样，按 pH=12.0 时计算，求算计量点前后滴入 19.98mol 和 20.02molEDTA 时，pCa 分别为 5.3 和 6.40，即突跃范围是 pCa=5.3~6.40。

根据条件稳定常数 K'_{CaY} 的数值，按 pH=12.0 时计算方法，求出 pH=10.0，9.0，7.0 和 6.0 时各点的 pCa 值，并绘制络合滴定曲线，见图 3-2。

显然，有酸效应时，$K'_{CaY}<K_{CaY}$，但在整个滴定过程中，K'_{CaY} 仍基本不变，故滴定曲线基本与 pH=12.0 时相同，只是突跃范围不同。

二、影响滴定突跃的主要因素

影响络合滴定突跃的主要因素有络合物的条件稳定常数和被滴定金属离子的浓度。

1. K'_{MY} 越大，滴定突跃越大

由图 3-2 可见，pH 值不同，K'_{MY} 不同，而导致滴定曲线的 pCa 突跃范围不同。pH 值越大，K'_{MY} 越大，络合物越稳定，滴定曲线的突跃范围越宽；否则，相反。当 pH=7.0 时，$\lg K'_{CaY}=7.32$，已看不出突跃了。

2. C_M 越大，滴定突跃越大

影响络合滴定突跃的主要因素除了络合

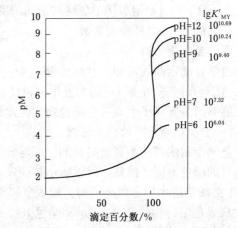

图 3-2 不同 pH（或 K'_{MY}）时，0.0100mol/L EDTA 滴定 0.0100mol/L Ca^{2+} 溶液的滴定曲线

物的条件稳定常数外，还有被滴定金属离子的浓度 C_M（见图 3-3）。C_M 越大，滴定曲线地起点就越低，pM 突跃就越大；反之，pM 突跃就越小。

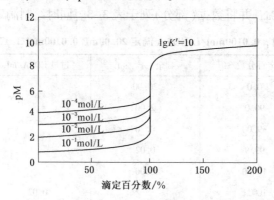

图 3-3　EDTA 与不同浓度重金属离子滴定曲线

三、计量点 pM_sp 的计算

由图 3-2 可以看到，pH 不同，K'_{MY} 不同，计量点时的 pM_{sp} 也不同。因此，为了选择适当的金属指示剂，经常需要计算 pM_{sp} 值。其计算通式是

$$[M]_{sp} = \sqrt{\frac{C_{M \cdot sp}}{K'_{MY}}} = \sqrt{\frac{C_M/2}{K'_{MY}}} \qquad (3-10)$$

$$pM_{sp} = \frac{1}{2}(pC_{M \cdot sp} + \lg K'_{MY})$$

式中　$[M]_{sp}$——计量点时溶液中金属离子 M 的平衡浓度；

　　　$C_{M \cdot sp}$——计量点时溶液中金属离子 M 的分析浓度，即各种型体的总浓度。

计量点时：$[M]_{sp}$ 很小，

$$C_{M \cdot sp} = [MY]_{sp} + [M]_{sp} \approx [MY]_{sp} = \frac{1}{2}C_M$$

　　　$[MY]_{sp}$——计量点时形成络合物的浓度；

　　　C_M——原始水样中金属离子的浓度；

　　　K'_{MY}——条件稳定常数。

四、金属指示剂

由络合滴定曲线可知，在络合滴定中，滴定剂（EDTA）滴定至计量点前后 pM 发生"突跃"，能够在这一"突跃"范围内发生颜色变化和指出滴定终点的试剂叫做金属指示剂。这种试剂能够与金属离子生成有色络合物，因此又叫显色剂。

（一）金属指示剂的作用原理

金属指示剂是一些有机络合剂，可与金属离子形成有色络合物，其颜色与游离金属指示剂本身的颜色不同，因此，可以指示被滴定金属离子在计量点附近 pM 值的变化。例如，用 EDTA 溶液滴定水中金属离子 M，加入金属离子指示剂（用 In 符号表示，颜色 A），则 M 与 In 生成显色络合物（用 MIn 表示，颜色 B）。同时，用 EDTA 滴定水样中 M，生成络合物 MY（多数无色）。当达到计量点时，由于 $K_{MY} > K_{MIn}$，所以再滴入稍过量的 EDTA 便置换显色络合物 MIn 中的金属离子 M，而又释放或游离出金属指示剂 In，溶液又显现指示剂本身的颜色 A，指示终点到达。其主要反应有：

计量点之前：$\qquad\qquad\quad$ M ＋ In $\longrightarrow$ MIn $\qquad\qquad$ (3-11)

$\qquad\qquad\qquad\qquad$ 颜色A$\qquad$颜色B

$\qquad\qquad\qquad\qquad$ （指示剂）（显色络合物）

$\qquad\qquad\qquad\qquad\quad$ M ＋ Y $\longrightarrow$ MY

计量点时：M 与 EDTA 已络合完全。

$\qquad\qquad\qquad$ Y ＋ MIn $\longrightarrow$ MY ＋ In

$\qquad\qquad\qquad\qquad\qquad$ 颜色B$\qquad\qquad\qquad$颜色A

$\qquad\qquad\qquad\qquad$ （显色络合物）$\qquad\qquad$（指示剂）

金属指示剂理论变色点（Transition Point）pM_t 的计算：

当金属指示剂(In)与金属离子(M)形成显色络合物的反应达到平衡时，式(3-11)，其条件稳定常数

$$K'_{MIn}=\frac{[MIn]}{[M][In]}=\frac{K_{MIn}}{\alpha_M\cdot\alpha_{In(H)}}\qquad(3-12)$$

取对数，$\qquad\qquad pM+\lg\frac{[MIn]}{[In]}=\lg K_{MIn}-\lg\alpha_{In(H)}-\lg\alpha_M$

式中　K'_{MIn}——考虑了指示剂的酸效应和金属离子的络合效应时 MIn 的条件稳定常数；

$\qquad K_{MIn}$——显色络合物的稳定常数；

$\qquad \alpha_M$——金属离子的副反应系数；

$\qquad \alpha_{In(H)}$——指示剂的酸效应系数。

当[MIn]＝[In]，pM 值即为该溶液被滴定时金属指示剂理论变色点，用 pM_t 表示。

$$pM_t=\lg K'_{MIn}-\lg\alpha_{In(H)}-\lg\alpha_M\qquad(3-13)$$

可见，金属指示剂的理论变色点是随着滴定条件变化而有所改变的。而酸碱指示剂只有一个确定的理论变色点。

（二）金属指示剂应具备的条件

1. 金属指示剂(In)本身的颜色与显色络合物(MIn)颜色显著不同

许多金属指示剂不仅具有络合剂的性质，而且本身还是多元弱酸或多元碱，能随溶液 pH 值变化而显示出不同的颜色。例如铬黑 T 是一个三元酸，在不同 pH 条件下呈现不同颜色，当溶液 pH<6.4 时，是紫红色；pH>11.5 时，是橙色；6.4<pH<11.5 时为蓝色，而铬黑 T 指示剂与许多金属离子 Ca^{2+}、Mg^{2+}、Zn^{2+}、Cd^{2+} 等形成红色络合物。显然，只有在 pH＝6.4~11.5，进行滴定时，滴定终点才有敏锐的颜色变化，即由显色络合物的红色变成游离指示剂的蓝色。

2. 金属指示剂(In)与金属离子(M)形成的显色络合物(MIn)的稳定性要适当

指示剂与金属离子络合物即显色络合物(MIn)的稳定性必须小于 EDTA 与金属离子络合物(MY)的稳定性，只有如此，指示剂才能在计量点时被 EDTA 转换出来，而显示终点的颜色变化。要求：$K_{MIn}<K_{MY}$ 至少相差二个数量级，但必须适当。否则，如显色络合物稳定性太低，则在计量点之前指示剂就开始游离出来，提前出现终点，使变色不敏锐，而引入误差；如稳定性太高，则使滴定点拖后或得不到终点。

例如，用 EDTA 标准溶液测定水中 Ca^{2+}、Mg^{2+} 时，以铬黑 T 为指示剂，如水中含有 Fe^{2+}、Al^{3+}、Ti^{4+}、Cu^{2+}、Ni^{2+}、Co^{2+} 等离子时，则与铬黑 T 指示剂形成的络合物，其

$K_{In} > K_{MY}$，则显色络合物 MIn 不能被 EDTA 置换，得不到终点，而影响滴定。因此，我们得出：

当金属指示剂与金属离子形成的络合物不能被 EDTA 置换，则加入大量 EDTA 也得不到终点，这种现象叫做指示剂的封闭现象。

为了防止或消除指示剂的封闭现象，可以加入适当的络合剂来掩蔽封闭指示剂的离子。例如：

① 加三乙醇胺，掩蔽 Fe^{3+}、Al^{3+} 和 Ti^{4+}。

② 加氰化钾(KCN)或硫化钠(Na_2S)掩蔽 Cu^{2+}、Ni^{2+} 和 Co^{2+} 等离子；还有在络合滴定时，蒸馏水中不得含有引起指示剂封闭的微量重金属离子。

③ 指示剂与金属离子形成的络合物应易溶于水，否则，如果金属指示剂与金属离子生成的显色络合物为胶体或沉淀，使滴定时与 EDTA 的置换作用缓慢，而使终点延长，这种现象叫做指示剂的僵化现象。例如，用 PAN 指示剂与 Cu^{2+}、Bi^{3+}、Cd^{2+}、Hg^{2+}、Pb^{2+}、Zn^{2+}、In^{3+}、Ni^{2+}、Mn^{2+}、Th^{4+} 等金属离子形成紫红色的螯合物，但它们往往是胶体或沉淀，使滴定时变色缓慢或终点延长。

为了防止金属指示剂的僵化现象

① 可加入有机溶剂如乙醇或加热活化，来增大显色络合物的溶解度或加快置换速度。

② 在接近滴定终点时要缓慢滴定，并剧烈振摇。

③ 金属指示剂 In 与金属离子(M^{n+})的显色反应必须灵敏迅速，并有良好的可逆性。

④ 金属指示剂要有一定的选择性。在一定条件下，只与被测金属离子(M^{n+})有显色反应。

常用的金属指示剂主要有：铬黑 T、酸性铬蓝 K(Acid Chrome Blue K)、钙指示剂 NN(Calconcarboxylic Acid)、PAN[1-(2-pyridylazo)-2-naphthol]、二甲酚橙(Xylenol Orange，XO)、磺基水杨酸(Sulfo-Salicylic Acid，SSal)。除此，还有紫脲酸胺(MX)、4-(2-吡啶偶氮)间苯二酚(PAR)、茜素红 S、邻苯二甲酚紫(PV)、甲基百里酚蓝(MTB)和钙黄绿素等。

第五节　提高络合滴定选择性的方法

EDTA 与许多金属离子 M^{n+} 成络合物。如果水样中同时有几种离子，它们之间会相互干扰；欲想测定其中某一种金属离子，那么必须判断那些离子会发生干扰以及采用什么方法消除或减少共存离子的干扰，这就是络合滴定的选择性问题。如何提高络合滴定的选择性呢？其主要方法如下。

一、用控制溶液 pH 值的方法进行连续滴定

如用 EDTA 滴定水中单独一种金属离子 M 时，只要满足式(3-11)$\lg(C_{M \cdot SP} \cdot K'_{MY}) \geq 6$ 的条件，就可以直接准确进行滴定。但是水样中还存在另一种金属离子 N 时，上述的判断式只是前提条件，这个条件只能说明有可能在有 N 离子存在下选择性地滴定 M。

在满足 $\lg(C_{M \cdot SP} \cdot K'_{MY}) \geq 6$ 的同时，对于有干扰离子存在时的络合滴定，还必须满足：

$$\left(\Delta\lg K + \lg \frac{C_M}{C_N}\right) \geq 5 \tag{3-14}$$

式中　　$\Delta \lg K = \lg K_{MY} - \lg K_{NY} = \lg \dfrac{K_{MY}}{K_{NY}}$；

　　$\lg K_{MY}$ 和 $\lg K_{NY}$——M 和 N 与 Y 的络合物的稳定常数；

　　$\lg \dfrac{C_M}{C_N}$——被滴定水样中 M 和 N 的总浓度比值，由于该值是恒定的，所以用 $\dfrac{C_M}{C_N}$

　　代替 $\dfrac{C_{M \cdot SP}}{C_{N \cdot SP}}$。

若 $C_M = C_N$，则：$\Delta \lg K \geqslant 5$　　　　　　　　　　　　　　　　　　　　　　　　（3-15）

由此可见，当共存离子 M 和 N 与 EDTA 形成的络合物的稳定常数相差很大时，即满足式（3-14）或式（3-15）时，则可通过控制 pH 的方法，首先在较小 pH 值下滴定 MY 稳定性较大的 M 离子，再在较大 pH 值下滴定稳定常数小的 N 离子。因此，只要适当控制 pH 值便可消除干扰，实现分别滴定或连续滴定。

应该指出，式（3-14）是在允许相对误差 $\leqslant$（±0.5）% 和指示剂检测终点不确定性 $\Delta pM \approx$ 0.3 下推导出来的。

例 3-1　水样中含有 Fe^{3+}、Al^{3+}、Ca^{2+}、Mg^{2+} 四种离子，如何有选择的用 EDTA 滴定其中 Fe^{3+} 含量？

解：$\lg K_{FeY} = 25.1$，$\lg K_{CaY} = 10.7$，$\lg K_{MgY} = 8.69$，$\lg K_{AlY} = 16.13$，可见，$\lg K_{FeY} > \lg K_{CaY}$、$\lg K_{MgY}$、$\lg K_{AlY}$。均可同时满足上述式（3-8）和式（3-14）判断条件，根据酸效应曲线（图 3-4），如控制 pH = 2，只能满足 Fe^{3+} 所允许的最小 pH 值，其他 3 种离子达不到允许的最小 pH 值，不能形成络合物，即消除了干扰。

例 3-2　水样中含有 Mg^{2+} 和 Zn^{2+} 两种离子，欲测定 Zn^{2+} 如何控制 pH 值？

解：$\lg K_{MgY} = 8.69$，$\lg K_{ZnY} = 16.5$，虽然，$\lg K_{ZnY} > \lg K_{MgY}$，且可满足式（3-8）和式（3-14）判断条件。

所以，由酸效应曲线（图 3-4）可知，控制 pH $\approx$ 5，以二甲酚橙为指示剂，可用 EDTA 直接滴定 Zn^{2+}，此时 Mg^{2+} 不干扰滴定。

例 3-3　判断水样中有浓度均为 0.01mol/L 的 Fe^{3+} 和 Al^{3+} 两种离子时，可否连续滴定？

解：因为 $C_{Fe^{3+}} = C_{Al^{3+}} = 0.01$，所以用式（3-15）判断

$$\Delta \lg K = \lg \dfrac{K_{FeY}}{K_{AlY}} \approx 9 > 5$$，故可连续滴定。

首先控制 pH = 2，用 EDTA 滴定 Fe^{3+}，求出 Fe^{3+} 的含量；滴定后的溶液再调节 pH = 4，加入过量 EDTA 煮沸，加六次甲基四胺缓冲溶液控制 pH = 4~6，使 Al^{3+} 与 EDTA 络合完全，然后用 PAN 作指示剂，用 Cu^{2+} 标准溶液回滴过量的 EDTA，即可求出 Al^{3+} 的含量。

这里未考虑水解、其他络合效应等复杂情况。

二、用掩蔽和解蔽方法进行分别滴定

如果水中被测定金属离子 M 和共存离子 N 与 EDTA 形成的络合物稳定常数无明显差别，甚至共存离子 N 所形成的络合物更稳定，即满足不了式（3-14）的条件，则难以用控制 pH 值方法实现被测金属离子 M 的选择性滴定。此时，加入一种试剂，只与共存干扰离子作用，降低干扰离子的平衡浓度以消除干扰，这种作用称为掩蔽作用。产生掩蔽作用的试剂叫掩蔽剂。常用的掩蔽方法主要有络合、沉淀和氧化还原掩蔽法。

（一）掩蔽方法

1. 络合掩蔽法

利用掩蔽剂与干扰离子形成稳定络合物来消除干扰的方法。例如，EDTA 为滴定剂，测定水中 Ca^{2+}、Mg^{2+} 时，如有 Fe^{3+} 和 Al^{3+} 存在则对铬黑 T 指示剂有封闭作用，干扰测定。所以，在水样中首先酸化后加入三乙醇胺与 Al^{3+}、Fe^{3+} 生成更稳定络合物，消除干扰，然后调 pH 至碱性再进行滴定。

又如，当用 EDTA 为滴定剂测定水中 Zn^{2+} 时，有 Al^{3+} 干扰测定，则可加入氟化铵 NH_4F 而与 Al^{3+} 生成更稳定络合物，即：

$$6F^- + Al^{3+} \rightleftharpoons [AlF_6]^{3-} \qquad \lg K_{(AlF_6)^{3-}} = 19.84$$

而 $\lg K_{AlY} = 16.13$，所以，NH_4F 可掩蔽 Al^{3+}，消除干扰。

应用络合掩蔽法必须：

① 干扰离子（M_i）与掩蔽剂（L）形成络合物的稳定性大于与 EDTA 形成络合物的稳定性，即 $K_{MiL} > K_{MiY}$，且 M_iL 络合物无色或淡色，不影响终点判断。

② 被测定金属离子 M 与掩蔽剂 L 不形成络合物或不发生反应，即使形成络合物 ML，其稳定性也小于与 EDTA 形成络合物 MY 的稳定性，即 $K_{ML} < K_{MY}$，这样在滴定中，ML 中的被测金属离子 M 可被 EDTA 置换出来。

2. 沉淀掩蔽法

利用掩蔽剂与干扰离子形成沉淀来消除干扰的方法。例如，水样中含有 Ca^{2+} 和 Mg^{2+}，欲测定其中 Ca^{2+} 含量，则可加入 NaOH，使 pH>12，产生 $Mg(OH)_2$ 沉淀。此时，用钙指示剂，以 EDTA 溶液滴定 Ca^{2+}，则 Mg^{2+} 不干扰测定。

沉淀掩蔽法要求生成沉淀的溶解度要小，沉淀完全且是无色的晶形沉淀。否则有颜色，又吸附被测定金属离子，而影响观察终点和测定结果。

3. 氧化还原掩蔽法

利用氧化还原反应变更干扰离子的价态，来消除干扰的方法。如测定水中 Bi^{3+}、ZrO^{2+}、Th^{4+} 时，有 Fe^{3+} 干扰测定，则可加入抗坏血酸或盐酸羟胺（$NH_2OH \cdot HCl$），将 Fe^{3+} 还原为 Fe^{2+}，

$$Fe^{3+} \xrightarrow[\text{或 } NH_2OH \cdot HCl]{\text{抗坏血酸}} Fe^{2+}$$

由于 $\lg K_{Fe^{2+}Y} = 14.3 < \lg K_{Fe^{2+}Y} = 25.1$，则 Fe^{2+} 不干扰测定。

常用的掩蔽剂列于表 3-4 和表 3-5 中。

表 3-4　常用的掩蔽剂

名　　称	pH 范围	被 掩 蔽 的 离 子	备　　注
KCN	pH>8	Co^{2+}、Ni^{2+}、Cu^{2+}、Zn^{2+}、Hg^{2+}、Cd^{2+}、Ag^+、Tl^+ 及铂族元素	
NH_4F	pH=4~6	Al^{3+}、$Ti(IV)$、Sn^{4+}、Zr^{4+}、$W(VI)$ 等	用 NH_4F 比 NaF 好，优点是加入后溶液 pH 值变化不大
	pH=10	Al^{3+}、Mg^{2+}、Ca^{2+}、Si^{2+}、Ba^{2+} 及稀土元素	
三乙醇胺（TEA）	pH=10	Al^{3+}、Sn^{4+}、$Ti(IV)$、Fe^{3+} Fe^{3+}、Al^{3+} 及少量 Mn^{2+}	与 KCN 并用，可提高掩蔽效果
	pH=11~12		

续表

名　称	pH 范围	被掩蔽的离子	备　注
二巯基丙醇	pH = 10	Hg^{2+}、Cd^{2+}、Zn^{2+}、Bi^{3+}、Ag^+、As^{3+}、Sn^{4+}、Pb^{2+} 及少量 Co^{2+}、Ni^{2+}、Cu^{2+}、Fe^{3+}	
铜试剂（DDTC）	pH = 10	能与 Cu^{2+}、Hg^{2+}、Bi^{3+}、Cd^{2+}、Pb^{2+} 生成沉淀，其中 Cu-DDTC 为褐色，Bi-DDTC 为黄色，帮其存在量应分别小于 2mg 和 10mg	
酒石酸	pH = 1.2 pH = 2 pH = 5.5 pH = 6~7.5 pH = 10	Sn^{4+}、Fe^{3+}、Sb^{3+} 及 5mg 以下 Cu^{2+} Mn^{2+}、Fe^{3+}、Sb^{3+} Sn^{4+}、Fe^{3+}、Al^{3+}、Ca^{2+} Fe^{3+}、Al^{3+}、Cu^{2+}、Mn^{2+}、Sb^{3+}、W（Ⅵ）、Mo^{4+} Al^{3+}、Sn^{4+}	在抗坏血酸存在下

表 3-5　络合滴定中应用的沉淀掩蔽剂

名　称	被掩蔽的离子	待测定的离子	pH 范围	指示剂
NH_4F	Ca^{2+}、Sr^{2+}、Ba^{2+}、Ti^{4+}、Mg^{2+}、Al^{3+}，稀土	Zn^{2+}、Cd^{2+}、Mn^{2+}（在还原剂存在下）	10	铬黑 T
NH_4F	Ca^{2+}、Sr^{2+}、Ba^{2+}、Ti^{4+}、Mg^{2+}、Al^{3+}，稀土	Co^{2+}、Cu^{2+}、Ni^{2+}	10	紫脲酸铵
K_2CrO_4	Ba^{2+}	Sr^{2+}	10	铬黑 T
Na_2S 或铜试剂	微量重金属	Ca^{2+}、Mg^{2+}	10	铬黑 T
H_2SO_4	Pb^{2+}	Bi^{3+}	1	二甲酚橙
$K[Fe(CN)_6]$	微量 Zn^{2+}	Pb^{2+}	5~6	二甲酚橙

（二）解蔽方法

用一种试剂把某种（或某些）离子与掩蔽剂形成的络合物中重新释放出来的过程叫解蔽。这种试剂叫解蔽剂。

采用掩蔽剂和解蔽方法可以实现了共存两种离子的连续测定。

除上述方法外，还可采用分离除去干扰离子和选择其他络合剂进行滴定等方法来实现选择性滴定。由于在水质分析中不常用，这里不再详细介绍。

第六节　络合滴定的方式和应用

与酸碱滴定一样，络合滴定也可采用直接滴定、返滴定和间接滴定等方式，来提高络合滴定的选择性和扩大应用范围。

一、络合滴定的方式

（一）直接滴定法

用 EDTA 标准溶液直接滴定水中被测金属离子的方法称为直接滴定法。例如，在强酸性

溶液中滴定 ZrO^{2-}，酸性溶液中滴定 Fe^{3+}、Al^{3+}，弱酸性溶液中滴定 Cu^{2+}、Zn^{2+}、Pb^{2+}，碱性溶液中滴定 Ca^{2+} 和 Mg^{2+} 等。

直接滴定法必须满足：

① 直接准确滴定的要求，即 $\lg(C_M K'_{MY}) \geqslant 6$，$[TE \leqslant (\pm 0.1)\%]$ 或 $\lg(C_M K'_{MY}) \geqslant 5(TE \leqslant \pm 0.5\%)$；

② 络合反应速度快；

③ 有变色敏锐的指示剂，且无封闭现象；

④ 在选定的滴定条件下，被测定金属离子不发生水解或沉淀现象。

在水质分析中测定 Ca^{2+}、Mg^{2+} 总量的方法，以络合滴定最为简便。测定的方法是在pH = 10.0 的 NH_3–NH_4Cl 缓冲溶液中，以铬黑T为指示剂，用 EDTA 标准溶液滴定。其主要反应：

加指示剂：$\left.\begin{matrix} Ca^{2+} \\ Mg^{2} \end{matrix}\right\} + HIn^{2-} \rightleftharpoons \left.\begin{matrix} CaIn^- \\ MgIn^- \end{matrix}\right\} + H^+$　　　$\lg K_{CaIn} = 5.4$
　　　　　　　　　　　　　　　　　　　　　　　　　　　$\lg K_{MgIn} = 7.0$

EDTA 滴定：$H_2Y^{2-} + \left.\begin{matrix} Ca^{2+} \\ Mg^{2+} \end{matrix}\right\} \rightleftharpoons \left.\begin{matrix} CaY^{2+} \\ MgY^{2+} \end{matrix}\right\} + 2H^+$　　　$\lg K_{CaY} = 10.69$
　　　　　　　　　　　　　　　　　　　　　　　　　　　$\lg K_{MgY} = 8.69$

滴定终点时：$H_2Y^{2-} + \left.\begin{matrix} CaIn^- \\ MgIn^- \end{matrix}\right\} \rightleftharpoons \left.\begin{matrix} CaY^{2+} \\ MgY^{2+} \end{matrix}\right\} + HIn + H^+$
　　　　　　　　　　　　　红色　　　　　　蓝色

根据 EDTA 标准溶液浓度和用量求得 Ca^{2+}、Mg^{2+} 总量或总硬度(mmol/L)。为了分别测定水中 Ca^{2+} 和 Mg^{2+} 的含量，首先将水样用 NaOH 溶液调节 pH>12，此时 Mg^{2+} 以 $Mg(OH)_2$ 沉淀形式被掩蔽，加入钙指示剂，用 EDTA 标准溶液滴定 Ca^{2+}，终点时溶液由红色变为蓝色，根据 EDTA 标准溶液浓度和用量求出 Ca^{2+} 的含量(mg/L)。然后由 Ca^{2+}、Mg^{2+} 总量与 Ca^{2+} 的含量之差求出 Mg^{2+} 的含量。

$$总硬度 = \frac{C_{EDTA} V_{EDTA}}{V_水}$$

式中　C_{EDTA}——EDTA 标准溶液浓度，mmol/L；

　　　V_{EDTA}——消耗 EDTA 标准溶液的体积，mL；

　　　$V_水$——水样体积，mL。

$$Ca^{2+} = \frac{C_{EDTA} V_{EDTA} \times M_{Ca}}{V_水}$$

　　　M_{Ca}——钙的摩尔质量(Ca，40.08g/mol)。

直接滴定有困难时，则用下面方法。

(二) 返滴定法

① 当被测金属离子 M 与 EDTA 络合速度很慢，本身又易水解或封闭指示剂时，采用返滴定法。例如，欲测定水样中 Al^{3+} 时，Al^{3+} 与 EDTA 络合缓慢；当 pH 值较大时，Al^{3+} 水解生成一系列多核羟基络合物如 $[Al_2(H_2O)(OH)_3]^{3+}$、$[Al_3(H_2O)_6(OH)_6]^{3+}$ 等，这些多核羟基络合物与 EDTA 的络合反应更加缓慢；还有 Al^{3+} 与铬黑T、二甲酚橙(XO)等指示剂有封闭现象，所以可采用返滴定法，准确测定水中的 Al^{3+} 含量。即：在水样中加入准确体积的过量 EDTA 标准溶液，在 pH = 3.5 下，加热煮沸，此时不仅 Al^{3+} 与 EDTA 络合完全，而且可避免

Al^{3+}形成多核羟基络合物，并加快了反应速度。冷却后调节 pH＝5～6，此时，AlY 络合物稳定，不再重新水解析出多核羟基络合物。以 PAN(或 XO)为指示剂，用 Cu^{2+}(或 Zn^{2+})标准溶液返滴定过量的 EDTA 至终点，由黄色变为红色。

根据两种标准溶液的浓度和用量，即可求得水中 Al^{3+} 的含量(mg/L)。

$$Al^{3+} = \frac{(C_{EDTA}V_{EDTA} - C_{Zn^{2+}}V_{Zn^{2+}}) \times M_{Al}}{V_{水}}$$

式中　C_{EDTA} 与 $C_{Zn^{2+}}$——EDTA 和 Zn^{2+}标准溶液的浓度，mmol/L；

$\quad\quad V_{EDTA}$ 与 $V_{Zn^{2+}}$——加入 EDTA 和消耗 Zn^{2+}标准溶液的体积，mL；

$\quad\quad M_{Al}$——铝的摩尔质量(Al，26.98g/mol)。

该方法适于测定混凝剂中的 Al^{3+} 或 Al_2O_3 含量。

② 当被测定金属离子 M 与 EDTA 生成络合物不太稳定，无变色敏锐的指示剂时，可采用返滴定法。例如，测定水样中 Ba^{2+}时，由于没有符合要求的指示剂，可加入过量的 EDTA 标准溶液，使 Ba^{2+} 与 EDTA 完全反应生成络合物 BaY 之后，再加入铬黑 T 作指示剂，用 Mg^{2+}标准溶液返滴定剩余的 EDTA 至溶液红色变为蓝色，指示终点达到。同样由两种标准溶液的浓度和用量求得水中 Ba^{2+} 的含量(mg/L)。

$$Ba^{2+} = \frac{(C_{EDTA}V_{EDTA} - C_{Mg^{2+}}V_{Mg^{2+}}) \times M_{Ba^{2+}}}{V_{水}}$$

式中　C_{EDTA} 和 $C_{Mg^{2+}}$——EDTA 和 Mg^{2+}标准溶液的浓度，mmol/L；

$\quad\quad V_{EDTA}$ 和 $V_{Mg^{2+}}$——加入 EDTA 与消耗 Mg^{2+}标准溶液的体积，mL；

$\quad\quad M_{Ba^{2+}}$——钡的摩尔质量(Ba，137.327g/mol)。

③ 当干扰离子较复杂，在不进行分离时，不能直接准确进行滴定，可用返滴定法测量。例如，水样中有 Fe^{3+}、Al^{3+}、Ca^{2+} 和 Mg^{2+}，欲测定其中的 Ca^{2+} 含量。可加入三乙醇胺掩蔽 Fe^{3+} 和 Al^{3+}；然后调节 pH＝12.5，使 Mg^{2+}生成 $Mg(OH)_2$ 沉淀，再加入过量 EDTA 标准溶液，使 Ca^{2+} 与 EDTA 络合完全。之后以钙黄绿素-百里酚蓝为指示剂，用 Ca^{2+}标准溶液返滴定剩余的 EDTA，求得水样中 Ca^{2+} 的含量(mg/L)。

$$Ca^{2+} = \frac{(C_{EDTA}V_{EDTA} - C_{Ca^{2+}}V_{Ca^{2+}}) \times M_{Ca}}{V_{水}}$$

式中　$C_{Ca^{2+}}$——Ca^{2+}标准溶液的浓度，mmol/L；

$\quad\quad V_{Ca^{2+}}$——消耗 Ca^{2+}标准溶液的量，mL。

其他意义与前类同

由上述讨论可知，返滴定是在水样中首先加入过量的 EDTA 标准溶液，用另一种金属离子盐类的标准溶液滴定剩余的 EDTA，根据两种标准溶液的浓度和用量，求得水样中被测金属离子含量的方法。

(三) 置换滴定法

利用置换反应，置换出等化学计量的另一种金属离子或置换出 EDTA，然后用 EDTA 或另一种金属离子测定，求算被测金属离子 M 的方法。

1. 置换出金属离子

当被测金属离子 M 与 EDTA 反应不完全或形成的络合物不够稳定，又缺乏变色敏锐指示剂时，也可采用置换滴定法。

例如，测定水样中 Ba^{2+}(mg/L)时，由于 Ba^{2+} 与 EDTA 的络合物不够稳定，不能用 EDTA 直接滴定，可加入 EDTA 的镁盐(MgY)，置换出等化学计量的 Mg^{2+}，则

$$Ba^{2+} + MgY \Longleftrightarrow BaY + Mg^{2+}$$

在 pH=10 的氨性缓冲溶液中，以铬黑 T 作指示剂，用 EDTA 标准溶液滴定置换出来的 Mg^{2+}，滴定至终点时溶液由红色变为蓝色。

$$Mg^{2+} + Y \Longleftrightarrow MgY$$

终点时
$$Y + MgEBT \Longleftrightarrow EBT + MgY$$
$$\text{(红色)} \qquad \text{(蓝色)}$$

$$Ba^{2+} = \frac{C_{EDTA} V_{EDTA} M_{Ba}}{V_{水}}$$

式中 C_{EDTA} 与 V_{EDTA}——物理意义同前(mmol/L 和 mL)；

M_{Ba}——钡的摩尔质量(Ba，137.327g/mol)。

2. 置换出络合剂 EDTA

用一种选择性高的络合剂 L 将被测金属离子 M 与 EDTA 络合物(MY)中的 EDTA 置换出来，置换出与被测金属离子 M 等化学计量的 EDTA，然后用另一种金属离子 N 标准溶液滴定释放出的 EDTA。例如

测定水样中 Al^{3+}，其中还有 Cu^{2+} 和 Zn^{2+} 共存，首先加入过量 EDTA，加热使这 3 种离子都与 EDTA 络合完全，然后在 pH=5~6 时，以二甲酚橙(XO)为指示剂，用 Zn^{2+} 标准溶液返滴定过量的 EDTA 至终点；再加入 NH_4F，由于 F^- 与 Al^{3+} 生成更稳定的络合物 AlF_6^{3-}，并置换出 EDTA，再用 Zn^{2+} 标准溶液滴定至终点，求得 Al^{3+} 的含量。

$$AlY + 6F^- \Longleftrightarrow AlF_6^{3-} + Y^{3-}$$
$$(lgK_{AlY} = 16.13)(lgK_{AlF_6} = 19.7)$$
$$Zn^{2+} + Y^{4-} \Longleftrightarrow ZnY^{2-}$$

终点时
$$Zn^{2+} + XO \Longleftrightarrow ZnXO$$

3. 置换滴定法改善指示剂滴定终点的敏锐性

如前所述，铬黑 T 与 Mg^{2+} 显色灵敏，而与 Ca^{2+} 不灵敏。因此，在测定水中 Ca^{2+} 时(水样中无 Mg^{2+} 或含量太微)，可先加入少量 MgY，发生如下置换反应：

$$Ca^{2+} + MgY \Longleftrightarrow CaY + Mg^{2+}$$

此时，置换出来的 Mg^{2+} 与 EBT 的显色络合物(MgEBT)呈明显的红色，然后用 EDTA 滴定 Ca^{2+} 至终点时，溶液颜色敏锐地由红色变为蓝色。此时

$$Y + MgEBT \Longleftrightarrow MgY + EBT$$
$$\text{红色} \qquad\qquad \text{蓝色}$$

显然，滴定前后的 MgY 的物质的量是相等的，即加入的 MgY 对滴定结果无影响。

二、EDTA 标准溶液配制

配制 10.0mmol/L EDTA 标准溶液的近似浓度：将 $EDTANa_2 \cdot 2H_2O$ 3.725g 溶于水后，在 1000mL 溶量瓶中稀释至刻度，存放在聚乙烯瓶中。

标定：基准物质可用 Zn(锌粒纯度 99.9%)、$ZnSO_4$、$CaCO_3$ 等，指示剂可用铬黑 T(EBT)，pH=10.0，终点时溶液由红色变为蓝色，以 NH_3-NH_4Cl 为缓冲溶液；或用二甲酚橙(XO)，pH=5~6，终点时溶液由紫红色变为亮黄色，以六次甲基四胺为缓冲溶液。

例如：准确吸取 25.0mL 10.0mmol/L Zn²⁺ 标准溶液，用蒸馏水稀释至 50mL，加入几滴氨水使溶液 pH = 10.0，再加入 5mL NH₃-NH₄Cl 缓冲溶液，以 EBT 为指示剂，用近似浓度 EDTA 标准溶液滴定至终点，消耗 EDTA 标准溶液 V_{EDTA}(mL)。

$$C_{EDTA} = \frac{C_{Zn^{2+}} V_{Zn^{2+}}}{V_{EDTA}}$$

式中 C_{EDTA}——EDTA 标准溶液的浓度，mmol/L；

$C_{Zn^{2+}}$——Zn²⁺ 标准溶液的浓度，mmol/L；

$V_{Zn^{2+}}$——Zn²⁺ 标准溶液的体积 25.0mL；

V_{EDTA}——消耗近似浓度的 EDTA 溶液的体积，mL。

第七节　水的硬度

水的硬度指水中 Ca²⁺、Mg²⁺ 浓度的总量，是水质的重要指标之一。如果水中 Fe²⁺、Fe³⁺、Sr²⁺、Mn²⁺、Al³⁺ 等离子含量较高时，也应记入硬度含量中；但它们在天然水中一般含量较低，而且用络合滴定法测定硬度，可不考虑它们对硬度的贡献。有时把含有硬度的水称为硬水（硬度>8 度），含有少量或完全不含硬度的水称为软水（硬度<8 度）。

水的硬度于健康很少有危害。一般硬水可以饮用，并且由于 Ca(HCO₃)₂ 的存在而有一种蒸馏水所没有的、醇厚的新鲜味道；但是长期饮用硬度过低的水，会使人骨骼发育受影响；饮用硬度过高的水，有时会引起肠胃不适；尽管有报告说，心血管疾病与饮水的硬度呈逆相关或者与水的软化程度呈正相关，但仍是个有争论的议题。应该指出，富含硬度的水，不宜用于洗涤，因为肥皂中的可溶性脂肪酸遇 Ca²⁺、Mg²⁺ 等离子，即生成不溶性沉淀，不仅造成浪费，而且污染衣物。

$$2C_{17}H_{35}COONa + Ca(HCO_3)_2 \Longrightarrow (C_{17}H_{35}COO)_2Ca \downarrow + 2NaHCO_3$$
　　（硬脂酸钠）　　　　　　　　　　　（硬脂酸钙）

但是近年来，由于合成洗涤剂的广泛应用，水的硬度的影响已大大减少了。另外，含有硬度的水还会使烧水水壶结垢，带来不便。尤其在化工生产中，在蒸汽动力工业、运输业、纺织洗染等部门，对硬度都有一定要求，尤其高压锅炉用水对硬度要求极为严格。蒸汽锅炉若长期使用硬水，锅炉内壁会结有坚实的锅垢（主要成分为 CaSO₄、CaCO₃、MgCO₃ 和部分铁、铝盐等）。由于锅垢的传热不良（例如 CaSO₄ 的导热率只有铁的 1/48），不仅造成燃料浪费（据估计，1mm 厚的锅垢需多消耗燃料 5%），而且由于受热不均，会引起锅炉的爆裂。一些工业用水对水的硬度也有一定要求。因此，为了保证锅炉安全运行和工业产品的质量，对锅炉用水和一些工业用水，必须软化处理之后，才能应用。去除硬度离子的软化处理，是水处理尤其工业用水处理的重要内容。一般天然地表水中硬度较小，如松花江水月平均硬度为 2~8 度，长江水为 4~7 度，地下水、咸水和海水的硬度较大，一般为 10~100 度，多者达几百度。一般情况下，工业废水和污水可不考虑硬度的测定。硬度的测定采用络合滴定法。

一、水的硬度分类

水的总硬度一般指钙硬度（Ca²⁺）和镁硬度（Mg²⁺）浓度的总和。按阴离子组成分为

（一）碳酸盐硬度

碳酸盐硬度包括重碳酸盐[如 $Ca(HCO_3)_2$、$Mg(HCO_3)_2$]和碳酸盐（如 $MgCO_3$）的总量，一般加热煮沸可以除去，因此称为暂时硬度。

$$Ca(HCO_3)_2 =\!\!=\!\!= CaCO_3 \downarrow + CO_2 \uparrow + H_2O$$

$$2Mg(HCO_3)_2 =\!\!=\!\!= Mg_2(OH)_2CO_3 \downarrow + 3CO_2 \uparrow + H_2O$$

$$MgCO_3 + H_2O =\!\!=\!\!= Mg(OH)_2 + CO_2 \uparrow$$

当然，由于生成的 $CaCO_3$ 等沉淀，在水中还有一定的溶解度（100℃时为 13mg/L），则碳酸盐硬度并不能由加热煮沸完全除尽。

（二）非碳酸盐硬度

非碳酸盐硬度主要包括 $CaSO_4$、$MgSO_4$、$CaCl_2$、$MgCl_2$ 等的总量，经加热煮沸除不去，故称为永久硬度。永久硬度只能用蒸馏或化学净化等方法处理，才能使其软化。

总硬度包括碳酸盐硬度和非碳酸盐硬度的总和。

二、硬度的单位

毫摩尔/升(mmol/L)，这是现在硬度的通用单位。

mg/L（以 $CaCO_3$ 计），因为 1mol$CaCO_3$ 的量为 100.1g，所以 1mmol/L = 100.1mg/L（以 $CaCO_3$ 计）。例如，我国饮用水中规定总硬度不超过 450 mg/L（以 $CaCO_3$ 计）。

德国度(简称度)：国内外应用较多的硬度单位。

德国度相当于水中 10mg/L CaO 所引起的硬度，即 1 度。

1 度 = 10mg/L（以 CaO 计）

1mmol/L(CaO) = 56.1÷10 = 5.61 度

1 度 = 100.1÷5.61 = 17.8mg/L（以 $CaCO_3$ 计）

此外，还有法国度、英国度和美国度（均以 $CaCO_3$ 计）。

三、水中硬度的测定及其计算

如前所述，水中硬度的测定采用络合滴定法，在 pH = 10.0 时，以络黑 T(EBT) 为指示剂，用 EDTA 标准溶液为滴定剂，滴定水中的 Ca^{2+}、Mg^{2+} 的总量。

水样首先加入 NH_3-NH_4Cl 缓冲溶液控制水样 pH = 10.0，这是有效地进行络合滴定 Ca^{2+}、Mg^{2+} 总量的重要条件之一。然后加入铬黑 T(EBT)，此时：

$$EBT + Mg^{2+} =\!\!=\!\!= MgEBT \qquad lgK_{MgEBT} = 7.0$$

$$\text{蓝色} \qquad\qquad \text{紫红色}$$

接着用 EDTA 标准溶液滴定水中的 Ca^{2+}、Mg^{2+}，则

$$Y^{4-} + Ca^{2+} =\!\!=\!\!= CaY^{2-} \qquad lgK_{CaY} = 10.7$$

$$Y^{4-} + Mg^{2+} =\!\!=\!\!= MgY^{2-} \qquad lgK_{MgY} = 8.7$$

可见，由于 $lgK_{CaY} > lgK_{MgY}$，EDTA 优先与 Ca^{2+} 络合完全之后，再与 Mg^{2+} 络合。

继续滴加 EDTA 标准溶液至 Ca^{2+}、Mg^{2+} 完全被络合时，即达计量点时，由于 $lgK_{MgY} > lgK_{MgEBT}$，则滴入的 EDTA 便置换显色络合物（MgEBT）中的 Mg^{2+}，而释放出指示剂 EBT，溶液立即由紫红色变为蓝色，指示滴定终点的到达。

$$Y+MgEBT \rightleftharpoons Mg\ Y+EBT$$

显色络合物　　　　　指示剂

紫红色　　　　　　蓝色

根据 EDTA 标准溶液的浓度和用量便求出水中的总硬度。

例 3-4　根据下列数据，判断一天然水中有何种硬度和可能存在的假想化合物。

水样中　Ca^{2+}：45.0mg/L　Cl^-：3.6 mg/L　Mg^{2+}：25.0 mg/L　Na^+：24.0 mg/L

HCO_3^-：123.0 mg/L　K^+：0.8 mg/L　SO_4^{2-}：105.0 mg/L

解：总硬度 = (45.0/40.08) + (25.0/24.10) = 1.12(钙的硬度) + 1.03(镁的硬度) = 2.15 mmol/L

碳酸盐硬度 = 123.0/61 = 2.02 mmol/L

非碳酸盐硬度 = 2.15-2.02 = 0.13 mmol/L

可形成的假想化合物，按先后形成碳酸盐、硫酸盐、氯化物的次序进行推算。

$Ca(HCO_3)_2$：(45.0/40.08) = 1.12 mmol/L，此时 Ca^{2+}已无，HCO_3^-有剩余。

$Mg(HCO_3)_2$：(123.0/61)-1.12 = 0.90 mmol/L，此时 HCO_4^-已无，Mg^{2+}有剩余。

$MgSO_4$：(25.0/24.30) = 0.13 mmol/L，Mg^{2+}已无，还有 SO_4^{2-}剩余。

Na_2SO_4：(105.0/96) = 0.96 mmol/L，SO_4^{2-}已无，还有 Na^+。

$NaCl$：(24.0/23) = 0.08 mmol/L，Na^+已无，还有 Cl^-。

KCl：(3.6/35.453) = 0.02 mmol/L，Cl^-已无，那么还有 K^+吗？

∵ 水样中 K^+：$\dfrac{0.8}{39.1} \approx 0.02$mmol/L

∴ 已无 K^+剩余。

在水的平衡体系中，一般阳离子的总量应等于阴离子的总量，计算结果要求相对误差 ±0.5%。

思　考　题

1. 为什么说 EDTA 在碱性条件下络合能力强？

2. 什么叫酸效应系数？酸效应系数与介质的 pH 值什么关系？酸效应系数的大小说明了什么问题？

3. 配位滴定中金属指示剂如何指示终点？

4. 怎样测定水的钙硬度？

5. 络合滴定中怎样消除其他离子的干扰而准确滴定？

习　题

1. 计算 pH=5 和 pH=12 时，EDTA 的酸效应系数 α_H 和 $lg\alpha_H$，此时 Y^{4-} 在 EDTA 中所占的百分数是多少？计算结果说明了什么问题？

2. 计算 pH=10 时，以 10.0mmol/L EDTA 溶液滴定 20.00mL 10.0mmol/L Mg^{2+} 溶液，在计量点时 Mg^{2+} 的量浓度和 pMg 值。

3. 取水样 100mL，调节 pH=10，以 EBT 做指示剂，用 10.0mmol/L EDTA 溶液滴定至终点，消耗 25.00mL，求水样中总硬度(以 mmol/L 和 $CaCO_3$ mg/L 表示)。

4. 取一份水样 100mL，调节 pH=10，以 EBT 做指示剂，用 10.0mmol/L EDTA 溶液滴定至终点，消耗 24.20mL；另取一份水样 100mL，调节 pH=12，加钙指示剂(NN)，然后以 10.0mmol/L EDTA 溶液滴定至终点，消耗 13.15mL。求该水样中总硬度(以 mmol/L 表示)和 Ca^{2+}、Mg^{2+} 的含量(以 mg/L 表示)。

5. 在 0.1000mol/L NH_3-NH_4Cl 溶液中，能否用 EDTA 准确滴定 0.1000mol/L Zn^{2+} 溶液？

第四章 沉淀滴定法

以沉淀反应为基础的滴定分析方法称为沉淀滴定法。沉淀滴定法除必须符合滴定分析的基本要求外，还应满足：

① 沉淀反应形成的沉淀的溶解度必须很小；

② 沉淀的吸附现象应不防碍滴定终点的确定。

沉淀滴定法主要用于水中 Cl^-、Ag^+ 等的测定。

第一节 沉淀溶解平衡与影响溶解度的因素

一、沉淀溶解平衡

（一）溶解度和溶度积

微溶化合物 MA 在饱和溶液中的平衡可表示为

$$MA_{(s)} \rightleftharpoons M^+_{(L)} + A^-_{(L)}$$

式中 $MA_{(S)}$、$M^+_{(L)}$、$A^-_{(L)}$ 中下角码（S）和（L）分别表示固态和液态，在一定温度下当微溶化合物 MA 沉淀溶解平衡时，其溶度积为一常数

$$K^0_{sp} = a_{M^+} \cdot a_{A^-} \tag{4-1}$$

式中 a_{M^+} 和 a_{A^-} 分别是 M^+ 和 A^- 两种离子的活度。K^0_{sp} 为 MA 的活度积。

又因为活度与浓度的关系是

$$a_{M^+} = \gamma_{M^+}[M^+]$$

$$a_{A^-} = \gamma_{A^-}[A^-] \tag{4-2}$$

式中 γ^+_M、γ^-_A 为两种离子的平均活度系数，与溶液中离子强度有关。将式（4-2）代入式（4-1）得

$$\gamma_{M^+}[M^+] \cdot \gamma_{A^-}[A^-] = K^0_{sp} \tag{4-3}$$

则

$$K_{sp} = [M^+][A^-] = \frac{K^0_{sp}}{\gamma_{M^+} \cdot \gamma_{A^-}}$$

式中 K_{sp}——水中微溶化合物 MA 的溶度积常数，简称为溶度积。

在纯水中，微溶化合物 MA 的溶解度很小，令 S_0 为 MA 的溶解度，则

$$S_0 = [M^+] = [A^-]$$

由于 MA 溶解甚少，又无其他电解质存在，离子的活度系数可视为1，所以式（4-3）可写成

$$K_{sp} = K^0_{sp} = [M^+] \cdot [A^-] = S_0^2 \tag{4-4}$$

可见，溶解度 S_0 是在很稀的溶液中又没有其他离子存在时的数值，由 S_0 所得的溶度积 K_{sp} 非常接近活度积 K^0_{sp}。在分析化学中，由于微溶化合物的溶解度一般都很小，溶液中的离子强度不大，故通常不考虑离子强度的影响，所以在稀溶液中，常用离子浓度乘积来研究沉

淀的情况。如果溶液中的离子强度较大时，则溶度积 K_{sp} 和活度积 K_{sp}^0 就有差别了，例如，讨论盐效应对沉淀溶解的影响时，就必须用活度积 K_{sp}^0 来讨论沉淀的情况。一般手册中查到的多是活度积。

对 M_mA_n 型沉淀，溶度积的计算式(省略物质电荷)

$$M_mA_n \rightleftharpoons mM + nA$$

$$K_{sp} = [M]^m[A]^n$$

令该沉淀的溶解度为 S，即平衡时每升溶液中有 $S(mol)$ 的 M_mA_n 溶解，此时必同时产生 mS mol/L 的 M^{n+} 和 nS mol/L 的 A^{m-}，即

$$[M^{n+}] = mS, \quad [A^{m-}] = nS$$

于是，

$$K_{sp} = (mS)^m \cdot (nS)^n = m^m \cdot n^n \cdot S^{m+n}$$

$$\therefore \quad S = \sqrt[m+n]{\frac{K_{sp}}{m^m \cdot n^n}} \tag{4-5}$$

例如 $Fe(OH)_3$ 是 1:3 型沉淀

$$Fe(OH)_3 \rightleftharpoons Fe^{3+} + 3OH^-$$

$$S = \sqrt[4]{\frac{K_{sp}}{1 \times 3^3}} = \sqrt[4]{\frac{K_{sp}}{27}} = \sqrt[4]{\frac{3 \times 10^{-39}}{27}} = 1.03 \times 10^{-10} mol/L$$

(二)条件溶度积

在一定温度下，微溶电解质 MA 在纯水中其溶度积 K_{sp} 是一定的，它的大小是由微溶电解质本身的性质决定的。当外界条件变化时，如 pH 值变化、络合剂的存在等，会使沉淀溶解平衡受到影响，发生副反应。考虑这些影响时的溶度积常数称为条件溶度积常数，简称条件溶度积。用 K'_{sp} 与 K_{sp} 的关系是

$$K'_{sp} = K_{sp}\alpha_M\alpha_A \tag{4-6}$$

式中 K'_{sp}——条件溶度积；

      K_{sp}——微溶化合物的溶度积；

  α_M 和 α_A——微溶化合物水溶液中 M^+ 和 A^- 的副反应系数。与络合平衡中算法相同。

当 pH 值、温度、离子强度、络合剂浓度等一定时，K'_{sp} 是一常数。对微溶化合物的溶解度 S 的计算与无副反应时的公式完全相同，只是 K_{sp}^0 代替 K_{sp}。

例 4-1 已知 CaC_2O_4 的 $K_{sp} = 2.3 \times 10^{-9}$($pK_{sp} = 8.64$)，$H_2C_2O_4$ 的 $K_{a_1} = 5.9 \times 10^{-2}$($pK_{a_1} = 1.23$)，$K_{a_2} = 6.4 \times 10^{-5}$($pK_{a_2} = 4.19$)，求在 pH = 8.0 和 pH = 1.0 时 CaC_2O_4 的溶解度。

解： $\quad CaC_2O_4 \rightleftharpoons Ca^{2+} + C_2O_4^{2-} \xrightarrow{H^+} HC_2O_4^- \xrightarrow{H^+} H_2C_2O_4$

只有 $C_2O_4^{2-}$ 与 H^+ 的副反应，当 pH = 8.0 时

$$\beta_1 = \frac{1}{K_{a_2}} = 10^{4.19} \qquad \beta_2 = \frac{1}{K_{a_1}K_{a_2}} \xleftarrow{H^+} = 10^{4.19} \times 10^{1.23}$$

$$\alpha_{C_2O_4(H)} = 1 + \beta_1[H^+] + \beta_2[H^+]^2$$

$$= 1 + 10^{4.19} \times 10^{-8} + 10^{4.19} \times 10^{1.23} \times (10^{-8})^2 = 1$$

可见，pH = 8.0 时，无副反应发生，则

$$S = \sqrt{K_{sp}} = \sqrt{2.3 \times 10^{-9}} = 4.8 \times 10^{-5} \text{ mol/L}$$

当 pH = 1.0 时

$$\alpha_{C_2O_4(H)} = 1 + 10^{4.19} \times 10^{-1} + 10^{4.19} \times 10^{1.23} \times (10^{-1})^2$$

$$= 1 + 10^{3.19} + 10^{3.42}$$

$$= 10^{3.62}$$

可见，pH = 1.0 时，有副反应发生，

$$\therefore \quad K'_{sp} = K_{sp} \times \alpha_{C_2O_4(H)} = 2.3 \times 10^{-9} \times 10^{3.62}$$

$$= 9.59 \times 10^{-6}$$

$$S = \sqrt{K'_{sp}} = \sqrt{9.59 \times 10^{-6}} = 3.1 \times 10^{-3} \text{mol/L}$$

可见，pH = 1.0 较 pH = 8.0 时，CaC_2O_4 溶解度增加 60 倍以上。

应用溶度积原理，可以进行溶度积和溶解度之间的换算以及溶液中各种离子浓度的计算；应用它可以判断沉淀反应能否进行和沉淀反应进行得是否完全。通常，根据分析的允许误差，某离子在溶液中的浓度小于 10^{-5}mol/L 时，就可以认为该离子已经沉淀完全。沉淀的完全与否决定于沉淀的溶解度及其影响溶解度的各种因素。

二、影响沉淀溶解度的因素

沉淀滴定法要求沉淀的溶解度很小，那么影响沉淀的溶解度因素有哪些呢？

(一) 同离子效应

组成沉淀的离子称为构晶离子，例如微溶化合物 AgCl 中的 Ag^+ 和 Cl^- 为 AgCl 的构晶离子，$BaSO_4$ 沉淀中 Ba^{2+} 与 SO_4^{2-} 为 $BaSO_4$ 的构晶离子等等。当沉淀反应达到平衡时，如果向溶液中加入构晶离子而使沉淀的溶解度减少的现象称为沉淀溶解平衡中的同离子效应。

工业上硬水的软化，较早是采用熟石灰碳酸钠法，先测定水中的硬度之后，再加入定量的 $Ca(OH)_2$ 及 Na_2CO_3，使 Ca^{2+} 和 Mg^{2+} 沉淀除去，就是利用同离子效应。

已知 25℃时 $CaCO_3$ 在水中溶解度 S_0 为

$$S_0 = \sqrt{K_{sp}} = \sqrt{3.8 \times 10^{-9}} = 6.2 \times 10^{-5} \text{mol/L}$$

如果溶液中加入 Na_2CO_3 使溶液中 $[CO_3^{2-}]$ 增加至 0.1mol/L 时，则 $CaCO_3$ 的 S：

$$S = [Ca^{2+}] = \frac{K_{sp}}{[CO_3^{2-}]} = \frac{3.8 \times 10^{-9}}{0.10} = 3.8 \times 10^{-8} \text{mol/L}$$

此时，$CaCO_3$ 的溶解度减少 1600 多倍。

已知 25℃时 $Mg(OH)_2$ 在水中溶解度 S_0 为

$$S_0 = \sqrt{K_{sp}} = \sqrt{1.8 \times 10^{-11}} = 4.2 \times 10^{-6} \text{mol/L}$$

如果溶液中加入 $Ca(OH)_2$ 使溶液中 $[OH^-]$ 增加至 0.1mol/L 时，则 $Mg(OH)_2$ 沉淀的溶解度 S 为

$$S = [Mg^{2+}] = \frac{K_{sp}}{[OH^-]^2} = \frac{1.8 \times 10^{-11}}{[0.10]^2} = 1.8 \times 10^{-9} \text{mol/L}$$

此时，$Mg(OH)_2$ 沉淀的溶解度减少 2300 多倍。

在锅炉水的早期软化处理中，就是利用同离子效应，加大沉淀剂的用量使被沉淀的组分沉淀完全，达到预期的处理效果。

应该注意为保证沉淀完全，一般加入沉淀剂过量 50%~100% 是合适的，但由于沉淀剂为不易挥发的，则过量 20%~30% 就可以了，否则将引起其他效应，如引起盐效应、酸效应或络合效应等副反应，反而会使沉淀的溶解度增大，影响处理效果。

(二) 盐效应

在微溶化合物的饱和溶液中，加入其易溶强电解质而使沉淀的溶解度增大的现象称为盐效应。例如，AgCl 在纯水中的溶解度为 $1.278 \times 10^{-5} mol/L$，而在 $0.01 mol/L$ KNO$_3$ 中为 $1.427 \times 10^{-5} mol/L$，其溶解度增加 12%；又如 BaSO$_4$ 在纯水中溶解度 $S_0 = 0.96 \times 10^{-5} mol/L$，而在 $0.01 mol/L$ KNO$_3$ 中 $S = 1.65 \times 10^{-5} mol/L$，其溶解度增加 70%。强电解质(如 KNO$_3$)的加入，使溶液中少量的 Ag$^+$ 与 Cl$^-$ 或 Ba^{2+} 与 SO$_4^{2-}$ 互相碰撞、互相接触的机会减少，因而形成 AgCl 或 BaSO$_4$ 沉淀机会相应减少，也就是 AgCl 或 BaSO$_4$ 的溶解度增加。其他微溶化合物也有类似性质。

至于 AgCl 与 BaSO$_4$ 同样在 KNO$_3$ 溶液中，溶解度增加程度不同，主要是它们的构晶离子的电荷不一样，所带电荷越高，影响就越严重。如 BaSO$_4$ 与 AgCl 比较，BaSO$_4$ 构晶离子所带电荷多，其溶解度增加也越多。一般微溶化合物 MA 的溶解度都很小，溶液中离子强度不大，故常用平衡浓度代替活度 α，即认为活度系数 $\gamma = 1$，即 $[M][A] = K_{sp}$

但是，在较浓的电解质溶液中，如大于 $0.01 mol/L$ 时，微溶化合物 MA 的溶度积 K_{sp} 用活度积 K_{sp}^0 表示[见式(4-3)]：

$$K_{sp} = [M][A] = \frac{K_{sp}^0}{\gamma_M \cdot \gamma_A}$$

可见，如果高价离子(如 Ba^{2+} 与 SO$_4^{2-}$)所带电荷比低价离子(如 Ag$^+$ 与 Cl$^-$)的多，离子强度就大，其活度系数($\gamma_M \cdot \gamma_A$)就越小，两离子浓度之积 $[M][A]$ 就越小，溶度积 K_{sp} 就越大，其盐效应就越显著。相反，强电解质浓度 $<0.01 mol/L$ 时，可不考虑盐效应。

(三) 酸效应

溶液的 pH 值对沉淀溶解度的影响称为酸效应。酸效应发生主要是由于溶液中 H$^+$ 浓度的大小对弱酸、多元酸或微溶酸离解平衡的影响。如果沉淀是强酸盐，如 AgCl、BaSO$_4$ 等，其溶解度受 pH 影响较小，但沉淀是弱酸盐(如 CaC$_2$O$_4$、CaCO$_3$、CdS)、多元酸盐[如 Ca$_3$(PO$_4$)$_2$、MgNH$_4$PO$_4$]或微溶酸(如硅酸 SiO$_2 \cdot n$H$_2$O、钨酸 WO$_3 \cdot n$H$_2$O)，以及许多与有机沉淀剂形成的沉淀，则酸效应就很显著；因此，对弱酸盐、多元酸盐需要在碱性条件下沉淀，而对本身是沉淀的硅酸、钨酸则必须在强酸条件下沉淀。

例如：微溶化合物铬酸银(Ag$_2$CrO$_4$)的饱和溶液中，沉淀溶解平衡时：

$$Ag_2CrO_4 \rightleftharpoons 2Ag^+ + CrO_4^{2-} \qquad K_{sp \cdot Ag_2CrO_4} = 1.1 \times 10^{-12}$$

铬酸 H$_2$CrO$_4$ 是二元酸，在溶液中有下列平衡

$$H_2CrO_4 \rightleftharpoons H^+ + HCrO_4^- \qquad K_{a_1} = 1.8 \times 10^{-1}$$

$$HCrO_4^- \rightleftharpoons H^+ + CrO_4^{2-} \qquad K_{a_2} = 3.2 \times 10^{-7}$$

显然，在酸性溶液中，CrO$_4^{2-}$ 的浓度减少，另外，还会有下列平衡：

$$2CrO_4^{2-} + 2H^+ \rightleftharpoons 2HCrO_4^- \rightleftharpoons Cr_2O_7^{2-} + H_2O$$

这都使 Ag$_2$CrO$_4$ 的溶解度增大；相反，碱性溶液中(如 pH > 10)，又会有 Ag$_2$O 析出。考虑酸效应的影响，同样采用酸效应系数 α_H，其意义与 EDTA 的酸效应系数完全一样。则

$$K'_{sp \cdot Ag_2CrO_4} = K_{sp \cdot Ag_2CrO_4} \cdot \alpha_H = [Ag^+]^2 \cdot [CrO_4^{2-}]$$

式中 $K'_{sp \cdot Ag_2CrO_4}$ 为条件溶度积

不同 pH 值，Ag_2CrO_4 的溶解度为

$$S_{Ag_2CrO_4} = \sqrt[(m+n)]{\frac{K'_{sp}}{m^m \cdot n^n}} = \sqrt[3]{\frac{K'_{sp}}{4}} = \sqrt[3]{\frac{K_{sp}}{4} \cdot \alpha_H}$$

可见，pH 值减小，α_H 增加，Ag_2CrO_4 沉淀的溶解度也增加，酸效应显著。

例如 H_2CrO_4 的 $K_{a_1} = 1.8 \times 10^{-1}$，$K_{a_2} = 3.2 \times 10^{-7}$

$$\alpha_{CrO_4^{2-}(H)} = 1 + \beta_1[H^+] + \beta_2[H^+]^2$$

式中 $$\beta_1 = \frac{1}{K_{a_2}} = 10^{6.50}, \quad \beta_2 = \frac{1}{K_{a_1}K_{a_2}} = 10^{7.24}$$

当 pH = 3.0 时，$[H^+] = 10^{-3} mol/L$ 则

$$\alpha_{CrO_4^{2-}(H)} = 1 + 10^{6.50} \times 10^{-3} + 10^{7.24} \times 10^{-6}$$

$$= 10^{3.50}$$

$$\therefore S = \sqrt[3]{\frac{1.1 \times 10^{-12}}{4} \times 10^{3.50}} = 9.5 \times 10^{-4} mol/L$$

同理，计算 pH = 5.0 时，

$$\alpha_{CrO_4^{2-}(H)} = 10^{1.50}$$

$$S = 2.0 \times 10^{-4} mol/L$$

pH = 6.5 时

$$\alpha_{CrO_4^{2-}(H)} = 1$$

$$S = 6.5 \times 10^{-5} mol/L$$

通过计算表明 pH 值增大，$\alpha_{CrO_4^{2-}(H)}$ 减小，Ag_2CrO_4 沉淀的溶解度减少，酸效应越不明显，当 pH = 6.5 时，已无酸效应。因此，欲使 Ag_2CrO_4 沉淀完全，又不转化为 Ag_2O 沉淀，适宜的 pH 值范围在 6.5 ~ 10.0 之间。

有时还利用酸效应，常将微溶化合物[例如 CaC_2O_4、$Mg(OH)_2$ 等]的饱和溶液中，增加浓度，使它们转化为易溶解的弱电解质(如 $H_2C_2O_4$、H_2O 等)，达到沉淀全部溶解的目的。

例 4-2 考虑 S^{2-} 的水解，计算 Ag_2S 的溶解度，

$$K_{sp \cdot Ag_2S} = 6 \times 10^{-49}, \quad H_2S \text{ 的 } K_{a_1} = 1.3 \times 10^{-7}, \quad K_{a_2} = 7.1 \times 10^{-15}$$

解： 已知 Ag_2S 在水中的溶解平衡：

$$Ag_2S \rightleftharpoons 2Ag^+ + S^{2-}$$

S^{2-} 水解：

$$S^{2-} + H_2O \rightleftharpoons HS^- + OH^-$$

$$HS^- + H_2O \rightleftharpoons H_2S + OH^-$$

由于 Ag_2S 的溶解度很小，所以溶液中 $[S^{2-}]$ 也很小，水解所产生的 $[OH^-]$ 可忽略不计，故溶液的 pH 值就是纯水的 pH 值，pH = 7.0。但由于 S^{2-} 水解，使 Ag_2S 的溶解度增大。S^{2-} 的水解效应系数

$$\alpha_{S^{2-}} = 1 + \beta_1[H^+] + \beta_2[H^+]^2 \qquad (4-7)$$

$$= 1 + \frac{1}{7.1 \times 10^{-15}} \times 10^{-7} + \frac{1}{1.3 \times 10^{-7} \times 7.1 \times 10^{-15}} (10^{-7})^2$$

$$= 1 + 1.41 \times 10^{14} \times 10^{-7} + 1.1 \times 10^{21} \times 10^{-14}$$

$$= 2.51 \times 10^7$$

$$\therefore \quad S = \sqrt[(m+n)]{\frac{K_{sp}}{m^m \cdot n^n} \cdot \alpha_{S^{2-}}} = \sqrt[3]{\frac{K_{sp \cdot Ag_2S}}{4} \times \alpha_{S^{2-}}}$$

$$= \sqrt[3]{\frac{6 \times 10^{-49}}{4} \times 2.51 \times 10^7}$$

$$= 1.6 \times 10^{-14} \text{ mol/L}$$

Ag_2S 在纯水中的溶解度 S_0

$$S_0 = \sqrt[3]{\frac{K_{sp \cdot Ag_2S}}{4}} = \sqrt[3]{\frac{6 \times 10^{-49}}{4}} = 5.3 \times 10^{-17} \text{ mol/L}$$

可见，由于 S^{2-} 的水解，使 Ag_2S 的溶解度增大 300 倍。

（四）络合效应

当溶液中存在某种络合剂，能与构晶离子生成可溶性络合物，使沉淀溶解度增大，甚至不产生沉淀的效应称为络合反应。

例如，在饱和溶液中，微溶化合物 AgCl 的沉淀溶解平衡之后，当有 NH_3 存在时，则有银氨络离子 $Ag(NH_3)_2^+$ 生成。

$$AgCl \rightleftharpoons Ag^+ + Cl^- \xrightarrow{2NH_3} Ag(NH_3)_2^+$$

可见，由于 NH_3 存在，使沉淀溶解平衡向右移，AgCl 溶解度增大。

络合剂（如 NH_3）浓度增大，生成的络合物越稳定，使沉淀的溶解度越大，络合效应就越显著。

如果沉淀剂本身又是络合剂，则会有使沉淀的溶解度降低的同离子效应和使沉淀的溶解度增大的络合效应两种情况发生。例如，用 Cl^- 滴定水中的 Ag^+ 时，最初生成 AgCl 沉淀；若继续加入过量的 Cl^-，则 Cl^- 与 AgCl 络合成 $AgCl_2^-$ 和 $AgCl_3^{2-}$ 等络离子，使沉淀逐渐溶解。

$$Ag^+ + Cl^- \rightleftharpoons AgCl\downarrow \rightleftharpoons AgCl_2^-, \ AgCl_3^{2-}, \ AgCl_4^{3-}$$

此时，不同 Cl^- 浓度下 AgCl 的溶解度可由下式计算

$$S = [Ag^+] + [AgCl] + [AgCl_2^-] + [AgCl_3^{2-}] + [AgCl_4^{3-}]$$

$$= [Ag^+] + \beta_1[Ag^+][Cl^-] + \beta_2[Ag^+][Cl^-]^2 + \beta_3[Ag^+][Cl^-]^3 + \beta_4[Ag^+][Cl^-]^4$$

$$= \frac{K_{sp}}{S}\{1 + \beta_1[Cl^-] + \beta_2[Cl^-]^2 + \beta_3[Cl^-]^3 + \beta_4[Cl^-]^4\}$$

$$\therefore \quad S = \sqrt{K_{sp} \cdot \alpha_{AgCl}} \quad\quad\quad (4-8)$$

式中 β_n 为 Ag^+ 与 Cl^- 形成的络合物的累级稳定常数。

$$\alpha_{AgCl} = 1 + \beta_1[Cl^-] + \beta_2[Cl^-]^2 + \beta_3[Cl^-]^3 + \beta_4[Cl^-]^4 \quad\quad (4-9)$$

式中 $\beta_1 = 10^{3.04}$，$\beta_2 = 10^{5.04}$，$\beta_3 = 10^{5.04}$，$\beta_4 = 10^{5.30}$

如已知道水中过量 $[Cl^-]$，可计算出 AgCl 溶解度（见表 4-1）。

表 4-1　AgCl 在不同浓度的 NaCl 溶液中的溶解度

过量 C_{Cl^-}/(mol/L)	纯水	$3.9×10^{-3}$	$9.2×10^{-3}$	$3.6×10^{-3}$	$8.8×10^{-3}$	$3.5×10^{-3}$	$5×10^{-1}$
S_{AgCl}/(mol/L)	$1.3×10^{-5}$	$7.2×10^{-7}$	$9.1×10^{-7}$	$1.9×10^{-6}$	$3.6×10^{-6}$	$1.7×10^{-5}$	$2.8×10^{-3}$

可见，AgCl 在 $3.9×10^{-3}$ mol/L NaCl 溶液中的溶解度($7.2×10^{-7}$ mol/L)比在纯水中的溶解度($1.3×10^{-5}$ mol/L)小 18 倍，同离子效应是主要的；若 Cl⁻ 浓度增大到 0.5mol/L 时，则 AgCl 溶解度($2.8×10^{-5}$ mol/L)超过纯水中的溶解度，此时络合效应就占优势；Cl⁻ 浓度再增大，会使 AgCl 全部溶解。因此，用 Cl⁻ 滴定 Ag^+ 时，必须严格控制 Cl⁻ 浓度。

通过上述讨论可见，在进行沉淀反应时，对强酸盐沉淀(如 AgCl 等)，在无络合反应时，主要考虑同离子效应，对弱酸盐沉淀(如 CaC_2O_4、$CaCO_3$、CdS、$MgNH_4PO_4$ 等)主要考虑酸效应，对有络合反应且形成较稳定络合物时，则主要考虑络合效应。

对氢氧化物沉淀，如有氢氧基络合物形成时，其溶解度虽然可参照前面公式按 $S = \sqrt[(m+n)]{\dfrac{K_{sp}}{m^m \cdot n^n}} \cdot \alpha_{M(OH)}$ 计算，但对 Al^{3+}、Fe^{3+}、Th^{4+} 等容易形成多核氢氧基络合物离子，使问题变得稍复杂一些。例如：Al^{3+} 常形成 $Al(OH)^{2+}$、$Al_2(OH)_2^{4+}$、$Al_6(OH)_{15}^{3+}$、$Al_7(OH)_{17}^{4+}$、$Al_8(OH)_{20}^{4+}$、$Al_{13}(OH)_{34}^{5+}$ 等；Fe^{3+} 常形成 $Fe(OH)^{2+}$、$Fe_2(OH)_2^{4+}$、$Fe(OH)_2^+$ 等。

例 4-3　考虑形成氢氧基络合物，计算 $Fe(OH)_3$ 在水中的溶解度

$$K_{sp \cdot Fe(OH)_3} = 3×10^{-39}, \quad \beta_1 = 6.76×10^{10}$$

$$\beta_2 = 1.35×10^{21}, \quad \beta_{22} = 1.26×10^{25}$$

解：
$$Fe(OH)_3 \rightleftharpoons Fe^{3+} + 3OH^-$$

由于 $Fe(OH)_3$ 的溶解度很小，故溶液中 $[OH^-]$ 也很小，可视溶液中 $[OH^-] = [H^+] = 10^{-7}$ mol/L。

但考虑形成氢氧基络合物 $Fe(OH)^{2+}$，$Fe(OH)_2^+$ 和 $Fe_2(OH)_2^{4+}$，即

$$Fe^{3+} + OH^- \rightleftharpoons Fe(OH)^{2+} \qquad \beta_1 = 6.76×10^{10}$$

$$Fe^{3+} + 2OH^- \rightleftharpoons Fe(OH)_2^+ \qquad \beta_2 = 1.35×10^{21}$$

$$2Fe^{3+} + 2OH^- \rightleftharpoons Fe_2(OH)_2^{4+} \qquad \beta_{22} = 1.26×10^{25}$$

则此时，$Fe(OH)_3$ 的溶解度是

$$S = [Fe^{3+}] + [Fe(OH)^{2+}] + [Fe(OH)_2^+] + 2[Fe_2(OH)_2^{4+}]$$

$$= [Fe^{3+}] + \beta_1[Fe^{3+}][OH^-] + \beta_2[Fe^{3+}][OH^-]^2 + 2\beta_{22}[Fe^{3+}]^2[OH^-]^2$$

$$= [Fe^{3+}](1 + \beta_1[OH^-] + \beta_2[OH^-]^2 + 2\beta_{22}[Fe^{3+}][OH^-]^2)$$

$$= [Fe^{3+}] \cdot \alpha_{FeOH}$$

式中
$$[Fe^{3+}] = \frac{K_{sp \cdot Fe(OH)_3}}{[OH^-]^3} = \frac{3×10^{-39}}{[10^{-7}]^3} = 3×10^{-18} \text{mol/L}$$

$$\alpha_{FeOH} = 1 + \beta_1[OH^-] + \beta_2[OH^-]^2 + 2\beta_{22}[Fe^{3+}][OH^-]^2$$

$$= 1 + 6.76×10^{10}×10^{-7} + 1.35×10^{21}×10^{-14} + 2×1.26×10^{25}×3×10^{-18}×10^{-14}$$

$$= 1 + 6.76 \times 10^3 + 1.35 \times 10^7 + 3.78 \times 10^{-7}$$

$$\approx 1.35 \times 10^7$$

可见，Fe^{3+} 的氢氧基络合物的溶解度主要是由 $Fe(OH^-)_2^+$ 决定的

$$\therefore \quad S = [Fe^{3+}] \cdot \alpha_{FeOH}$$

$$= 3 \times 10^{-18} \times 1.35 \times 10^7$$

$$= 4.0 \times 10^{-11} mol/L$$

对于氢氧化物沉淀能够形成氢氧基络合物的金属离子还有 Al^{3+}、Bi^{3+}、Cr^{3+}、Th^{4+}、Cd^{2+}、Hg^{2+}、Co^{2+}、Pb^{2+} 等。

除了同离子效应、盐效应、酸效应和络合效应外，还有温度、溶剂等其他因素，也影响沉淀的溶解度。

（五）影响沉淀溶解的其他因素

1. 温度的影响

沉淀的溶解反应，多数是吸热反应。温度升高，沉淀的溶解度一般增大。大多数沉淀在热溶液中的溶解度比冷溶液中的溶解度大，不同沉淀，温度对溶解度影响大小也不同（见图4-1）。

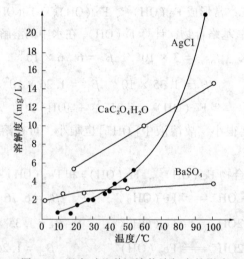

图4-1　温度对几种沉淀物溶解度的影响

在实际分析中，如果在热溶液中，溶解度增大的沉淀，如 $MgNH_4PO_4$，洗涤过滤等操作，需在室温下进行，否则温度升高，沉淀溶解的太多而损失；相反，高价金属离子的水合氧化物在热溶液中溶解度减小的无定形沉淀，常会形成胶体溶液，如 $Fe_2O_3 \cdot nH_2O$、$Al_2O_3 \cdot nH_2O$ 金属硫化物及硅、钨、铌、钽的水合氧化物沉淀等，需趁热洗涤、过滤，否则冷却后，难洗干净、难过滤，也会带来误差。

2. 溶剂的影响

无机物沉淀大多数是离子晶体，在纯水中的溶解度比在有机溶剂中大。例如，$PbSO_4$、$CaSO_4$ 溶液中加入适量乙醇、丙醇等，则它们的溶解度明显降低。

3. 沉淀颗粒大小

同一种沉淀，在相同质量的条件下，小颗粒沉淀比大颗粒沉淀的溶解度大。这是因为，

小颗粒沉淀的总表面积大，与溶液接触的机会就越多，沉淀溶解的量也就越多。例如，$SrSO_4$沉淀，大颗粒的溶解度为 $6.2 \times 10^{-4} mol/L$，而颗粒半径为 $0.05\mu m$ 和 $0.01\mu m$ 时，溶解度分别为 $6.7 \times 10^{-4} mol/L$ 和 $9.3 \times 10^{-4} mol/L$，它们的溶解度分别增大 8% 和 50% 左右。

实际分析工作中，经常将沉淀在溶液中放一段时间，使小晶体转化为大晶体，以减少沉淀溶解度，这个过程叫陈化。陈化可使沉淀结构发生转变，例如，室温下生成 CaC_2O_4 沉淀，开始析出亚稳态：$CaC_2O_4 \cdot 2H_2O$ 和 $CaC_2O_4 \cdot 3H_2O$，放置陈化后转变为稳定态的 $CaC_2O_4 \cdot H_2O$。

在水处理过水分析中，常利用酸效应，络合效应等将沉淀转化为易溶化合物，使沉淀溶解。

第二节 分步沉淀

形成沉淀反应是沉淀滴定法的基础。有关微溶化合物的溶解度及其溶度积原理已做了概要介绍和回顾。应用溶度积原理可解决多种沉淀离子共存下，当加入沉淀剂（沉淀滴定中称为滴定剂）时沉淀反应进行的次序问题，同时也可解决一种沉淀物质是否能转化为另一种沉淀物质问题。下面仅就容度积原理的应用—分步沉淀和沉淀的转化加以讨论。

一、分步沉淀

例如，溶液中同时含有 $0.1000 mol/L$ Cl^- 和 $0.1000 mol/L$ CrO_4^{2-}，逐滴加入 $AgNO_3$ 溶液，则有

$$Ag^+ + Cl^- \rightleftharpoons AgCl \downarrow \qquad K_{sp \cdot AgCl} = 1.8 \times 10^{-10}$$

（白）

$$2Ag^+ + CrO_4^{2-} \rightleftharpoons Ag_2CrO_4 \downarrow \qquad K_{sp \cdot Ag_2CrO_4} = 1.1 \times 10^{-12}$$

（砖红色）

可由溶度积 K_{sp} 分别求出 AgCl 与 Ag_2CrO_4 开始沉淀时，需要的 $[Ag^+]$。

Cl^- 开始形成 AgCl 沉淀需 $[Ag^+]$ 为：

$$[Ag^+] = \frac{K_{sp \cdot AgCl}}{[Cl^-]} = \frac{1.8 \times 10^{-10}}{0.10} = 1.8 \times 10^{-9} mol/L$$

CrO_4^{2-} 开始形成 Ag_2CrO_4 沉淀需 $[Ag^+]$ 为：

$$[Ag^+] = \sqrt{\frac{K_{sp \cdot Ag_2CrO_4}}{[CrO_4^{2-}]}} = \sqrt{\frac{1.1 \times 10^{-12}}{0.10}} = 3.3 \times 10^{-6} mol/L$$

可见，开始形成沉淀，Cl^- 离子需要的 Ag^+ 浓度 $[Ag^+]$ 远远小于 CrO_4^{2-} 所需要的 $[Ag^+]$。所以 AgCl 首先达到溶度积 K_{sp}，首先沉淀出来。

那么，Ag_2CrO_4 什么时候沉淀呢？显然，滴入 $AgNO_3$ 溶液至 $[Ag^+]$ 达到 $3.3 \times 10^{-6} mol/L$ 时，Ag_2CrO_4 开始沉淀。而此时，溶液中 Cl^- 还剩多少呢？

$$[Cl^-] = \frac{K_{sp \cdot AgCl}}{[Ag^+]} = \frac{1.8 \times 10^{-10}}{3.3 \times 10^{-6}} = 5.4 \times 10^{-5} mol/L$$

溶液中 Cl^- 浓度还有 $5.4 \times 10^{-5} mol/L$，它远远小于 Cl^- 离子的原有浓度 $0.1000 mol/L$，可以认为 Cl^- 已沉淀完全。

因此，我们得出结论，利用溶度积 K_{sp} 大小不同进行先后沉淀的作用称为分步沉淀。凡是先达到溶度积 K_{sp} 的，先沉淀；后达到溶度积的，后沉淀。

二、沉淀的转化

将微溶化合物转化成更难溶的化合物叫做沉淀的转化。沉淀的转化在水质分析和水处理中十分重要作用。下面仅举两个例子加以说明。

例如　当微溶化合物 AgCl 的溶液中，达到沉淀溶解平衡后，加入硫氰酸铵 NH_4SCN 溶液，生成更难溶化合物硫氰酸银 AgSCN。即

$$AgCl \rightleftharpoons Ag^+ + Cl^- \xrightarrow{SCN^-} AgSCN\downarrow（白色）$$
$$K_{sp\cdot AgCl} = 1.8 \times 10^{-10},\ K_{sp\cdot AgSCN} = 0.49 \times 10^{-12}$$

由于 $K_{sp\cdot AgCl} > K_{sp\cdot AgSCN}$，所以加入 NH_4SCN 后，AgCl 沉淀的溶解平衡向右移动，AgCl 使不断溶解，AgSCN 沉淀继续生成，直到 AgCl 沉淀全部转化为 AgSCN 沉淀为止。测定水样 Cl^- 的佛尔哈德法就是利用沉淀转化原理。

例如　在微溶化合物 $CaSO_4$ 的溶液中，加入 Na_2CO_3 溶液，便生成更难溶化合物 $CaCO_3$，即

$$Ca^{2+} + SO_4^{2-} + Na_2CO_3 \longrightarrow CaCO_3\downarrow(s) + Na_2SO_4$$
$$K_{sp\cdot CaSO_4} = 2.4 \times 10^{-5}$$
$$K_{sp\cdot CaCO_3} = 2.9 \times 10^{-9}$$

显然，$K_{sp\cdot CaCO_3} < K_{sp\cdot CaSO_4}$，则 $CaSO_4$ 溶液中，由于加入 Na_2CO_3 之后，使 $CaSO_4$ 的溶解平衡不断向右移动，直至 $CaSO_4$ 全部溶解并转化为更难溶的 $CaCO_3$，即不溶于酸的 $CaSO_4$ 转化为易溶于酸的 $CaCO_3$。在水处理中，尤其工业用水处理中，硬水的转化就是利用这个原理。

第三节　沉淀滴定法的基本原理

沉淀反应有很多，但是能用于沉淀滴定法中的沉淀反应却很少，相当多的沉淀反应都不能完全符合滴定对化学反应的基本要求，而无法用于滴定。最有实际意义的是生成微溶银盐的反应，以生成银盐沉淀的反应为基础的滴定法，即所谓银量法。银量法包括：莫尔法、佛尔哈德法和法扬司法。主要用于水中 Cl^-、Br^-、CN^- 和 Ag^+ 等的测定。

一、沉淀滴定曲线

以 0.1000mol/L $AgNO_3$ 滴定 20.00mL 0.1000mol/L NaCl 为例。

1. 计量点之前

滴定之前，为 NaCl 溶液，$[Ag^+]=0$

滴定开始至计量点之前，由于同离子效应，AgCl 沉淀所溶解出的 Cl^- 很少，一般可忽略。因此，可根据溶液中某一时刻的 $[Cl^-]$ 和 $K_{sp\cdot AgCl}$ 来计算此时的 $[Ag^+]$ 和 pAg(Ag^+ 浓度的负对数)。

例如，滴入 $AgNO_3$ 标准溶液 19.98mL 时，则

$$[Cl^-] = \frac{0.1000 \times (20.00 - 19.98)}{19.98 + 20.00} = 5.0 \times 10^{-5} mol/L$$

$$\left[Ag^+\right] = \frac{K_{sp \cdot AgCl}}{\left[Cl^-\right]} = \frac{1.8 \times 10^{-10}}{5.0 \times 10^{-5}} = 3.6 \times 10^{-6} mol/L$$

$$pAg = 5.44$$

同样方法，计算出计量点之前滴入 0.1000mol/L $AgNO_3$ 不同量时的 pAg 值。

2. 计量点时

此时已滴入 20.00mL 0.1000mol/L $AgNO_3$ 溶液，可以认为 Ag^+ 与 Cl^- 的量完全由 AgCl 溶解所产生的，且 $\left[Ag^+\right]=\left[Cl^-\right]$。所以

$$\left[Ag^+\right] = \left[Cl^-\right] = \sqrt{K_{sp \cdot AgCl}} = 1.34 \times 10^{-5} mol/L$$

$$pAg = 4.87$$

3. 计量点后

计量点之后，溶液中有 AgCl 沉淀和过量的 $AgNO_3$，同样由于同离子效应，使 AgCl 沉淀所溶解出的 Ag^+ 极少，可忽略不计。因此，只按过量 $AgNO_3$ 的量近似求得 $\left[Ag^+\right]$。

例如，滴入 20.02mL $AgNO_3$，则

$$\left[Ag^+\right] = \frac{0.1000 \times (20.02 - 20.00)}{20.02 + 20.00} = 5.0 \times 10^{-5} mol/L$$

$$pAg = 4.3$$

同样按类似方法求得计量点之后的 pAg 值。

以 0.1000mol/L $AgNO_3$ 标准溶液的滴入量(mL)为横坐标，以对应的 pAg 为纵坐标，绘制的曲线为沉淀滴定曲线(见图 4-2)。可见 $AgNO_3$ 标准溶液滴定水中 Cl^- 的突跃范围是 pAg = 5.44~4.3；沉淀滴定的突跃范围与滴定剂和被沉淀物质的浓度有关，滴定剂的浓度越大，滴定突跃就越大；除此之外，还与沉淀的 K_{sp} 大小有关，沉淀的 K_{sp} 值越大，即沉淀的溶解度越大，滴定突跃就越小。

例如：AgCl 的 $K_{sp} = 1.8 \times 10^{-10}$，而 AgI 的 $K_{sp} = 8.3 \times 10^{-17}$，因此，用 $AgNO_3$ 滴定 Cl^- 的突跃就比滴定同浓度的 I^- 时的突跃小(见图 4-2)。

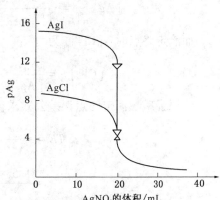

图 4-2　0.1000mol/L $AgNO_3$ 滴定同浓度 NaCl 或 NaI 的滴定曲线

二、莫尔法

以铬酸钾 K_2CrO_4 为指示剂的银量法为莫尔法。

(一) 莫尔法的原理

以 $AgNO_3$ 标准溶液为滴定剂，用 K_2CrO_4 为指示剂，测定水中 Cl^- 时，根据分步沉淀原理，首先生成沉淀的是 AgCl 沉淀($K_{sp \cdot AgCl} = 1.8 \times 10^{-10}$)，即

$$Ag^+ + Cl^- \rightleftharpoons AgCl \downarrow \qquad (4-10a)$$
$$\text{(白色)}$$

当达到计量点时，水中 Cl^- 已被全部滴定完毕，稍过量的 Ag^+ 便与 CrO_4^{2-} 生成砖红色 Ag_2CrO_4 沉淀，而指示滴定终点，即

$$2Ag^+ + CrO_4^{2-} \rightleftharpoons Ag_2CrO_4 \downarrow \qquad (4-10b)$$
$$\text{(砖红色)}$$

根据 AgNO₃ 标准溶液的浓度和用量，便可求得水中 Cl⁻ 的含量。

(二)滴定条件

1. 指示剂 K₂CrO₄ 的用量要合适

根据测定原理，指示剂 K₂CrO₄ 的用量是个关键问题。如果 K₂CrO₄ 加入量过多，即 $[CrO_4^{2-}]$ 过高，则 Ag₂CrO₄ 沉淀析出偏早，使水中 Cl⁻ 的测定结果偏低，且 K₂CrO₄ 的黄色也影响颜色观察。相反，如果 K₂CrO₄ 加入量过少，即 $[CrO_4^{2-}]$ 过低，则沉淀析出偏迟，使测定结果偏高。因此，指示剂 K₂CrO₄ 的加入量，应使 Ag₂CrO₄ 沉淀的产生，恰好在计量点时发生。如用 0.1000mol/L AgNO₃ 滴定同浓度的 Cl⁻，计量点时：

$$[Ag^+]_{sp} = [Cl^-] = \sqrt{K_{sp \cdot AgCl}} = \sqrt{1.8 \times 10^{-10}} = 1.34 \times 10^{-5} mol/L$$

而
$$[CrO_4^{2-}] = \frac{K_{sp \cdot Ag_2CrO_4}}{[Ag^+]^2} = \frac{1.1 \times 10^{-12}}{(1.34 \times 10^{-5})^2} = 6.1 \times 10^{-3} mol/L$$

此时，CrO₄²⁻ 的浓度 $[CrO_4^{2-}]$ 刚好为析出沉淀时的浓度。

实际分析工作中，指示剂 K₂CrO₄ 的浓度略低一点为好，一般采用 $[CrO_4^{2-}] = 5.0 \times 10^{-3}$ mol/L 为宜。这样，Ag₂CrO₄ 沉淀时虽然比计量点略迟些，即 AgNO₃ 标准溶液稍多消耗一点，影响不大，且还可用蒸馏水空白试验扣除。

如果终点时 CrO₄²⁻ 的浓度为 5.0×10⁻³ mol/L，滴定呈现 Ag₂CrO₄ 砖红色沉淀为滴定终点时，此时

$$[Ag^+]_{ep} = \sqrt{\frac{K_{sp \cdot Ag_2CrO_4}}{[CrO_4^{2-}]}} = \sqrt{\frac{1.1 \times 10^{-12}}{5 \times 10^{-3}}} = 1.5 \times 10^{-5} mol/L$$

而滴定终点时：$[Cl^-]_{ep}$ 为

$$[Cl^-]_{ep} = \frac{K_{sp \cdot AgCl}}{[Ag^+]_{ep}} = \frac{1.8 \times 10^{-10}}{1.5 \times 10^{-5}} = 1.2 \times 10^{-5} mol/L$$

参照强碱酸滴定终点误差公式求得终点误差：

$$TE = \frac{[Ag^+]_{ep} - [Cl^-]_{ep}}{C_{cl^- \cdot sp}} \times 100\% \qquad (4-11)$$

$$= \frac{1.5 \times 10^{-5} - 1.2 \times 10^{-5}}{0.05} \times 100\%$$

$$= +0.006\%$$

可见，用 0.1000mol/L AgNO₃ 溶液滴定 0.1000mol/L Cl⁻，指示剂 K₂CrO₄ 的浓度为5.0×10⁻³ mol/L 时，终点误差仅为+0.006%，基本上不影响分析结果的准确度。

2. 滴定应控制溶液的 pH 值

由于 pH 值不同，如前所述可有 CrO₄²⁻ 和 Cr₂O₇²⁻ 两种型体，并存在下列平衡：

$$2CrO_4^{2-} + 2H^+ \rightleftharpoons Cr_2O_7^{2-} + H_2O$$

当 pH 值减少，呈酸性时，平衡向右移动，$[CrO_4^{2-}]$ 减少，为了达到 $K_{sp \cdot Ag_2CrO_4}$，就必须加入过量 Ag⁺，才会有 Ag₂CrO₄ 沉淀，导致终点拖后而引起滴定误差较大。

当 pH 值增大，呈碱性时，Ag⁺ 将生成 Ag₂O 沉淀；

$$2Ag^+ + 2OH^- \rightleftharpoons 2AgOH \downarrow \rightleftharpoons Ag_2O + H_2O$$

所以莫尔法只能在中性或弱碱性溶液中进行，既在 pH=6.5~10.5 范围内进行滴定。

还应说明，如溶液中有 NH_4^+ 存在，如果 pH 增高时，NH_4^+ 将有一部分转化为 NH_3，而 NH_3 与 Ag^+ 形成银氨络合物 $[Ag(NH_3)_2^+]$，使水溶液中 AgCl 和 Ag_2CrO_4 沉淀的溶解度增大，影响滴定的准确度。假如滴定至终点时，$C_{NH_4^+}=0.1mol/L$；欲使 NH_3 对 Ag^+ 不产生副反应，即 $\alpha_{Ag(NH_3)}=1$，则由副反应系数的定义和分布分数求得溶液的 $pH\approx7.0$。因此，为防止 NH_4^+ 存在下络合效应的影响，需控制 pH=6.5~7.2 范围内滴定。

3. 滴定时必须剧烈摇动

在用 $AgNO_3$ 标准溶液滴定 Cl^- 时，于计量点之前，析出的 AgCl 会吸附溶液中过量的构晶离子 Cl^-，使溶液中 Cl^- 浓度降低，导致终点提前。所以滴定时必须剧烈摇动滴定瓶，防止 Cl^- 被 AgCl 吸附。

莫尔法测定 Br^- 时，AgBr 对 Br^- 的吸附更严重，滴定时更要注意剧烈摇动，否则将造成较大误差。

（三）应用

莫尔法只适用于用 $AgNO_3$ 直接滴定 Cl^- 和 Br^-，而不适用于滴定 I^- 和 SCN^-，由于 AgI 和 AgSCN 沉淀更强烈地吸附 I^- 和 SCN^-，使终点变色不明显，误差较大。

凡是能与 Ag^+ 生成沉淀的阴离子，如 PO_4^{3-}、AsO_4^{3-}、SO_3^{2-}、S^{2-}、CO_3^{2-}、$C_2O_4^{2-}$ 等，都干扰测定；大量 Ca^{2+}、CO^{2+}、Ni^{2+} 等有色离子，影响终点的观察；Al^{3+}、Fe^{3+}、Bi^{3+}、Sn^{4+} 等高价金属离子在中性或弱碱性溶液中发生水解；Ba^{2+}、Pb^{2+} 能与 CrO_4^{2-} 生成 $BaCrO_4$ 和 $PbCrO_4$ 沉淀，也干扰测定。因此所有这些干扰离子都必须预先分离除去。

鉴于上述原因，莫尔法的应用受到一定限制。这样，莫尔法只能用于测定水中的 Cl^- 和 Br^- 的含量，但不能用 Cl^- 标准溶液直接滴定 Ag^+。因为水中 Ag^+ 与加入的指示剂 K_2CrO_4 作用，立即生成大量的 Ag_2CrO_4 沉淀，滴定至计量点时，Cl^- 很难及时夺取 Ag_2CrO_4 中的 Ag^+ 转化为 AgCl，不能敏锐地指示终点，使测定无法进行。

莫尔法用于饮用水中测定时，水中含有的各种物质，通常数量下，一般不发生干扰。尽管 Br^-、I^-、SCN^- 等离子可同时被滴定，但因其量很少，可忽略不计。

三、佛尔哈德法

用铁铵钒即硫酸高铁铵 $NH_4Fe(SO_4)_2$ 作指示剂的银量法称为佛尔哈德法。

（一）原理

1. 直接滴定法测定水中 Ag^+

以 NH_4SCN（或 KSCN、NaSCN）为标准溶液，用 $NH_4Fe(SO_4)_2$ 作指示剂，直接滴定水中 Ag^+，滴定反应：

$$SCN^- + Ag^+ \rightleftharpoons AgSCN\downarrow \qquad K_{sp}=1.0\times10^{-12} \qquad (4-12a)$$
$$\text{（白色）}$$

计量点时，Ag^+ 已被全部滴定完毕，稍过量的 SCN^- 便与指示剂 Fe^{3+} 生成血红色络合物 $FeSCN^{2+}$，指示终点到达，

$$SCN^- + Fe^{3+} \rightleftharpoons FeSCN^{2+} \qquad K_1=200 \qquad (4-12b)$$
$$\text{（血红色）}$$

根据 NH_4SCN 标准溶液的消耗量，求得水中 Ag^+ 的含量。

2. 反滴定法测定水中卤素离子

加入过量 $AgNO_3$ 标准溶液，使水样中全部卤素离子都生成卤化银 AgX 沉淀。然后，加入指示剂铁铵矾，以 NH_4SCN 标准溶液反滴定剩余的 Ag^+。其反应

$$Ag^+ + Cl^- \rightleftharpoons AgCl\downarrow \qquad K_{sp} = 1.8 \times 10^{-10} \qquad (4-13a)$$
（过量）　　（白色）

$$SCN^- + Ag^+ \rightleftharpoons AgSCN\downarrow \qquad\qquad (4-13b)$$
（剩余）　　（白色）

计量点时，稍过量的 SCN^- 便与指示剂 Fe^{3+} 形成血红色络合物 $FeSCN^{2+}$，指示滴定终点。根据所加入 $AgNO_3$ 标准溶液的总量和所消耗 NH_4SCN 标准溶液的量计算水中 Cl^- 的含量。

应该指出，反滴定法测定水中 Cl^- 时，由于 $K_{sp \cdot AgSCN} < K_{sp \cdot AgCl}$，所以当用 NH_4SCN 滴定 Ag^+ 至计量点时，稍过量的 SCN^- 便会置换 AgCl 中的 Cl^-，发生沉淀的转化，即

$$AgCl\downarrow + SCN^- \rightleftharpoons AgSCN\downarrow + Cl^-$$

尤其是剧烈摇动，会促进这种转化。这样，使本已出现的红色又逐渐消失，而得不到正确的终点。要想得到持久的红色，就必须继续滴入 SCN^- 标准溶液，直至 Cl^- 与 SCN^- 之间建立一定的平衡关系为止。这就必定多消耗一部分 NH_4SCN 标准溶液，而造成较大误差为了避免这种误差，通常可采用下列两种措施：

① 在加入过量 $AgNO_3$ 标准溶液，形成 AgCl 沉淀之后，加入少量有机溶剂，如硝基苯等 1~2mL，使 AgCl 沉淀表面覆盖一层硝基苯而与外部溶液隔开。这样就防止了 SCN^- 与 AgCl 发生转化反应，提高了滴定的准确度。

② 水样中加入过量 $AgNO_3$ 标准溶液之后，将水样煮沸，使 AgCl 凝聚，以减少 AgCl 沉淀对 Ag^+ 的吸附。滤去 AgCl 沉淀，并用稀 HNO_3 洗涤沉淀，然后用标准溶液滴定滤液中的剩余 Ag^+。

（二）滴定条件

1. 在强酸性条件下滴定

一般溶液的 $[H^+]$ 控制在 $0.1 \sim 1mol/L$ 之间。这时，指示剂铁铵矾中的 Fe^{3+} 主要以 $Fe(H_2O)_6^{3+}$ 形式存在，颜色较浅。如果 $[H^+]$ 较低，Fe^{3+} 将水解成棕黄色的羟基络合物 $Fe(H_2O)_5(OH)^{2+}$、$Fe_2(H_2O)_4(OH)_2^{4+}$ 或等，终点颜色不明显；如果 $[H^+]$ 更低，则可能产生 $Fe(OH)_3$ 沉淀，无法指示终点。因此，佛尔哈德法应在酸性溶液中进行。

在强酸性条件下滴定是佛尔哈德法的最大优点，许多银量法的干扰离子，如 PO_4^{3-}、CO_3^{2-}、CrO_4^{2-}、AsO_4^{3-} 等许多弱酸根离子不会与 Ag^+ 反应。因此，不干扰测定，这就扩大了佛尔哈德法的应用范围。

2. 控制指示剂的用量

在含有 Ag^+ 的酸性溶液中，以铁铵矾为指示剂，用 NH_4SCN 标准溶液滴定至计量点时，SCN^- 的浓度为：

$$\begin{aligned}[SCN^-]_{sp} &= [Ag^+] = \sqrt{K_{sp \cdot AgSCN}} \\ &= \sqrt{1.0 \times 10^{-12}} \\ &= 1.0 \times 10^{-6} mol/L\end{aligned}$$

欲此时刚好能观察到 $FeSCN^{2+}$ 的明显红色，要求 $FeSCN^{2+}$ 的最低浓度应为 6.0×10^{-6} mol/L，则 Fe^{3+} 的浓度为

$$[Fe^{3+}] = \frac{[FeSCN^{2+}]}{200 \times [SCN^-]}$$

$$= \frac{6 \times 10^{-6}}{200 \times 1.0 \times 10^{-6}}$$

$$= 0.03 mol/L$$

由于 Fe^{3+} 浓度较高会使溶液呈较深的橙黄色，影响终点的观察，所以通常保持 Fe^{3+} 的浓度为 0.015mol/L，此时，引起的误差很小，可忽略不计。

3. 滴定时应剧烈摇动

由于用 SCN^- 标准溶液滴定 Ag^+ 生成 AgSCN 沉淀，它对溶液中过量的构晶离子 Ag^+，有强烈的吸附作用，使 Ag^+ 浓度降低，终点出现偏早。因此，滴定时必须剧烈摇动，使被吸附的 Ag^+ 及时释放出来。

（三）应用

佛尔哈德法以反滴定方式广泛用于水中卤素离子的测定，尤其水中 Cl^- 的测定。如果用于测定水中 Br^- 或 I^-，则由于 $K_{sp \cdot AgBr}$（或 $K_{sp \cdot AgI}$）< $K_{sp \cdot AgSCN}$，故不会发生沉淀的转化，因此不必加入硝基苯。但是测 I^- 时，必须先加入过量 $AgNO_3$，后加入指示剂 Fe^{3+}，否则水中 I^- 被 Fe^{3+} 氧化成 I_2，而使测定结果偏低。

$$2I^- + Fe^{3+} \Longrightarrow 2Fe^{2+} + I_2$$

佛尔哈德法的突出优点是在强酸性条件下滴定水中卤素离子，有很高的选择性。但也有缺点，如水样中有强氧化剂、氮的低价氧化物及铜盐、汞盐等均能与 SCN^- 作用，产生干扰，故必须先除去。

四、法扬司法

用吸附指示剂指示滴定终点的银量法，称为法扬司法。

（一）原理

当用 $AgNO_3$ 标准溶液滴定水中 Cl^- 时，以荧光黄作为吸附指示剂，它是一种有机弱酸，可用 HFI 符号表示，在溶液中它可离解为荧光黄阴离子 FI^-，呈黄绿色。

$$HFI \Longrightarrow H^+ + FI^- \qquad pK_a \approx 7$$
$$\text{（黄绿色）}$$

当溶液的 pH=7~10.5 之间时，荧光黄主要以 FI^- 型体存在。在计量点之前，AgCl 沉淀胶体微粒吸附过量的 Cl^- 而带负电荷，不会吸附指示剂阴离子 FI^-，溶液呈黄绿色。而在计量点时，过量 1 滴 $AgNO_3$ 标准溶液即可使 AgCl 沉淀胶体微粒吸附 Ag^+ 而带正电荷。这时，带正电荷的胶体微粒极易吸附 FI^-，便在 AgCl 表面可能形成了荧光黄银化合物而呈淡红色，使整个溶液由黄绿色变成淡红色，指示滴定终点到达。

如果用 NaCl 标准溶液滴定水中 Ag^+，则颜色变化正好相反，是由淡红色变为黄绿色。

（二）滴定条件

1. 卤化银沉淀应具有较大表面积

由于吸附指示剂的颜色变化发生在沉淀胶体微粒的表面上，为使终点变色敏锐，应尽量

使卤化银成为小颗粒沉淀,以保持较大的总表面积,来吸附更多的指示剂。所以,在滴定前将溶液稀释,并加入糊精、淀粉等作为保护剂,以防止 AgCl 凝聚为较大颗粒的沉淀。

2. 控制溶液的 pH 值

吸附指示剂多是有机弱酸,被吸附而变色的则是其共轭碱阴离子型体,由于荧光黄的 $pK_a \approx 7$,所以 pH=7~10.5 范围,可使指示剂在溶液中保持其共轭碱型体,才能在滴定中真正起指示剂的作用。

3. 吸附指示剂的吸附能力要适中

一些吸附指示剂和卤素离子的吸附能力强弱次序是

$$I^- > 二甲基二碘荧光黄 > Br^- > 曙红 > Cl^- > 荧光黄$$

一般要求吸附指示剂在卤化银上的吸附能力应略小于被测卤素离子的吸附能力。因此,$AgNO_3$ 用标准溶液测定水中 Cl^- 时,在 pH=7~10 条件下,应选用荧光黄,而不能用曙红作指示剂;如果测定水中 Br^-,在 pH=2~10 条件下,应选曙红,而不选用比 Br^- 吸附能力强的二甲基二碘荧光黄,也不能用远小于 Br^- 吸附能力的荧光黄;如果测定水中 I^-,在中性条件下,选用二甲基二碘荧光黄。

在沉淀滴定中,两种混合离子能否准确分别滴定,决定于两种沉淀的溶度积的比值大小。

例如,用 $AgNO_3$ 溶液滴定含有相等浓度的 Br^- 和 Cl^- 的溶液时,首先达到 AgBr 的溶度积,所以 AgBr 先沉淀,而后析出 AgCl 沉淀。当 Cl^- 开始沉淀时,Br^- 和 Cl^- 浓度的比值是:

$$\frac{[Br^-]}{[Cl^-]} = \frac{K_{sp \cdot AgBr}}{K_{sp \cdot AgCl}} \approx 3 \times 10^{-3}$$

当 Br^- 浓度降低至 Cl^- 浓度的 3‰时,同时析出两种沉淀。显然,无法进行分别滴定,只能滴定它们的总量。

又如,用 $AgNO_3$ 溶液滴定含相同浓度的 I^- 和 Cl^- 溶液时,首先 AgI 沉淀,然后 AgCl 沉淀。当 Cl^- 开始沉淀时,I^- 和 Cl^- 浓度的比值:

$$\frac{[I^-]}{[Cl^-]} = \frac{K_{sp \cdot AgI}}{K_{sp \cdot AgCl}} \approx 5 \times 10^{-7}$$

可见,I^- 浓度降低到 Cl^- 浓度的 5×10^{-7}(百万分之五)时,AgCl 沉淀开始析出。理论上在滴定曲线上有两个明显突跃,但由于 AgCl 对 I^- 的吸附,会产生一定分析误差。

例 4-4 取含 Cl^- 水样 100.0mL,加入 30.00mL 0.1058mol/L $AgNO_3$ 标准溶液,然后用 0.1158mol/L NH_4SCN 溶液滴定剩余 Ag^+,消耗 8.21mL,求水样中 Cl^- 的含量(以 mg/L 表示)。

解:$Cl^- = \dfrac{(0.1058 \times 30.00 - 0.1158 \times 8.21) \times 35.453 \times 1000}{100} = 788.22mg/L$

第四节　硝酸银和硫氰酸铵溶液的配制和标定

银量法中常用的标准溶液是 $AgNO_3$ 和 NH_4SCN(或 KSCN)溶液。

一、硝酸银标准溶液的配制与标定

$AgNO_3$ 可以制成符合分析要求的基准试剂,因此,可以用直接法配制。将分析纯

（A. R）AgNO$_3$ 结晶置于烘箱内，在 110℃烘 1~2h，以除去吸湿水，然后准确称量，配制成所需浓度的标准溶液。

由于 AgNO$_3$ 见光易分解：

$$2AgNO_3 \xrightarrow{\text{光}} 2Ag + 2NO_2 + O_2$$

因此，AgNO$_3$ 固体或已配制好的标准溶液都应保存在密封的棕色玻璃瓶中，置于暗处。

因 AgNO$_3$ 与有机物接触易被还原，故配好的 AgNO$_3$ 标准溶液应装入酸式滴定管中使用。AgNO$_3$ 有腐蚀性，切勿与皮肤接触。

若所用硝酸银纯度不够，则应先配制成近似于所需浓度的溶液，然后进行标定。标定硝酸银最常用的基准物质是 NaCl。因为 NaCl 易潮解，故应放在洁净的坩埚中，用玻璃棒搅拌，于 400~500℃下灼烧至不再发生爆裂声为止。冷却后放在干燥器中备用。标定时所用的方法应和测定样品时的方法一致，以消除系统误差。

二、NH$_4$SCN 溶液的配制与标定

NH$_4$SCN 试剂往往含有杂质，且易潮解，只能先配制成近似于所需浓度的溶液，然后进行标定。

标定 NH$_4$SCN 溶液最简单的方法，是量取一定体积的 AgNO$_3$ 标准溶液，以铁铵矾为指示剂，用 NH$_4$SCN 溶液直接滴定。

标定时也可以用 NaCl 做基准物，采用佛尔哈德法，同时标定 NH$_4$SCN 和 AgNO$_3$。先准确称量 NaCl，溶于水之后，加入定量过量的 AgNO$_3$ 溶液，以铁铵矾作指示剂，用 NH$_4$SCN 溶液回滴过剩的 AgNO$_3$。若已知 AgNO$_3$ 和 NH$_4$SCN 两溶液的体积比，就可由基准物质 NaCl 的质量和 AgNO$_3$、NH$_4$SCN 的用量，计算两种溶液的准确浓度。

第五节　沉淀滴定法的计算示例

例 4-5　纯 KCl 和 KBr 混合物 0.3074g，溶于水后用 $C_{(AgNO_3)}$ = 0.1007mol/L AgNO$_3$ 标准溶液滴定，用去 30.98mL，计算 KCl 和 KBr 的百分含量各为多少？

解：设 KCl 为 xg，KBr 为 y =（0.3074-x）g 根据 1mol AgNO$_3$ 恰好与 1mol KCl 或 KBr 作用完全，所以：

$$\frac{x}{M_{(KCl)}} + \frac{0.3074 - x}{M_{(KBr)}} = C_{(AgNO_3)} \frac{V_{(AgNO_3)}}{1000}$$

$$\frac{x}{74.55} + \frac{0.3074 - x}{119.00} = 0.1007 \times \frac{30.98}{1000}$$

解得 x = 0.1069g，y = 0.2005g

$$KCl = \frac{0.1069}{0.3074} \times 100\% = 34.78\%$$

$$KBr = \frac{0.2005}{0.3074} \times 100\% = 65.22\%$$

例 4-6　某溶液中同时含有 Cl$^-$ 和 CrO$_4^{2-}$，它们的浓度分别为：[Cl$^-$] = 0.010mol/L；[CrO$_4^{2-}$] = 0.10mol/L。当逐渐加入 AgNO$_3$ 溶液时，哪一种沉淀先生成？当第二种离子开始沉淀时，第一种未沉淀的离子浓度为多少？

解： $AgNO_3$ 与 Cl^- 和 CrO_4^{2-} 发生如下沉淀反应：

$$Ag^+ + Cl^- \rightleftharpoons AgCl\downarrow \text{白色}$$

$$2Ag^+ + CrO_4^{2-} \rightleftharpoons Ag_2CrO_4\downarrow \text{砖红色}$$

这两种沉淀反应进行时所需 Ag^+ 浓度分别为：

产生 AgCl 沉淀时：

$$[Ag^+] = \frac{K_{sp \cdot AgCl}}{[Cl^-]} = \frac{1.56 \times 10^{-10}}{0.010} = 1.56 \times 10^{-8}(mol/L)$$

产生 Ag_2CrO_4 沉淀时：

$$[Ag^+] = \sqrt{\frac{K_{sp \cdot Ag_2CrO_4}}{[CrO_4^{2-}]}} = \sqrt{\frac{9 \times 10^{-12}}{0.10}} = 9.5 \times 10^{-6}(mol/L)$$

由于生成 AgCl 沉淀所需的 Ag^+ 浓度远远小于生成 Ag_2CrO_4 沉淀所需的 Ag^+ 浓度，当逐渐加入 $AgNO_3$ 溶液时，首先达到 AgCl 的溶度积，因而首先产生 AgCl 沉淀。随着 $AgNO_3$ 溶液的不断加入，由于 AgCl 沉淀的生成，溶液中 Cl^- 浓度不断减小，Ag^+ 浓度不断增加。当溶液中 Ag^+ 浓度增加到 $3.3 \times 10^{-6}mol/L$ 时，开始形成 Ag_2CrO_4 沉淀。这时溶液中 Cl^- 浓度为：

$$[Cl^-] = K_{sp \cdot AgCl}/[Ag^+] = (1.56 \times 10^{-10})/(9.5 \times 10^{-6}) = 1.6 \times 10^{-5}mol/L$$

如果继续加入 $AgNO_3$ 溶液，则两种沉淀同时生成。

此例说明，判断混合离子溶液中沉淀反应的先后次序，其基本原则是：离子浓度乘积最先达到溶度积的先沉淀，后达到的后沉淀。这种先后生成沉淀的现象，叫做分级沉淀。摩尔法就是依据分级沉淀原理来确定滴定终点的。

第六节　应用实例——水中氯离子的测定

氯离子几乎存在于所有的水中，如海水、苦咸水、生活污水和工业废水中，往往都含有大量氯离子，甚至天然淡水水源中也有一定量的氯离子，其来源可能是：

① 水源流经含有氯化物的地层。

② 水源受到生活污水或工业废水的污染。

③ 接近海边的水源受潮水的影响而被污染（海水中氯离子约为 $18500mg/L$）。

生活饮用水中，对氯离子的含量有新的规定，即不能超过 $250mg/L$。

工业用水中，氯离子含量高时对设备、金属管道和构筑物有腐蚀作用。如作为锅炉用水，氯离子含量高，不仅对锅炉有腐蚀作用，而且还产生水垢。

所以生活用水和工业用水，对氯离子的含量都有一定的限制。若氯离子含量过高，说明水源可能受到污染。因此，测定水中氯离子的含量，是用以评价水质的标准之一。

测定 Cl^- 时，在被测的水样中加入铬酸钾作指示剂，用 $AgNO_3$ 标准溶液滴定。Cl^- 首先和 Ag^+ 生成 AgCl 白色沉淀，待滴定达到化学计量点附近，由于 Ag^+ 浓度迅速增加，达到了 Ag_2CrO_4 溶度积，此时即生成砖红色的 Ag_2CrO_4 沉淀，指示出滴定的终点。用所消耗的硝酸银标准溶液的体积，便可计算出水中 Cl^- 的含量。

思 考 题

1. 解释微溶化合物的活度积、溶度积和条件溶度积的概念及其相互关系

2. 简要说明下列溶液中微溶化合物的溶解度变化规律

（1）Ag_2CrO_4 在 0.0100mol/L $AgNO_3$ 溶液中；

（2）$BaSO_4$ 在 0.1000mol/L NaCl 溶液中；

（3）$BaSO_4$ 在 2.00mol/L HCl 溶液中；

（4）AgBr 在 2.00mol/L NH_3 溶液中；

（5）$PbSO_4$ 在有适量乙醇的水溶液中。

3. 欲使 Ag_2CrO_4 沉淀完全为什么要控制溶液 pH 值在 6.5~10.0 之间？

4. 什么是分级沉淀和沉淀的转化，对水质分析和水处理有何意义？举例说明之。

5. 用银量法测定下列水样中 Cl^- 或 SCN^- 的含量时，各应选择何种方法确定终点较为合适？为什么？

（1）$BaCl_2$；

（2）KCl；

（3）KSCN；

（4）Na_2CO_3+ NaCl。

6. 在下列情况下，分析结果是偏高、偏低、还是无影响？说明原因。

(1)在 pH=3 的条件下，用莫尔法测定水中 Cl^-；

(2)用佛尔哈德法测定水中 Cl^-，没有将 AgCl 沉淀滤去，也没有加有机溶剂；

(3)用法扬司法测定水中 Cl^-，用曙红作指示剂；

(4)如果水样中含有铵盐，在 pH≈10 时，用莫尔法测定 Cl^-。

习 题

1. 已知Ag_2CrO_4 的 K_{sp}^0 = 1.12×10^{-12}，AgCl 的 K_{sp}^0 = 1.77×10^{-10}，求它们的溶解度，计算结果说明了什么问题？

2. 在 8mL 0.0020mol/L $MnSO_4$ 溶液中，加入 7mL 0.2000mol/L 氨水，问能否生成 $Mn(OH)_2$ 沉淀？如在加入 7mL 0.2000mol/L 氨水之前，先加入 0.5000g $(NH_4)_2SO_4$ 固体，还能否生成$Mn(OH)_2$ 沉淀？

3. 水样中 Pb^{2+} 和 Ba^{2+} 的浓度分别为 0.0100 和 0.1000mol/L，逐滴加入 K_2CrO_4 溶液，哪一种离子先沉淀？两者有无分开的可能性？

4. 一种溶液中含Fe^{3+}和Fe^{2+}，它们的浓度均为 0.05mol/L，如果只要求$Fe(OH)_3$沉淀，需控制 pH 值范围为多少？

5. 在含有等浓度的Cl^-和I^-的溶液中，逐滴加入$AgNO_3$溶液，哪一种离子先沉淀？第二种离子开始沉淀时，Cl^-与I^-的浓度比为多少？

6. 取 100mL 水样，加入 20.00mL 0.1120mol/L $AgNO_3$ 溶液，然后用 0.1160mol/L NH_4SCN 溶液滴定过量的$AgNO_3$ 溶液，用去 10.00mL，求该水样中 Cl^- 的含量(mg/L 表示)。

7. 在有 AgCl 沉淀的溶液中，加入 0.0100mol/L NaSCN 溶液，AgCl 能否转化成 AgSCN 沉淀，转化终止时溶液中Cl^-的量浓度是多少？

第五章　氧化还原滴定法

以氧化还原反应为基础的滴定分析法称为氧化还原滴定法。氧化还原滴定法广泛地用于水质分析中，例如水中溶解氧（DO）、高锰酸钾指数、化学需氧量（COD）、生物化学需氧量（BOD_5^{20}）及饮用水中剩余氯、二氧化氯。臭氧等的分析。除此之外，在水处理中利用氧化还原反应处理水中的污染物时，例如用液氯或次氯酸盐将电镀废水中的 CN^- 氧化成无毒的 CO_2 和氮气，或利用还原反应将 Cr^{6+} 还原为无毒的 Cr^{3+} 等，也涉及氧化还原滴定分析问题。因此，氧化还原滴定法在给水排水专业实际工作中有重要的应用价值。

由于氧化还原反应是基于电子转移的反应，多数不是基元反应，反应机理比较复杂，常伴随有副反应，有许多反应的速度较慢。因此，许多氧化还原反应不符合滴定分析的基本要求，必须创造适宜的条件，例如控制温度、pH 值等，才能进行氧化还原滴定分析。

氧化还原滴定法往往根据滴定剂种类的不同分为高锰酸钾法、重铬酸钾法、碘量法、溴酸钾法和铈量法等。本章主要学习氧化还原滴定法的基本原理及其在水质分析中的应用。

第一节　氧化还原平衡

一、氧化还原反应和电极电位

氧化还原反应可由下列平衡式来表示

$$Ox_1 + Red_2 \rightleftharpoons Red_1 + Ox_2$$

式中 Ox 表示某一氧化还原电对的氧化态，Red 表示其还原态，它们的氧化还原半反应可用下式表示

$$Ox + ne \rightleftharpoons Red$$

式中　n——电子转移数。

氧化剂的氧化能力或还原剂的还原能力的大小可以用有关电对的电极电位来衡量，可逆氧化还原电对的电极电位可用能斯特（Nernst）方程求得，即

$$\varphi_{Ox/Red} = \varphi_{Ox/Red}^{\ominus} + \frac{RT}{nF} \ln \frac{a_{Ox}}{a_{Red}} \qquad (5-1)$$

式中　$\varphi_{Ox/Red}$——电对 Ox/Red 的标准电极电位；

$\qquad \varphi_{Ox/Red}^{\ominus}$——电对 Ox/Red 的标准电极电位；

$\qquad a_{Ox}$，a_{Red}——电对氧化态（Ox）和还原态（Red）的活度；

$\qquad n$——电极反应中转移的电子数。

式中，其他项均为常数，如气体常数 R 为（8.314J/K·mol）；绝对温度 T（25℃）；法拉第常数 F 为（96487C/mol）。将有关常数代入式（5-1），并取常用对数，25℃时

$$\varphi_{Ox/Red} = \varphi_{Ox/Red}^{\ominus} + \frac{0.059}{n} \lg \frac{a_{Ox}}{a_{Red}} \qquad (5-2)$$

在 25℃，当氧化还原反应中各组分都处于标准状态下，即分子或离子的活度等于

$1mol/L$ 或 $a_{Ox} = a_{Red} = 1mol/L$，如有气体参加反应，则其分压为 $101.325kPa$ 时，则 $\varphi^{\ominus}_{Ox/Red}$ 就是该电对的标准电极电位。

$$\varphi_{Ox/Red} = \varphi^{\ominus}_{Ox/Red}$$

$\varphi^{\ominus}_{Ox/Red}$ 的大小只与电对的本性及温度有关，在温度一定时为常数。

应该说明，能斯特方程只适用于可逆氧化还原电对（例如：I_2/I^-、Fe^{3+}/Fe^{2+} 等），可逆电对在反应的任一瞬间，能迅速建立起氧化还原平衡，其电极电位的实测值与由能斯特方程计算值完全一致。相反，不可逆电对（例如：$S_4O_6^{2-}/S_2O_3^{2-}$、$Cr_2O_7^{2-}/Cr^{3+}$、MnO_4^-/Mn^{2+}、$CO_2/C_2O_4^{2-}$、SO_4^{2-}/SO_3^{2-} 等）的电极电位的实测值与计算值差别较大。但是，对不可逆电对的电极电位尚没有更简便的理论公式计算方法，故仍用能斯特方程来计算不可逆电对的电极电位，这在实际工作中仍由相当高的参考价值。

我们在实际分析中，如果忽略离子强度的影响，以溶液中的实际浓度（$[Ox]/[Red]$）代替活度进行计算，则能斯特方程变为

$$\varphi_{Ox/Red} = \varphi^{\ominus}_{Ox/Red} + \frac{0.059}{n} \lg \frac{[Ox]}{[Red]}$$

Ox/Red 电对的电极电位越大，其氧化态的氧化能力越强；电对的电极电位越小，其还原态的还原能力越强。因此，根据有关电对的电极电位大小，可以判断氧化还原反应进行的方向，凡是电对的电极电位大的氧化态物质可以氧化电极电位小的还原态物质。例如：

$$2ClO_2 + 5Mn^{2+} + 6H_2O \Longrightarrow 5MnO_2 + 12H^+ + 2Cl^-$$

已知 $\varphi^{\ominus}_{ClO_2/Cl^-} = 1.95V$，$\varphi^{\ominus}_{MnO_2/Mn^{2+}} = 1.23V$

可见 $\varphi_{Ox/Red}$ 大的氧化态物质 ClO_2 的氧化能力强，$\varphi_{Ox/Red}$ 小的还原态物质 Mn^{2+} 还原能力强，上式反应向右进行。故在水处理中，可用 ClO_2 处理 Mn^{2+}，生成的 MnO_2 通过过滤除去。

二、条件电极电位

条件电极电位，它与络合反应中的条件稳定常数 $K'_稳$ 和稳定常数 $K_稳$ 关系相似，是考虑了外界因素的影响时的电极电位。

在实际工作中，溶液中的离子强度往往不能忽略。另外，当溶液组成改变时，电对的氧化态和还原态的存在型体又往往随之改变，从而引起电对的电极电位的变化。因此，在用能斯特方程计算有关电对的电极电位时，必须考虑离子强度和氧化态或还原态的存在型体这两个因素，否则还采用该电对的标准电极电位来计算，其结果就会与实际情况发生较大偏差。

例如，在 $Fe(Ⅲ)$ 和 $Fe(Ⅱ)$ 体系中，考虑离子强度的影响，以有效浓度即活度

$$a_{Fe^{3+}} = \gamma_{Fe^{3+}}[Fe^{3+}], \quad a_{Fe^{2+}} = \gamma_{Fe^{2+}}[Fe^{2+}]$$

代入式 $(5-2)$，则

$$\varphi_{Fe^{3+}/Fe^{2+}} = \varphi^{\ominus}_{Fe^{3+}/Fe^{2+}} + \frac{0.059}{n} \lg \frac{\gamma_{Fe^{3+}}[Fe^{3+}]}{\gamma_{Fe^{2+}}[Fe^{2+}]} \qquad (5-2a)$$

在 $Fe(Ⅲ)$ 和 $Fe(Ⅱ)$ 体系中，除了 Fe^{3+} 和 Fe^{2+} 型体外，还有 Fe^{3+} 和 Fe^{2+} 与溶剂和易于络合阴离子 Cl^- 发生反应而产生其多种型体，比如在 $1mol/L$ HCl 中，$Fe(Ⅲ)$ 除 Fe^{3+} 外，还有 $[Fe(OH)]^{2+}$、$[FeCl]^{2+}$、$[FeCl_2]^{2+}$ 等；$Fe(Ⅱ)$ 除了 Fe^{2+} 还有 $[FeOH]^+$、$[FeCl]^+$ 等，若用 $C_{Fe(Ⅲ)}$、$C_{Fe(Ⅱ)}$ 表示溶液中 Fe^{3+} 和 Fe^{2+} 的分析浓度即总浓度，则有

$$a_{Fe^{3+}} = \frac{C_{Fe(Ⅲ)}}{[Fe^{3+}]}, \quad [Fe^{3+}] = \frac{C_{Fe(Ⅲ)}}{a_{Fe^{3+}}}$$

和

$$a_{Fe^{2+}} = \frac{C_{Fe(II)}}{[Fe^{2+}]}, \quad [Fe^{2+}] = \frac{C_{Fe(II)}}{a_{Fe^{2+}}} \qquad (5-2b)$$

式中 $a_{Fe(III)}$ 和 $a_{Fe(II)}$ 分别是 HCl 溶液中 Fe^{3+} 和 Fe^{2+} 的副反应系数（与络合平衡中酸效应系数 $a_{Y(H)}$ 的关系类似）。

将式(5-2b)代入式(5-2a)得

$$\varphi_{Fe^{3+}/Fe^{2+}} = \varphi^{\ominus}_{Fe^{3+}/Fe^{2+}} + 0.059 \lg \frac{\gamma_{Fe^{3+}} a_{Fe^{2+}} C_{Fe(III)}}{\gamma_{Fe^{2+}} a_{Fe^{3+}} C_{Fe(II)}} \qquad (5-2c)$$

式(5-2c)即为考虑了上述两个因素后得能斯特方程。

但是通常溶液中得离子强度较大，活度系数得计算本身就很麻烦，况且有时 γ 值不易求得；当副反应很多时，求副反应系数值也很麻烦。为简化计算，将式(5-2c)变为

$$\varphi_{Fe^{3+}/Fe^{2+}} = \varphi^{\ominus}_{Fe^{3+}/Fe^{2+}} + 0.059 \lg \frac{\gamma_{Fe^{3+}} a_{Fe^{2+}}}{\gamma_{Fe^{2+}} a_{Fe^{3+}}} + 0.059 \lg \frac{C_{Fe(III)}}{C_{Fe(II)}}$$

$$= \varphi'^{\ominus}_{Fe^{3+}/Fe^{2+}} + 0.059 \lg \frac{C_{Fe(III)}}{C_{Fe(II)}} \qquad (5-2d)$$

式中

$$\varphi'^{\ominus}_{Fe^{3+}/Fe^{2+}} = \varphi^{\ominus}_{Fe^{3+}/Fe^{2+}} + 0.059 \lg \frac{\gamma_{Fe^{3+}} a_{Fe^{2+}}}{\gamma_{Fe^{2+}} a_{Fe^{3+}}} \qquad (5-2e)$$

一般通式为：

$$\varphi_{Ox/Red} = \varphi'^{\ominus}_{Ox/Red} + \frac{0.059}{n} \lg \frac{C_{Ox}}{C_{Red}} \qquad (5-3)$$

式中

$$\varphi'^{\ominus}_{Ox/Red} = \varphi^{\ominus}_{Ox/Red} + \frac{0.059}{n} \lg \frac{\gamma_{Ox} a_{Red}}{\gamma_{Red} a_{Ox}} \qquad (5-4)$$

称 $\varphi'^{\ominus}_{Ox/Red}$ 为条件电极电位，它是在特定条件下，氧化态和还原态的总浓度 $C_{Ox} = C_{Red} = 1mol/L$（如 $C_{Fe(III)} = C_{Fe(II)} = 1mol/L$）或 $C_{Ox}/C_{Red} = 1$（$C_{Fe(III)}/C_{Fe(II)} = 1$）时的实际电极电位，在条件不变时，为一常数。显然，条件电极电位 $\varphi'^{\ominus}$ 的大小与标准电极电位 $\varphi^{\ominus}$ 有关，因此当然也要受到温度的影响；与活度系数（γ）有关，因而又要受到离子强度的影响；$\varphi'^{\ominus}$ 还与副反应系数有关，因而也要受到溶液 pH 值、络合剂浓度等其他因素的影响。这些，与络合反应中的条件稳定常数 $K'_{稳}$ 与稳定常数 $K_{稳}$ 的关系相似。条件电极电位的大小表示在某些外界因素影响下氧化还原电对的实际氧化还原能力。在氧化还原反应中，引入条件电极电位之后，可以在一定条件下，直接通过实验测得 $\varphi'^{\ominus}$。

例 5-1 已知 $\varphi^{\ominus}_{Ag^+/Ag} = 0.80V$，AgCl 的 $K_{sp} = 1.8 \times 10^{-10}$，求 $\varphi'^{\ominus}_{AgCl/Ag}$。

解：因为溶液中有 Cl^- 存在，根据沉淀平衡得到：$[Ag^+] = \dfrac{K_{sp \cdot AgCl}}{[Cl^-]}$

故

$$\varphi_{Ag^+/Ag} = \varphi^{\ominus}_{Ag^+/Ag} + 0.059 \lg[Ag^+]$$

$$= \varphi^{\ominus}_{Ag^+/Ag} + 0.059(\lg K_{sp \cdot AgCl} - \lg[Cl^-])$$

当 $[Cl^-] = 1mol/L$ 时，相应的电位就是 AgCl/Ag 电对的条件电极电位。

$$\varphi'^{\ominus}_{Ag^+/Ag} = \varphi^{\ominus}_{Ag^+/Ag} + 0.059 \lg K_{sp \cdot AgCl}$$

$$= 0.80 + 0.059 \lg 1.8 \times 10^{-10}$$

$$= 0.22V$$

应用条件电极电位 $\varphi'^{\ominus}$ 更能正确地判断氧化还原反应的方向、次序和反应完成的程度。如果电解质浓度较低时，可用标准电极电位 $\varphi^{\ominus}$；电解质浓度较高时，用条件电极电位 $\varphi'^{\ominus}$，如水处理中，电解质浓度一般较高，要应用 $\varphi'^{\ominus}$。在附表中缺少相同条件下 $\varphi'^{\ominus}$ 值时，可采用条件相近的 $\varphi'^{\ominus}$ 值。例如，附表中查不到 1.5mol/L H_2SO_4 溶液中 Fe^{3+}/Fe^{2+} 电对的 $\varphi'^{\ominus}$ 值，可用 1mol/L H_2SO_4 溶液中该电对的 $\varphi'^{\ominus}=0.68V$ 代替，若采用 $\varphi'^{\ominus}=0.77V$，则误差更大。如果连条件相近的电极电位 $\varphi'^{\ominus}$ 也查不到，则只好用 $\varphi^{\ominus}$ 来代替 $\varphi'^{\ominus}$ 作近似计算了。

第二节　氧化还原反应进行的完全程度

在水分析化学中尤其水处理实践中，通常要求氧化还原反应进行得越完全越好，而反应得完全程度，由氧化还原反应得平衡常数得大小来判断。

一、氧化还原反应的平衡常数

氧化还原反应的平衡常数可根据能斯特方程从有关电对的标准电极电位或条件电极电位求得。

以氧化还原反应得通式来讨论这个问题。例如：

$$n_2\,Ox_1 + n_1\,Red_2 \Longrightarrow n_2\,Red_1 + n_1\,Ox_2$$

式中　Ox——氧化态物质；

　　　Red——还原态物质。

平衡常数

$$K=\dfrac{a_{Red_1}^{n_2}\cdot a_{Ox_2}^{n_1}}{a_{Ox_1}^{n_2}\cdot a_{Red_2}^{n_1}} \tag{5-5}$$

Ox_1/Red_1 与 Ox_2/Red_2 两个电对得半反应和电极电位分别表示如下：

$$Ox_1 + n_1e \Longrightarrow Red_1 \tag{5-5a}$$

$$\varphi_1 = \varphi_1^{\ominus} + \dfrac{0.059}{n_1}\lg\dfrac{a_{Ox_1}}{a_{Red_1}}$$

与

$$Ox_2 + n_2e \Longrightarrow Red_2 \tag{5-5b}$$

$$\varphi_2 = \varphi_2^{\ominus} + \dfrac{0.059}{n_2}\lg\dfrac{a_{Ox_2}}{a_{Red_2}}$$

反应达到平衡时，两电对的电极电位相等，$\varphi_1=\varphi_2$，

$$\varphi_1^{\ominus} + \dfrac{0.059}{n_1}\lg\dfrac{a_{Ox_1}}{a_{Red_1}} = \varphi_2^{\ominus} + \dfrac{0.059}{n_2}\lg\dfrac{a_{Ox_2}}{a_{Red_2}}$$

两边同乘以 $n_1\cdot n_2$，或乘以 n_1 与 n_2 的最小公倍数 n，整理后得

$$\lg K = \lg\left(\dfrac{a_{Red_1}^{n_2}\cdot a_{Ox_2}^{n_1}}{a_{Ox_1}^{n_2}\cdot a_{Red_2}^{n_1}}\right) = \dfrac{(\varphi_1^{\ominus}-\varphi_2^{\ominus})n_1\cdot n_2}{0.059}$$

或

$$\lg K = \dfrac{(\varphi_1^{\ominus}-\varphi_2^{\ominus})n}{0.059}$$

则

$$\lg K = \dfrac{(\varphi_1^{\ominus}-\varphi_2^{\ominus})n_1\cdot n_2}{0.059} \ 或\ \lg K = \dfrac{(\varphi_1^{\ominus}-\varphi_2^{\ominus})n}{0.059} \tag{5-6}$$

式中　K——氧化还原反应的平衡常数；

$\varphi_1^{\ominus}$ 与 $\varphi_2^{\ominus}$——两电对的标准电极电位；

n_1 与 n_2——氧化剂与还原剂半反应中的电子转移数；

n——n_1 和 n_2 的最小公倍数。

如果考虑溶液中各种副反应的影响，式(5-6)用条件电极电位 $\varphi'^{\ominus}$ 代替 $\varphi^{\ominus}$，则得条件平衡常数 K'，即

$$\lg K' = \frac{(\varphi_1'^{\ominus} - \varphi_2'^{\ominus})n_1 \cdot n_2}{0.059} \text{ 或 } \lg K' = \frac{(\varphi_1'^{\ominus} - \varphi_2'^{\ominus})n}{0.059} \tag{5-7}$$

其中

$$K' = \frac{C_{Red_1}^{n_2} C_{Ox_2}^{n_1}}{C_{Ox_1}^{n_2} C_{Red_2}^{n_1}}$$

显然，通过比较两个有关电对的标准电极电位 $\varphi^{\ominus}$ 或条件电极电位 $\varphi'^{\ominus}$ 的差值 $\Delta\varphi^{\ominus}$ 或 $\Delta\varphi'^{\ominus}$，便可由平衡常数 K 或条件平衡常数 K' 的大小来判断反应完成的程度。$\Delta\varphi^{\ominus}$ 或 $\Delta\varphi'^{\ominus}$ 越大，K 或 K' 越大，反应进行得越完全。在氧化还原滴定中，经常是在一定条件下进行的，且滴定剂和被滴定水样中物质的浓度均是以总浓度(C_{Red} 或 C_{Ox})表示的用比较两个电对的 $\varphi'^{\ominus}$，由 $\lg K'$ 来判断氧化还原反应的完全程度更符合实际。

二、计量点时，反应进行的程度

达到计量点时，根据平衡常数求得氧化态与还原态浓度的比值，用该比值表示氧化还原反应进行的完全程度。那么该比值多大，即 K 或 K' 有多大或 $\Delta\varphi$ 差值有多少时，反应才能定量进行完全呢？一般，满足滴定分析，应使反应完全程度达 99.9% 以上。这就要求在计算点时：

$$\frac{C_{Ox_1}}{C_{Red_1}} \leqslant 0.1\% = 10^{-3}, \quad \frac{C_{Ox_2}}{C_{Red_2}} \leqslant 0.1\% = 10^{-3}$$

对于 $n_1 = n_2 = 1$ 的反应则有

$$\lg K' = \lg\left(\frac{C_{Red_1}}{C_{Ox_1}}\right)\left(\frac{C_{Ox_2}}{C_{Red_2}}\right) \geqslant \lg (10^3 \times 10^3) = \lg 10^6 = 6$$

即

$$\lg K' \geqslant 6 \tag{5-8}$$

将式(5-8)代入式(5-7)得

$$\varphi_1'^{\ominus} - \varphi_2'^{\ominus} = \frac{0.059}{n_1 n_2}\lg K' \geqslant \frac{0.059}{1} \times 6 \approx 0.35V$$

即

$$\varphi_1'^{\ominus} - \varphi_2'^{\ominus} \geqslant 0.40V \tag{5-9}$$

凡满足 $\lg K' \geqslant 6$ 或 $\varphi_1'^{\ominus} - \varphi_2'^{\ominus} \geqslant 0.40V$ 条件的，反应才能定量完成，可用于氧化还原滴定分析。

对于 $n_1 \neq n_2$ 的反应，则有

$$\lg K' \geqslant 3(n_1 + n_2) \tag{5-10}$$

或

$$\varphi_1'^{\ominus} - \varphi_2'^{\ominus} \geqslant 3(n_1 + n_2) \times \frac{0.059}{n_1 \times n_2}$$

例 5-2 请判断在 pH = 12~13 条件下，采用局部氧化法，用次氯酸盐(ClO⁻)处理含氰(CN⁻)废水的效果如何？

解：用次氯酸盐(ClO⁻)处理CN⁻的主要反应如下：

$$ClO^- + CN^- + H_2O \rightleftharpoons CNCl + 2OH^- \qquad (5-11)$$

$$CNCl + 2OH^- \rightleftharpoons CNO^- + Cl^- + H_2O$$

其中两个半反应

$$ClO^- + H_2O + 2e \rightleftharpoons Cl^- + 2OH^-$$

$$\varphi^{\ominus}_{ClO^-/Cl^-} = 0.89V$$

$$CNO^- + H_2O + 2e \rightleftharpoons CN^- + 2OH^-$$

$$\varphi^{\ominus}_{CNO^-/CN^-} = -0.97V$$

则

$$\lg K' = \frac{[0.89 - (-0.97)]2 \times 2}{0.059}$$

$$\approx 126 > 6$$

$$K' = 10^{126}$$

说明CNO^-是CN^-的10^{126}倍，水中剧毒的CN^-几乎全部换成微毒的CNO^-。

应该说明，式(5-11)反应在任何 pH 条件下均能迅速完成。在酸性条件下，pH<8.5，就有释放出剧毒 CNCl 的危险；在碱性条件下，只要有足够的氧化剂，则 CNCl 会很快地水解转化成微毒的CNO^-，这种处理方法称为局部氧化法（或一级处理）。

局部氧化法生成的氰酸盐虽然毒性低，仅为氰(CN^-)的 1‰，但CNO^-易水解成NH_3。在实际含氰电镀废水处理中，常采用完全氧化法，这种方法是继局部氧化法后，再将生成的CNO^-进一步氧化成 N_2 和 CO_2(也称二级处理)，消除氰酸盐对环境的污染。

$$2NaCNO + 3HOCl \rightleftharpoons 2CO_2 + N_2 + 2NaCl + HCl + H_2O \qquad (5-11a)$$

如果一级处理中含残存的氯化氰，则也被进一步氧化破坏：

$$2CNCl + 3HOCl + H_2O \rightleftharpoons 2CO_2 + N_2 + 5HCl \qquad (5-11b)$$

完全氧化法的 pH 应控制在 6.0~7.0 之间，如果考虑电镀废水中重金属氢氧化物的沉淀去除，一般控制在 pH=7.5~8.0 为宜。

例 5-3　判断用氢气 H_2 处理含汞(Hg^{2+})废水的效果。

解：用氢气 H_2 处理含汞(Hg^{2+})废水的主要反应

$$H_2 + Hg^{2+} \rightleftharpoons Hg + 2H^+$$

其中两个半反应电对的电极电位分别为

$$\varphi^{\ominus}_{Hg^{2+}/Hg} = 0.854V$$

$$\varphi^{\ominus}_{H^+/H_2} = 0.00V$$

则

$$\lg K = \frac{0.854 \times 2}{0.059} = 28.6 > 6$$

$$K = 3.98 \times 10^{28}$$

可见，Hg^{2+}几乎全部转化成 Hg，说明处理效果很好。生成的汞(Hg)可以回收利用，某氯碱厂用此方法处理含汞废水，汞的回收率大于 95%，处理后水中汞含量小于 0.01ppm。

第三节　氧化还原反应的速度

氧化还原反应的速度与酸碱反应和络合反应相比，一般要慢得多。一个化学反应有时尽管从它们的电极电位和平衡常数看来，是能够进行并能够进行很完全的，但由于反应速度很慢，而没有实际意义。换言之，从化学平衡观点来看，有些氧化还原反应是可能的，但从动力学角度看反应速度极慢，以至实际上这个反应根本无法实现。因此，反应速度又是氧化还原反应能否实际应用的关键问题。

例如：水中的溶解氧：

$$O_2 + 4H^+ + 4e \Longrightarrow 2H_2O \qquad \varphi^{\ominus}_{O_2/H_2O} = 1.23V$$

其标准电极电位（$\varphi^{\ominus}_{O_2/H_2O} = 1.23V$）较高，应该是很容易氧化水中的一些较强的还原态物质如：

$$Sn^{4+} + 2e \Longrightarrow Sn^{2+} \qquad \varphi^{\ominus}_{Sn^{4+}/Sn^{2+}} = 0.15V$$

$$TiO^{2+} + 2H^+ + e \Longrightarrow Ti^{3+} + H_2O \qquad \varphi^{\ominus}_{TiO^{2+}/Ti^{3+}} = 0.10V$$

也就是说从溶解氧与后两者的电极电位看，Sn^{2+} 和 Ti^{3+} 是应该能够被 O_2 氧化成 Sn^{4+} 和 TiO^{2+} 的，这似乎表明 Sn^{2+} 和 Ti^{3+} 不可能在水中稳定存在。然而事实上，这些强还原剂（Sn^{2+}、Ti^{3+}）在水中却有着相当的稳定性，这主要是由于 O_2 与 Sn^{2+} 或 Ti^{3+} 之间的反应速度太慢所致。

氧化还原反应进行得较慢的主要原因是其反应机理比较复杂，使许多氧化还原反应中电子转移往往遇到各种阻力，如溶液中的溶剂分子和各种配位体的阻碍、物质之间的静电斥力的阻碍，以及由于氧化还原反应电子层结构和化学键性质及物质组成的改变造成的困难等等。另外，氧化还原反应往往不是基元反应，而是分步进行的，在一系列中间步骤中只要其中一步进行得比较慢，就会影响总的反应速度。由于有关氧化还原反应历程的研究比较复杂，有许多的真正历程到现在仍未搞清楚，且这方面的内容不属于课程内容，故不作深入讨论。应该指出，影响反应速度除了反应本身的性质即内因所决定外，还有反应的外部因素，例如反应物浓度、温度、催化剂等，也在很大程度上影响氧化还原反应的速度。这就要我们必须创造适宜条件，尽可能增加反应速度，以使一个氧化还原反应能用于滴定分析和水处理实践。

一、反应物浓度的影响

根据平衡移动原理，改变氧化剂或还原剂的浓度，使反应向所要求的方向进行。

例如：用亚硫酸盐还原法处理电镀含铬漂洗废水时，主要反应：

$$CrO_4^{2-} + 3SO_3^{2-} + 2H^+ \Longrightarrow Cr^{3+} + 3SO_4^{2-} + H_2O$$

电镀含铬漂洗废水中的 Cr（Ⅵ）的浓度一般在 20~100mg/L 范围内，而且废水一般在 pH 5 以上，多数以 CrO_4^{2-} 型体存在。由上述反应可知，一方面增加 Na_2SO_3 的浓度，可加快反应速度，平衡向生成 Cr^{3+} 方向移动，还原剂 Na_2SO_3 的理论用量为 $Na_2SO_3 : Cr（Ⅵ）= 4:1$（质量比），但用量不宜过大，否则既浪费药剂，也可能因生成 $[Cr_2(OH)_2SO_3]^{2-}$ 的副反应而沉淀不出来。另一方面，增加 H^+ 的浓度，在酸性条件下 Cr（Ⅵ）的还原反应速度块，一般要求控制溶液 pH 在 2.5~3.0 范围内。

当 Cr（Ⅵ）被 SO_3^{2-} 还原成之后（一般要求还原反应时间约为 30min），用 NaOH 中和至 pH=7~8，使 Cr^{3+} 生成 $Cr(OH)_3$ 氢氧化铬沉淀，然后过滤回收铬污泥。

$$Cr^{3+} + 3OH^- \Longrightarrow Cr(OH)_3 \downarrow$$

采用 NaOH 中和生成 $Cr(OH)_3$ 纯度较高，可以综合利用。

二、温度的影响

根据阿仑尼乌斯公式，可求得溶液得温度每升高 $10℃$，反应速度增加 $2\sim4$ 倍。温度的升高，不仅增加了反应物之间的碰撞几率，更重要的是增加了活化分子或活化离子的量，所以提高了反应速度。

例如：用高锰酸钾 $KMnO_4$ 滴定草酸 $H_2C_2O_4$ 的主要反应：

$$2MnO_4^- + 5C_2O_4^{2-} + 16H^+ \rightleftharpoons 2Mn^{2+} + 10CO_2 + 8H_2O$$

该反应在室温下不易进行，升温至 $80℃$ 时，反应便能加快到可进行滴定的速度。因此，用 $KMnO_4$ 滴定 $H_2C_2O_4$ 时，温度控制在 $75\sim85℃$ 之间。温度不能太高，如大于 $90℃$ 时，则 $H_2C_2O_4$ 易分解。

$$H_2C_2O_4 \rightleftharpoons CO_2 + CO + H_2O$$

应该指出，有些氧化还原反应速度虽然很慢，但也不能加热，如用 $K_2Cr_2O_7$ 为基准物质标定 $Na_2S_2O_3$ 时的主要反应：

$$Cr_2O_7^{2-} + 14H^+ + 6I^- \rightleftharpoons 2Cr^{3+} + 3I_2 + 7H_2O$$

$$2S_2O_3^{2-} + I_2 \rightleftharpoons S_4O_6^{2-} + 2I^-$$

对于这类反应，加热会使 I_2 挥发损失，只能提高 H^+ 的浓度，加快反应速度。

还有在用氧化还原反应滴定易被空气中的 O_2 氧化的还原性离子（如 Fe^{2+}、Sn^{2+} 等）时，也不要加热。否则，这些还原性离子易被空气中 O_2 氧化，引起误差。例如，用 $K_2Cr_2O_7$ 标准溶液标定硫酸亚铁铵 $(NH_4)_2Fe(SO_4)_2$ 的浓度时，主要反应：

$$Cr_2O_7^{2-} + 6Fe^{2+} + 14H^+ \rightleftharpoons 2Cr^{3+} + 6Fe^{3+} + 7H_2O$$

如果加热则 Fe^{2+} 易被 O_2 氧化成 Fe^{3+}。

三、催化剂的影响

（一）催化反应

加入催化剂，改变反应的历程，可降低反应的活化能，使反应速度加快。催化剂以循环方式参加反应，但最终并不改变其本身的状态和数量。例如，$KMnO_4$ 与 $C_2O_4^{2-}$ 的反应，即使加热，反应速度仍较小，但若加入 Mn^{2+}，则该反应的速度将大大提高。这里的 Mn^{2+} 就是催化剂，由于它的存在和参与改变了原来的反应历程。对其催化反应的机理，有不同的解释，但总的讲来，一般认为 MnO_4^- 与 $C_2O_4^{2-}$ 间的反应也是分步进行的，其反应机理可能是，在 $C_2O_4^{2-}$ 存在下，Mn^{2+} 被 MnO_4^- 氧化成 $Mn(Ⅲ)$，

$$MnO_4^- + 4Mn^{2+} + 5nC_2O_4^{2-} + 8H^+ \rightleftharpoons 5Mn(C_2O_4)_n^{(3-2n)}$$

而 $Mn(Ⅲ)$ 又与 $C_2O_4^{2-}$ 生成一系列络合物，$[$ 如 $Mn(C_2O_4)^+$、$Mn(C_2O_4)_2^-$、$Mn(C_2O_4)_3^{3-}$ 等 $]$，这些络合物再分解为 Mn^{2+} 与 CO_2，于是作为催化剂的 Mn^{2+} 又回复到原来的状态。

上述反应过程可简单表示如下：

$$Mn(Ⅶ) \xrightarrow{Mn^{2+}} Mn(Ⅵ) + Mn(Ⅲ)$$

$$Mn(Ⅵ) \xrightarrow{Mn^{2+}} Mn(Ⅳ) + Mn(Ⅲ)$$

$$Mn(Ⅳ) \xrightarrow{Mn^{2+}} Mn(Ⅲ)$$

$$Mn(Ⅲ) \xrightarrow{C_2O_4^{2-}} Mn(C_2O_4)_n^{(3-2n)} \longrightarrow Mn^{2+} + CO_2\uparrow$$

由于在酸性介质中 MnO_4^- 本身就被还原为 Mn^{2+}，所以在 $KMnO_4$ 与 $H_2C_2O_4$ 的反应中催化剂 Mn^{2+} 也可以由反应自身产生，这种由于反应产物本身所引起的催化作用叫做自身催化作用或自动催化。我们可以看到，用 $KMnO_4$ 标准溶液滴定 $H_2C_2O_4$ 溶液，开始滴入 $KMnO_4$ 的粉红色需 $1\sim2min$ 后才能退去，说明没有 Mn^{2+} 催化剂，反应进行得很慢，但此后，继续滴入 $KMnO_4$，退色明显加快，说明产生的 Mn^{2+} 起了催化作用。

利用催化反应加快反应速度在水质分析和水处理中有着广泛得用途。

例 5-4 给水处理中，用锰砂除铁，就是利用锰砂中的 MnO_2 能对水中 Fe^{2+} 的氧化反应起催化作用，从而大大加速了水中 Fe^{2+} 的氧化反应。新锰砂刚投入运行时，锰砂中的 MnO_2 首先被水中的溶解氧氧化成 7 价锰，7 价锰再将水中的 Fe^{2+} 氧化成 Fe^{3+}：

$$3MnO_2 + O_2 \longrightarrow MnO \cdot Mn_2O_7$$

$$MnO \cdot Mn_2O_7 + 4Fe^{2+} + 2H_2O \longrightarrow 3MnO_2 + 4Fe^{3+} + 4OH^-$$

这两个反应进行得都很快，所以大大加速了 Fe^{2+} 的氧化。这种靠天然锰砂中含有的 MnO_2 起催化作用的也称自身催化（有的称为本体催化）。

例 5-5 给水处理中，用锰砂除锰：MnO_2 也能对水中 Mn^{2+} 的氧化起催化作用，起反应式如下：

$$Mn^{2+} + MnO_2 \cdot H_2O + H_2O \longrightarrow MnO \cdot MnO_2 \cdot H_2O + 2H^+$$

$$MnO \cdot MnO_2 \cdot H_2O + H_2O + \frac{1}{2}O_2 \longrightarrow 2MnO_2 \cdot H_2O$$

第一个式子是离子交换吸附阶段，一般地下水的 pH 在 $5\sim8$ 之间，所以水合二氧化锰能够和水中的 Mn^{2+} 进行离子交换吸附，生成 $MnO \cdot MnO_2 \cdot H_2O$，其吸附的速度很快。而第二个式子是 Mn^{2+} 的氧化阶段，在将 MnO 氧化成 MnO_2 的过程中，原来的 MnO_2 获得再生。但是这个阶段的反应速度比吸附阶段的速度还是缓慢得多，因此是整个反应速度得控制阶段。

（二）诱导反应

由一个反应的发生，促进另一个反应进行的作用为诱导作用。例如，用 $KMnO_4$ 法测定水中 Fe^{2+} 时，必须在强酸性溶液中进行：

$$MnO_4^- + 5Fe^{2+} + 8H^+ \rightleftharpoons Mn^{2+} + 5Fe^{3+} + 8H_2O$$

如果测定反应在 HCl 溶液中进行，发现要消耗很多的 $KMnO_4$ 溶液，带来较大误差，这是由于 MnO_4^- 与 Cl^- 发生了如下反应：

$$2MnO_4^- + 10Cl^- + 16H^+ \rightleftharpoons 2Mn^{2+} + 5Cl_2 + 8H_2O$$

反应中生成的 Cl_2 从溶液中逸出。一般 MnO_4^- 与 Cl^- 的反应速度很慢，但是溶液中由于 Fe^{2+} 的存在，则 $KMnO_4$ 与 Fe^{2+} 的反应又加速了 $KMnO_4$ 与 Cl^- 的反应。其中 $KMnO_4$ 与 Fe^{2+} 的反应即为诱导反应。为了使 $KMnO_4$ 法测定水中的 Fe^{2+} 可以在稀 HCl 溶液中进行，可加入过量的 Mn^{2+}（如 $MnSO_4$），则 Mn^{2+} 能与 Mn（Ⅶ）迅速转变为 Mn（Ⅲ），而此时由于 Mn^{2+} 过量，故可降低电对 Mn^{3+}/Mn^{2+} 的电极电位，从而使 Mn（Ⅲ）只与 Fe^{2+} 起反应，而不与 Cl^- 起反应。这就避免了 $KMnO_4$ 对 Cl^- 的氧化作用。

通过有关影响氧化还原反应速度的因素讨论可知，只有适当选择和控制反应条件，才能使氧化还原反应按所需方向迅速地定量进行，这在水质和水处理工程实践中有重要意义。

第四节 氧化还原滴定曲线

氧化还原滴定曲线的形状与其他滴定曲线的形状相似，在计量点附近都有一个突跃。所不同的是氧化还原滴定过程中电对的电极电位随着被滴定物质的氧化态和还原态的浓度变化而变化。正是由于在滴定过程中氧化态和还原态物质浓度的改变，或者更确切地说是反应物地氧化态与还原态的比值的改变，才使电对的电极电位在计量点附近产生了突跃。以滴定剂的体积(或滴定百分数)为横坐标，以电对的电极电位为纵坐标绘制的曲线，即为氧化还原滴定曲线。

一、可逆氧化还原体系的滴定曲线

现以 1mol/L H_2SO_4 溶液中用 0.1000mol/L $Ce(SO_4)_2$ 标准溶液滴定 20.00ml 0.1000mol/L Fe^{2+} 溶液为例，讨论氧化还原滴定曲线的基本原理。

两个可逆电对 Ce^{4+}/Ce^{3+} 和 Fe^{3+}/Fe^{2+} 的半反应为

$$Ce^{4+} + e \longrightarrow Ce^{3+}$$
$$Fe^{3+} + e \longrightarrow Fe^{2+}$$

滴定反应是

$$Ce^{4+} + Fe^{2+} \rightleftharpoons Ce^{3+} + Fe^{3+}$$

滴定之前，溶液中 Fe^{2+} 与空气中的 O_2 作用，会有少量的 Fe^{3+} 存在，但由于 Fe^{3+} 的量极少，又不知 Fe^{3+} 的准确浓度，所以此时的电极电位无法计算。

但是滴定一旦开始，体系中就会同时有两个电对 Ce^{4+}/Ce^{3+} 和 Fe^{3+}/Fe^{2+} 存在。根据能斯特方程，两个电对的电极电位分别为

$$\varphi_{Fe^{3+}/Fe^{2+}} = \varphi'^{\ominus}_{Fe^{3+}/Fe^{2+}} + 0.059\lg\frac{C_{Fe^{3+}}}{C_{Fe^{2+}}}, \quad \varphi'^{\ominus}_{Fe^{3+}/Fe^{2+}} = 0.68V \qquad (5-12)$$

$$\varphi_{Ce^{4+}/Ce^{3+}} = \varphi'^{\ominus}_{Ce^{4+}/Ce^{3+}} + 0.059\lg\frac{C_{Ce^{4+}}}{C_{Ce^{3+}}}, \quad \varphi'^{\ominus}_{Ce^{4+}/Ce^{3+}} = 1.44V \qquad (5-13)$$

在滴定过程中，体系达到平衡时，两个电对的电极电位相等，即 $\varphi_{Fe^{3+}/Fe^{2+}} = \varphi_{Ce^{4+}/Ce^{3+}}$。因此，溶液中各平衡点的电极电位可以选择其中比较方便的公式或同时利用上述两个公式来进行计算。

(1) 滴定开始至计量点前

此时滴入的 Ce^{4+} 几乎全部转化为 Ce^{3+}，$C_{Ce^{3+}}$ 极小，不易求得，所以不宜采用 Ce^{4+}/Ce^{3+} 电对的公式(5-13)，而应采用 Fe^{3+}/Fe^{2+} 电对的公式(5-12)来计算 φ 值。

例如：滴入 1.00ml $Ce(SO_4)_2$ 时，

形成的 Fe^{3+} 物质量 = 1.00×0.1000 = 0.100mmol

剩余的 Fe^{2+} 物质的量 = (20.00-1.00)×0.1000 = 1.900mmol

此时，$\varphi_{Fe^{3+}/Fe^{2+}} = 0.68 + 0.059\lg\frac{0.100}{1.900} = 0.61V$

当滴入 19.98mL $Ce(SO_4)_2$ 时

形成的 Fe^{3+} 物质的量 = 19.98×0.1000 = 1.998mmol

剩余的 Fe^{2+} 物质的量 = (20.00-19.98)×0.1000 = 0.002mmol

此时 $\varphi_{Fe^{3+}/Fe^{2+}} = 0.68 + 0.059 lg \dfrac{1.998}{0.002} = 0.86V$

如此，可逐一计算计量点之前任一体积的 0.1000mol/L Ce(SO₄)₂ 溶液时的 φ 值。所得结果列入表 5-1。

(2) 计量点时

此时 Ce^{4+} 和 Fe^{2+} 都已全部定量反应完毕，它们的浓度都很小，且不易求得，因此单独用 Fe^{3+}/Fe^{2+} 电对或 Ce^{4+}/Ce^{3+} 电对的能斯特方程都无法求得 φ 值，可将两电对的方程式[即式(5-12)和式(5-13)]相加求得。

$$2\varphi_{sp} = (\varphi'^{\ominus}_{Fe^{3+}/Fe^{2+}} + \varphi'^{\ominus}_{Ce^{4+}/Ce^{3+}}) + 0.059 lg \dfrac{C_{Fe^{3+}\cdot sp} \cdot C_{Ce^{4+}\cdot sp}}{C_{Fe^{2+}\cdot sp} \cdot C_{Ce^{3+}\cdot sp}} \qquad (5-14)$$

计量点时，滴入的 Ce^{4+} 的物质的量与 Fe^{2+} 的物质的量相等，则有

$$C_{Ce^{3+}\cdot sp} = C_{Fe^{3+}\cdot sp}$$
$$C_{Ce^{4+}\cdot sp} = C_{Fe^{2+}\cdot sp}$$

于是

$$\dfrac{C_{Fe^{3+}\cdot sp} \cdot C_{Ce^{4+}\cdot sp}}{C_{Fe^{2+}\cdot sp} \cdot C_{Ce^{3+}\cdot sp}} = 1$$

故

$$\varphi_{sp} = \dfrac{(\varphi'^{\ominus}_{Fe^{3+}/Fe^{2+}} + \varphi'^{\ominus}_{Ce^{4+}/Ce^{3+}})}{2}$$
$$= \dfrac{0.68 + 1.44}{2}$$
$$= 1.06V$$

(3) 计量点后

溶液中 Fe^{2+} 在计量点时就几乎全部被氧化成 Fe^{3+}，$C_{Fe^{2+}}$ 极小不易求得。因此计量点之后，Ce^{4+} 过量，只能采用 Ce^{4+}/Ce^{3+} 电对的公式(5-13)来求得 φ 值。

$$\varphi_{Ce^{4+}/Ce^{3+}} = \varphi'^{\ominus}_{Ce^{4+}/Ce^{3+}} + 0.059 lg \dfrac{C_{Ce^{4+}}}{C_{Ce^{3+}}}$$

如滴入 20.02mL Ce(SO₄)₂ 时，

过量的 Ce^{4+} 物质的量 = (20.02-20.00)×0.1000 = 0.002mmol
生成的 Ce^{3+} 物质的量 = 20.00×0.1000 = 2.00mmol

则

$$\varphi_{Ce^{4+}/Ce^{3+}} = 1.44 + 0.059 lg \dfrac{0.002}{2.00} = 1.263V$$

同样，继续滴入 Ce(SO₄)₂ 溶液，分别求得对应的 $\varphi_{Ce^{4+}/Ce^{3+}}$，一并列入表 5-1。

总之，随着滴定剂[Ce(SO₄)₂]的不断加入，氧化态或还原态的浓度逐渐变化，其电对的电极电位液随之不断变化。以电对的电极电位为纵坐标，以滴定剂 Ce^{4+} 标准溶液的加入量(体积或滴定百分数)为横坐标，绘制曲线即为氧化还原滴定曲线(见图 5-1)。

从表 5-1 和图 5-1 可见，在计量点附近前后只滴入 1 滴 Ce(SO₄)₂，电对的电极电位却从 0.86V 突变到 1.263V，称 0.86~1.263V 为突跃范围。

氧化还原滴定曲线不仅可由能斯特方程计算求得，也可以实验测定求得。一般对可逆对称型氧化还原体系，理论计算与实测的滴定曲线相符，但对有不可逆氧化还原电对参加的反应，理论计算与实测的滴定曲线常有差别。

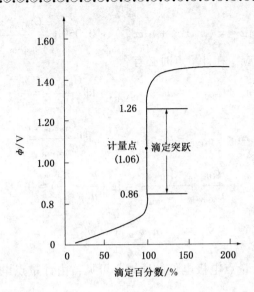

图 5-1　0.1000mol/L Ce^{4+} 滴定 0.1000mol/L Fe^{2+} 的滴定曲线

表 5-1　0.1000mol/L Ce^{4+} 滴定 0.1000mol/L Fe^{2+} 溶液的电极电位变化（1mol/L H_2SO_4 溶液中）

加入 Ce^{4+} 的量/mL	滴定百分数/%	$\dfrac{C_{Ox}}{C_{Red}}$	电极电位 φ/V
		$C_{Fe^{3+}}/C_{Fe^{2+}}$	
2.00	9	0.1	0.62
10.00	50	1	0.68
18.00	91	10	0.74
19.80	99	100	0.80
19.98	99.9	1000	0.86 ⎫
20.00	100	$C_{Ce^{4+}}/C_{Ce^{3+}}$	1.06 ⎬ 突跃
20.02	100.1	0.001	1.26 ⎭
20.20	101	0.01	1.32
22.00	110	0.1	1.38
40.00	200	1	1.44

二、计量点时的电极电位 φ_{sp}

在氧化还原滴定曲线中，最重要的当然是计量点电极电位 φ_{sp} 的计算。为了便于应用，这里推导计算 φ_{sp} 的通式。

令滴定反应：

$$n_2\,Ox_1 + n_1\,Red_2 \rightleftharpoons n_2\,Red_1 + n_1\,Ox_2$$

设两电对均为可逆电对，计量点时

$$\varphi_{sp} = \varphi'^{\ominus}_1 + \frac{0.059}{n_1}\lg\frac{C_{Ox_1\cdot sp}}{C_{Red_1\cdot sp}} \qquad (5-14a)$$

$$\varphi_{sp} = \varphi'^{\ominus}_2 + \frac{0.059}{n_2}\lg\frac{C_{Ox_2\cdot sp}}{C_{Red_2\cdot sp}} \qquad (5-14b)$$

由式(5-14a)×n_1+式(5-14b)×n_2 得

$$(n_1 + n_2)\varphi_{sp} = (n_1\varphi_1'^{\ominus} + n_2\varphi_2'^{\ominus}) + 0.059\lg\frac{C_{Ox_1 \cdot sp} \cdot C_{Ox_2 \cdot sp}}{C_{Red_1 \cdot sp} \cdot C_{Red_2 \cdot sp}}$$

对于可逆、对称的反应，在计量点时必有

$$n_1 \cdot C_{Red_1 \cdot sp} = n_2 \cdot C_{Ox_2 \cdot sp}, \quad 即 \frac{C_{Red_1 \cdot sp}}{C_{Ox_2 \cdot sp}} = \frac{n_2}{n_1}$$

$$n_1 \cdot C_{Ox_1 \cdot sp} = n_2 \cdot C_{Red_2 \cdot sp}, \quad 即 \frac{C_{Ox_1 \cdot sp}}{C_{Red_2 \cdot sp}} = \frac{n_2}{n_1}$$

于是

$$\lg\frac{C_{Ox_1 \cdot sp} \cdot C_{Ox_2 \cdot sp}}{C_{Red_1 \cdot sp} \cdot C_{Red_2 \cdot sp}} = \lg\left(\frac{n_1}{n_2} \cdot \frac{n_2}{n_1}\right) = 0$$

所以

$$\varphi_{sp} = \frac{n_1\varphi_1'^{\ominus} + n_2\varphi_2'^{\ominus}}{n_1 + n_2} \tag{5-15}$$

式(5-15)就是计算计量点电极电位的通式。可见，由计量点电极电位通式可知，只有当 $n_1 = n_2$ 时，才有

$$\varphi_{sp} = \frac{\varphi_1'^{\ominus} + \varphi_2'^{\ominus}}{2} \tag{5-16}$$

此时化学计量点刚好处于滴定突跃的中央，例如 $Ce(SO_4)_2$ 滴定 Fe^{2+} 的溶液中，由于 $n_1 = n_2 = 1$，故 $\varphi_{sp} = 1.06V$ 恰好在 $0.86 \sim 1.26V$ 的正中间，此时，滴定终点与计量点一致。

氧化还原滴定中，可用指示剂或电位滴定法来确定滴定终点。电位滴定法通常以滴定曲线中突跃部分的中点作为滴定终点，而指示剂确定滴定终点，是以指示剂的变色电位为终点，故可能与计量点电位不一致。

由表5-1和图5-1可见，用氧化剂滴定还原剂时，如果有关电对均为可逆(如 Ce^{4+} 滴定 Fe^{2+})，则滴定百分数为 50 处的电极电位，是还原剂电对的条件电极电位(如 $\varphi_{Fe^{3+}/Fe^{2+}}'^{\ominus} = 0.68V$)；滴定百分数为 200 处的电极电位，则是氧化剂电对的条件电极电位(如 $\varphi_{Ce^{4+}/Ce^{3+}}'^{\ominus} = 1.44V$)，这两个条件电极电位的相差越大，滴定突跃也越大。

计量点电极电位的计算公式只适用于可逆氧化还原体系，参加滴定反应的两个电对都是对称电对的情况。所谓对称电对，是指该电对的半反应式中，氧化态与还原态的系数相等的电对，如 Ce^{4+}/Ce^{3+}，Fe^{3+}/Fe^{2+} 等。可以看出，只有当 $n_1 = n_2$ 时，滴定终点才与计量点一致，且计量点处于突跃范围的正中。

当由不可逆电对参加氧化还原反应时，计量点电极电位有另外的计算公式，其推导方法类似可逆氧化还原体系，这里不再推导。此时，有关电对的半反应式中，氧化态与还原态的系数不相等，且 $n_1 \neq n_2$，计量点电极电位偏向 n 值较大的电对一方。

例如：在 $1mol/L\ H_2SO_4$ 溶液中用 MnO_4^- 滴定 Fe^{2+} 时，其计量点电极电位可按式(5-15)做近似计算。

已知

$$\varphi_{Fe^{3+}/Fe^{2+}}'^{\ominus} = 0.68V, \quad \varphi_{MnO_4^-/Mn^{2+}}'^{\ominus} = 1.45V$$

$$n_2 = 1 \qquad\qquad n_1 = 5$$

$$\varphi_{sp} = \frac{n_1\varphi_1'^{\ominus} + n_2\varphi_2'^{\ominus}}{n_1 + n_2} = \frac{5 \times 1.45 + 1 \times 0.68}{5 + 1} = 1.32V$$

可见，$\varphi_{sp} = 1.32V$，靠近 MnO_4^-/Mn^{2+} 电对一侧，在突跃范围的上方而不在下方。

第五节　氧化还原指示剂

在氧化还原滴定中，能够指示在计量点附近颜色变化的物质被称为氧化还原指示剂。根据指示剂的性质可分为以下几类：

一、自身指示剂

利用滴定剂或被滴定液本身的颜色变化来只是滴定终点到达，这种滴定剂或被滴定物质起指示剂的作用，因此叫自身指示剂。

例如：在$KMnO_4$法中，用MnO_4^-在酸性溶液中滴定无色或浅色的还原性物质时，计量点之前，滴入的MnO_4^-全部被还原为无色的Mn^{2+}，整个溶液仍保持无色或浅色。达到计量点时，水中还原性物质已全部被氧化，再过量1滴MnO_4^-（$2\times10^{-6}mol/L$的MnO_4^-），溶液立即由无色或浅色变为稳定的浅红色，指示已达滴定终点，$KMnO_4$就是自身指示剂。

二、专属指示剂

专属指示剂本身并没有氧化还原性质，但它能与滴定体系中的氧化态或还原态物质结合产生特殊颜色，而只是滴定终点。

例如：可溶性淀粉溶液本身无色，在氧化还原滴定中也不发生氧化还原反应，常用于碘量法中作专属指示剂。像用硫代硫酸钠$Na_2S_2O_3$滴定I_2时，在计量点前，它与溶液中碘结合，生成深蓝色的化合物，溶液中I_2的浓度为$5\times10^{-6}mol/L$时，即能看到蓝色，反应极为灵敏。达到计量点时，溶液中的I_2全部被还原为I^-，溶液的深蓝色立即消失，指示滴定终点。

又如：在酸性溶液中用Fe^{3+}滴定Sn^{2+}时，可用KSCN作专属指示剂。计量点前，滴入的Fe^{3+}被Sn^{2+}还原为Fe^{2+}，溶液无色；计量点时，稍过量的Fe^{3+}便与SCN^-反应生成$Fe(SCN)^{2+}$红色络合物，指示已达滴定终点。

三、氧化还原指示剂

这类指示剂是其本身具有氧化还原性质的有机化合物。在氧化还原滴定中，这种指示剂也发生氧化还原反应，且氧化态和还原态的颜色不同，利用指示剂由氧化态变为还原态或还原态变为氧化态的颜色突变，来指示滴定终点。

（一）氧化还原指示剂的变色范围

令氧化还原指示剂的半反应为

$$In(Ox) + ne \Longrightarrow In(Red)$$

式中$In(Ox)$为氧化态，$In(Red)$为还原态，二者颜色不同。在滴定过程中，指示剂的氧化态与还原态浓度随着溶液中氧化还原电对的电极电位的变化而变化，因而溶液的颜色也改变。该电对的电极电位：

$$\varphi = \varphi'^{\ominus}_{In(Ox)/In(Red)} + \frac{0.059}{n}\lg\frac{C_{In(Ox)}}{C_{In(Red)}}$$

当$C_{In(Ox)}/C_{In(Red)} \geqslant 10$时，溶液呈现氧化态的颜色，此时$\varphi \geqslant \varphi'^{\ominus}_{In(Ox)/In(Red)} + 0.059/n$；

当$C_{In(Ox)}/C_{In(Red)} \leqslant 1/10$时，溶液呈现还原态的颜色，此时$\varphi \leqslant \varphi'^{\ominus}_{In(Ox)/In(Red)} - 0.059/n$；

当$10 \geqslant C_{In(Ox)}/C_{In(Red)} \geqslant 1/10$时，能观察到明显的颜色变化，因此，氧化还原指示剂的理论变色范围为

$$\varphi'^{\ominus}_{\text{In(Ox)/In(Red)}} \pm 0.059/n \tag{5-17}$$

指示剂的理论变色电极电位是 $\varphi'^{\ominus}_{\text{In(Ox)/In(Red)}}$。

(二) 氧化还原指示剂的选择

选择氧化还原指示剂时应使指示剂的变色电位在滴定的电位突跃范围内，且尽量使指示剂的变色电位($\varphi'^{\ominus}_{\text{In}}$)与计量点电位($\varphi_{\text{sp}}$)一致或接近。(见表 5-2)

例如：在酸性溶液中，用 Ce^{4+} 滴定 Fe^{2+} 时，滴定曲线的突跃范围为 0.86～1.26V，计量点电位 $\varphi_{\text{sp}}=1.06V$，所以最好选用邻二氮菲亚铁($\varphi'^{\ominus}_{\text{In}}=1.06V$)或邻苯氨基苯甲酸($\varphi'^{\ominus}_{\text{In}}=1.08V$)为指示剂，其滴定误差小于 0.1%，如果选用二苯胺磺酸钠($\varphi'^{\ominus}_{\text{In}}=0.84V$)为指示剂，其滴定误差大于 0.1%，再滴定至终点时，所选用的这些指示剂均有明显的颜色变化。应该指出，如果滴定剂或被滴定物质有色时，滴定观察到的是与指示剂的混合色，这就要求，在计量点前后，所选用的指示剂必须仍有明显的颜色变化。

表 5-2　几种常用氧化还原指示剂

指示剂	$\varphi_{\text{sp}}/V([H^+]=1mol/L)$	颜色 氧化态	颜色 还原态	指示剂溶液
甲基蓝	0.53	蓝绿	无色	0.05%水溶液
二苯胺	0.76	紫	无色	0.1%浓 H_2SO_4 溶液
二苯胺磺酸钠	0.84	紫红	无色	0.05%水溶液
羊毛红罂 A	1.00	橙红	黄绿	0.1%水溶液
邻二氮菲亚铁	1.06	浅蓝	红	0.025mol/L 水溶液
邻苯氨基苯甲酸	1.08	紫红	无色	0.1%Na_2CO_3 溶液
硝基邻二氮菲亚铁	1.25	浅蓝	紫红	0.025mol/L 水溶液

(三) 常用的两种指示剂

邻二氮菲亚铁，又叫试亚铁灵或邻菲啰啉亚铁离子。其分子式 $Fe(C_{12}H_8N_2)_3^{2+}$，可用 $Fe(phen)_3^{2+}$ 表示(phen 代表邻二氮菲)。它是由邻二氮菲与 Fe^{2+} 生成的络合离子 $Fe(phen)_3^{2+}$，该络合物常被用作氧化还原滴定的指示剂，其氧化态为浅蓝色，还原态为红色，颜色变化明显。反应过程如下：

$$Fe(phen)_3^{2+} - e \Longleftrightarrow Fe(phen)_3^{3+}$$
$$\text{红色} \qquad\qquad \text{浅蓝色}$$

由于这种指示剂的条件电极电位较高($\varphi'^{\ominus}_{\text{In}}=1.06V$)，特别适用于滴定剂为强氧化剂时的滴定。经常用于强氧化剂滴定 Fe^{2+} 的含量，终点由红色变为浅蓝色。相反，用 $K_2Cr_2O_7$ 法测定水中化学需氧量 COD 时，用 $(NH_4)_2Fe(SO_4)_2$ 标准溶液返滴定剩余的 $K_2Cr_2O_7$ 时，如以邻二氮菲亚铁为指示剂，滴定至终点时溶液则由浅蓝色变为红色。

邻二氮菲亚铁离子还常作显色剂，测定水中的含量以及铜合金、纯锌和锌合金中的铁。

邻二氮菲亚铁一般配成 0.025mol/L 水溶液，按化学计量称取邻二氮菲亚铁溶于 0.025mol/L $FeSO_4$ 溶液中即可，可稳定一年以上。

二苯胺磺酸钠，其分子式 $C_{12}H_{10}O_3NSNa$，白色片状晶体，易溶于水，也是常用的氧化还原指示剂之一。在酸性溶液中（$[H^+]=0.1mol/L$），条件电极电位 $\varphi'^{\ominus}_{In}=0.84V$，其氧化态为紫红色，还原态为无色。反应过程如下：

（1） $2^-O_3S-\langle\text{苯环}\rangle-NH-\langle\text{苯环}\rangle-2e$

（二苯胺磺酸）

↓氧化剂

$^-O_3S-\langle\text{苯环}\rangle-NH-\langle\text{苯环}\rangle-\langle\text{苯环}\rangle-NH-SO_3^-+2H^+$

（二苯联苯胺磺酸）

（无色）

（2） $^-O_3S-\langle\text{苯环}\rangle-NH-\langle\text{苯环}\rangle-\langle\text{苯环}\rangle-NH-SO_3^--2e$

（二苯联苯胺磺酸）

⇅ 还原剂 ‖ 氧化剂

$^-O_3S-\langle\text{苯环}\rangle-NH^+=\langle\text{环}\rangle=\langle\text{环}\rangle=NH^+-\langle\text{苯环}\rangle-SO_3^-$

（二苯联苯胺磺酸紫）

（紫红色）

可见，在酸性溶液中，二苯胺磺酸钠首先被强氧化剂氧化为无色的二苯联苯胺磺酸，再进一步氧化为紫红色的二苯联苯胺磺酸紫。

该指示剂用于 $K_2Cr_2O_7$ 滴定 Fe^{2+} 的含量，滴定至终点时溶液由无色变为紫红色。相反，用 Fe^{2+} 标准溶液滴定 $Cr_2O_7^{2-}$、Ce^{4+}、VO_3^- 等氧化剂时，以二苯胺磺酸钠为指示剂，则滴定至终点时溶液由紫红色变为无色。

第六节 高锰酸钾法

氧化还原滴定法，根据使用滴定剂的种类不同又可分为高锰酸钾法、重铬酸钾法、碘量法、溴酸钾法、硫酸铈法和亚硝酸钠法等。在水质分析中，经常采用的是高锰酸钾法、重铬酸钾法、碘量法和溴酸钾法。下面首先介绍高锰酸钾法。

高锰酸钾法（Potassium Permanganate Process，Permanganimetric Method）：以高锰酸钾 $KMnO_4$ 当滴定剂的方法。该方法主要用于测定水中高锰酸盐指数，它是水质污染的重要指标之一。

一、高锰酸钾的强氧化性

高锰酸钾化学式 $KMnO_4$，暗紫色菱柱状闪光晶体，易溶于水，它的水溶液具有强氧化性，遇还原剂时反应产物视溶液的酸碱性而有差异。

（一）在强酸溶液中

MnO_4^- 获得 5mol 电子，被还原为 Mn^{2+}，表现为强氧化剂性质。半反应式为：

$$MnO_4^- + 8H^+ + 5e \rightleftharpoons Mn^{2+} + 4H_2O$$

$$\varphi^{\ominus}_{MnO_4^-/Mn^{2+}} = 1.51V$$

在不同的酸溶液中 $\varphi'^{\ominus}$ 不同，如在 1mol $HClO_4$ 溶液中 $\varphi'^{\ominus}=1.45V$，在 4.5~7.5 mol/L H_2SO_4 溶液中 $\varphi'^{\ominus}=1.49\sim1.50V$，在 8mol/L H_3PO_4 溶液中 $\varphi'^{\ominus}=1.27V$。MnO_4^- 在强酸条件下，氧化能力强，一般在强酸溶液中使用。例如，MnO_4^- 在酸性溶液中可以将 $H_2C_2O_4$ 氧化成 CO_2，常用 $H_2C_2O_4$ 或 $Na_2C_2O_4$ 标定 $KMnO_4$ 标准溶液的浓度。

(二) 在弱酸性、中性或者弱碱性溶液中

MnO_4^- 获得 3mol 电子，被还原为 MnO_2，半反应式为

$$MnO_4^- + 2H_2O + 3e \rightleftharpoons MnO_2 + 4OH^-$$

$$\varphi^{\ominus'}_{MnO_4^-/MnO_2} = 0.588V$$

在碱性条件下，MnO_4^- 可与许多有机物反应。例如，MnO_4^- 可氧化肼(又称联胺，NH_2NH_2)为 N_2，肼是火箭推进剂，极毒又易爆炸；还可与许多还原性无机物反应，例如，MnO_4^- 可以氧化 SO_3^{2-}、$S_2O_3^{2-}$、S^{2-} 等。

(三) 在大于 2mol/L 的强碱性溶液中 MnO_4^- 获得 1mol 电子，被还原为锰酸盐 $Mn_2O_4^-$(绿色)，半反应式为

$$MnO_4^- + e \rightleftharpoons MnO_4^{2-}$$

$$\varphi^{\ominus'}_{MnO_4^-/MnO_4^{2-}} = 0.564V$$

利用这一反应，常用于测定有机物，如甲酸、甲醛、苯酚、甘油、酒石酸、柠檬酸和葡萄糖等，这些有机物一般被氧化成 CO_3^{2-}。例如将甲酸和甲醇与过量的碱性 $KMnO_4$ 标准溶液反应：

$$HCOO^- + 2MnO_4^- + 3OH^- \rightleftharpoons CO_3^{2-} + 2MnO_4^{2-} + 2H_2O$$

$$CH_3OH + 6MnO_4^- + 8OH^- \rightleftharpoons CO_3^{2-} + 6MnO_4^{2-} + 6H_2O$$

待反应完成后，将溶液酸化，用 $C_2O_4^{2-}$ 标准溶液滴定剩余的 MnO_4^-，根据 MnO_4^- 和 $C_2O_4^{2-}$ 的量求出水中有机物的含量。

因此，常利用 $KMnO_4$ 的强氧化性，可做滴定剂，并可根据水样中被滴定物质的性质采用不同的方法。

二、高锰酸钾法的滴定方式

(一) 直接滴定法

许多还原性物质，如 Fe^{2+}、As(Ⅲ)、Sb^{3+}、H_2O_2、$C_2O_4^{2-}$、NO_2^- 等，可以用 $KMnO_4$ 标准溶液直接滴定，计量点时，MnO_4^- 本身红色不消失，利用 MnO_4^- 本身的颜色指示滴定终点。

(二) 返滴定法

有些氧化性物质不能用 $KMnO_4$ 直接滴定，可以用返滴定法。例如测定锰矿砂中的 MnO_2 含量时，可以在 H_2SO_4 溶液中加入一定量过量的 $Na_2C_2O_4$ 标定溶液，待 MnO_2 与 $C_2O_4^{2-}$ 完全反应后，用 $KMnO_4$ 标准溶液返滴定剩余的 $C_2O_4^{2-}$。计量点时，稍微过量的 MnO_4^- 呈红色，指示滴定终点到达。根据 $KMnO_4$ 和 $Na_2C_2O_4$ 标准溶液的浓度和用量，求出锰矿砂中 MnO_2 的含量。滴定中主要反应有：

$$MnO_2 + C_2O_4^{2-} + 4H^+ == Mn^{2+} + 2CO_2\uparrow + 2H_2O$$

(过量)

$$2MnO_4^- + 5C_2O_4^{2-} + 16H^+ == 2Mn^{2+} + 10CO_2\uparrow + 8H_2O$$

(剩余)

（三）间接滴定法

某些非氧化还原性物质，不能用$KMnO_4$溶液直接滴定或者返滴定，但可以用间接滴定法测定。例如，测定水中的Ca^{2+}，首先加入过量的$Na_2C_2O_4$，生成CaC_2O_4沉淀（$K_{sp \cdot CaC_2O_4} = 2.3 \times 10^{-9}$），过滤之后，沉淀用稀$H_2SO_4$溶解，最后用$KMnO_4$标准溶液滴定沉淀溶解后的$C_2O_4^{2-}$。根据$KMnO_4$标准溶液的浓度和消耗量，间接求出水中的$Ca^{2+}$的含量。其主要反应为：

$$Ca^{2+} + C_2O_4^{2-} \Longleftrightarrow CaCO_3 \downarrow$$
$$（过量） \quad \Updownarrow H^+$$
$$H_2C_2O_4$$
$$(K_{a_2} = 6.4 \times 10^{-5})$$

MnO_4^-与$C_2O_4^{2-}$的反应同前。

可见，凡是能与$C_2O_4^{2-}$定量的沉淀为草酸盐的金属离子，如Sr^{2+}、Ba^{2+}、Cd^{2+}、Zn^{2+}、Cu^{2+}、Ni^{2+}、Pb^{2+}、Hg^{2+}、Ag^+、Bi^{3+}、Ce^{3+}、La^{3+}等都能用同样的方法测定。

高锰酸钾的优点是氧化能力强，且可做自身的氧化还原指示剂（2×10^{-6} mol/L $KMnO_4$溶液即可显示出粉红色）。然而$KMnO_4$的强氧化性又给它带来一些缺点：

① 选择性较差，干扰较多。

② $KMnO_4$标准溶液不稳定，$KMnO_4$易于水中的有机物或空气中尘埃、氨等还原性物质作用，还能自行分解。

$$4KMnO_4 + 2H_2O \Longrightarrow 4MnO_2 \downarrow + 3O_2 \uparrow + 4KOH$$

分解的速度随溶液的pH值而改变，在中性溶液中分解，但Mn^{2+}和MnO_2的存在能加速其分解，见光时分解更快。因此，应用$KMnO_4$标准溶液时要注意：

① $KMnO_4$标准溶液应保存在暗处，使用之前一定要标定。

② $KMnO_4$标准溶液不得在滴定管中保存，否则，易自行分解或光化学分解，使滴定管壁沉积MnO_2，使滴定管体积发生改变，同时还使$KMnO_4$标准溶液本身浓度发生变化。

③ 用$KMnO_4$标准溶液滴定时，所用酸、碱或蒸馏水不得含有还原性物质。

三、$KMnO_4$标准溶液的配制与标定

（一）$KMnO_4$标准溶液的配制

$KMnO_4$试剂中常含有少量的MnO_2和痕量的Cl^-、SO_3^{2-}或NO_2^-等，而且蒸馏水中常会有微量的还原性物质，它们与MnO_4^-反应而析出MnO_2沉淀，故不能用$KMnO_4$试剂直接配制标准溶液。通常先配制一近似浓度的溶液，然后在进行标定。配制方法如下：

① 称取稍多于理论量的$KMnO_4$固体，溶解在一定体积的蒸馏水中。例如配制0.1000mol/L（1/5 $KMnO_4$ = 0.1000mol/L）时，首先称取$KMnO_4$试剂3.3～3.5g［1mol（1/5 $KMnO_4$）约为32g $KMnO_4$］，用蒸馏水溶解并稀释至1L。将配置好的$KMnO_4$溶液加热至沸，保持微沸约1h，然后放置2～3d，使溶液中可能存在的还原性物质完全氧化；用G3玻璃砂芯漏斗过滤除去析出的沉淀，将过滤后的$KMnO_4$溶液储存于棕色试剂瓶中，并存放于暗处以待标定。如果需要较稀的$KMnO_4$溶液，则用无有机物蒸馏水稀释至所需浓度。$KMnO_4$标准溶液不宜长期贮存。

② 无有机物蒸馏水：在蒸馏水中加入少量的 $KMnO_4$ 的碱性溶液，然后重新蒸馏即得。在整个蒸馏过程中水应始终保持红色，否则应补加 $KMnO_4$。

(二) $KMnO_4$ 标准溶液的标定

标定 $KMnO_4$ 的基准物质主要有 $Na_2C_2O_4$、$H_2C_2O_4 \cdot H_2O$、$(NH_4)_2Fe(SO_4)_2 \cdot 6H_2O$、$As_2O_3$、纯铁丝等，由于 $Na_2C_2O_4$ 稳定、不含结晶水、易提纯，故常用 $Na_2C_2O_4$ 做基准物质。$Na_2C_2O_4$ 在 105~110℃ 烘干约 2h，冷却后称重使用。在 H_2SO_4 溶液中 $C_2O_4^{2-}$ 与 MnO_4^- 的反应：

$$5C_2O_4^{2-} + 2MnO_4^- + 16H^+ \Longrightarrow 2Mn^{2+} + 10CO_2\uparrow + 8H_2O$$

标定时，必须严格控制反应条件。

(1) 温度必须控制在 70~85℃

温度低于 70℃，反应速度较慢；但若高于 90℃，部分 $H_2C_2O_4$ 会发生分解

$$H_2C_2O_4 \Longrightarrow CO_2\uparrow + CO\uparrow + H_2O$$

导致结果偏高。通常用水浴加热控制反应温度。

(2) [H^+]控制在 0.5~1.0mol/L

[H^+]过低，会有部分 MnO_4^- 还原为 MnO_2，并有 $MnO_2 \cdot H_2O$ 沉淀生成，反应不能按确定的反应式进行；[H^+]过高时，又会促进 $H_2C_2O_4$ 的分解。另外，控制[H^+]宜采用 H_2SO_4，否则如用 HCl 或 HNO_3，则由于 Cl^- 有一定的还原性，可能被 MnO_4^- 氧化，NO_3^- 有一定的氧化性，而干扰测定。

(3) 滴定速度为先慢后快

开始滴定时，即使加热，$KMnO_4$ 与 $H_2C_2O_4$ 反应的速度仍较慢，溶液的浅红色可能数分钟不退，因此开始时的速度一定要慢，否则加入的 $KMnO_4$ 溶液来不及与 $C_2O_4^{2-}$ 反应，而在热的酸性溶液中发生分解，影响标定的准确度。

$$4MnO_4^- + 12H^+ \longrightarrow 4Mn^{2+} + 5O_2\uparrow + 6H_2O$$

随着滴定的进行，产物的 Mn^{2+} 越来越多，由于 Mn^{2+} 的催化作用，使滴定反应的速度也随之加快，故滴定速度可加快。

(4) 加入催化剂 Mn^{2+}

鉴于 Mn^{2+} 在反应中起催化剂作用，故可在滴定之前，先在溶液中加入几滴 $MnSO_4$ 溶液，那么滴定一开始反应就是快速的。

(5) 滴定终点 0.5~1min 内粉红色不退

$KMnO_4$ 法滴定终点不太稳定，这是由于空气中还原性气体或尘埃等杂质落入溶液中能使 $KMnO_4$ 缓慢分解，而使粉红色消失，所以在 0.5~1min 内粉红色不退色，即可认为已达滴定终点。

$KMnO_4$ 法的应用范围较广，例如 $KMnO_4$ 法可采用直接滴定方式测定水中 Fe^{2+}、H_2O_2、$C_2O_4^{2-}$、NO_2^- 以及 As(Ⅲ)、Sb(Ⅲ) 等还原性物质的含量；采用返滴定法测定锰矿砂中的 MnO_2；采用间接滴定方式测定水中的 Ca^{2+} 的含量等等，但 $KMnO_4$ 法在水分析中主要用于水中高锰酸盐指数的测定。

四、高锰酸盐指数的测定

高锰酸盐指数(Permanganate Index)是指在一定的条件下，以高锰酸钾为氧化剂，处理

水样时所消耗的量，以氧的每升摩尔数表示。水中的亚硝酸盐NO_2^-、亚铁盐Fe^{2+}、硫化物等还原性无机物和在此条件下可被氧化的有机物，均可消耗$KMnO_4$。因此，高锰酸盐指数是水体中还原性有机(含无机)物质污染程度的综合指标之一。

我国规定了环境水质的高锰酸盐指数的标准为$2 \sim 10$ mgO_2/L。

高锰酸盐指数曾称作高锰酸钾法的化学需氧量(过去用COD_{Mn}表示)，现在国内外水质监测分析中均采用高锰酸盐指数这一术语。这是因为在规定条件下，水中有机物只能部分被$KMnO_4$氧化，并不是理论上的化学需氧量，也不是反映水中总有机物含量的尺度；同时也为了与重铬酸钾法的化学需氧量(COD)的区别，故采用高锰酸盐指数这一水质指标更符合实际。

高锰酸钾盐指数的测定可采用酸性高锰酸钾法和碱性高锰酸钾法。

(一) 酸性高锰酸钾法

水样在酸性条件下，加入过量的$KMnO_4$标准溶液(一般加入10.00mL)，在沸水浴中加热反应一定时间，然后加入过量的$Na_2C_2O_4$标准溶液还原剩余的$KMnO_4$，最后再用$KMnO_4$标准溶液回滴剩余的$Na_2C_2O_4$，滴定至粉红色在$0.5 \sim 1min$内不消失为止。根据加入过量的$KMnO_4$标准溶液的量(V_1，mL)和$Na_2C_2O_4$标准溶液的量(V_2，mL)及最后$KMnO_4$标准溶液消耗的量(V_1'，mL)，计算高锰酸盐指数值。主要反应式如下，令C符号代表有机物

$$4MnO_4^- + 5C + 12H^+ \longrightarrow 4Mn^{2+} + 5CO_2\uparrow + 6H_2O \qquad (5-18a)$$
　　　　(过量)　(有机物)

$$5C_2O_4^{2-} + 2MnO_4^- + 16H^+ \longrightarrow 2Mn^{2+} + 10CO_2\uparrow + 8H_2O \qquad (5-18b)$$
　　　　(过量)　　(剩余)

$$2MnO_4^- + 5C_2O_4^{2-} + 16H^+ \longrightarrow 2Mn^{2+} + 10CO_2\uparrow + 8H_2O \qquad (5-18c)$$
　　　　　　(剩余)

式(5-18b)和式(5-18c)两反应式虽然相同，但表达的意义却不尽相同。

计算：

$$\text{高锰酸钾盐指数}(mgO_2/L) = \frac{[V_1C_1 - (V_2C_2 - V_1'C_1)] \times 8 \times 1000}{V_水}$$

$$= \frac{[(V_1 + V_1')C_1 - V_2C_2] \times 8 \times 1000}{V_水} \qquad (5-19)$$

式中　V_1——开始加入$KMnO_4$标准溶液的量，mL；

　　　V_1'——最后滴定的$KMnO_4$标准溶液的量，mL；

　　　V_2——加入$Na_2C_2O_4$标准溶液的量，mL；

　　　C_1——$KMnO_4$标准溶液的浓度，($1/5$ $KMnO_4$，mol/L)；

　　　C_2——$Na_2C_2O_4$标准溶液的浓度，($1/2$ $Na_2C_2O_4$，mol/L)；

　　　8——氧的摩尔质量，($1/2O_2$，g/mol)；

　　　$V_水$——水样的量，mL。

高锰酸钾标准溶液的校正系数：

在高锰酸盐指数的实际测定中，往往引入$KMnO_4$标准溶液的校正系数，它的测定方法如下：

将上述用KMnO₄标准溶液滴定至粉红色不消失的水样，加热到70℃后，接着加入准确体积的Na₂C₂O₄标准溶液(一般加10.00mL)，再用KMnO₄标准溶液滴定至粉红色，记录消耗KMnO₄标准溶液的量(V_2，mL)，则KMnO₄标准溶液的校正系数是

$$K = \frac{10}{V_2}$$

引入KMnO₄标准溶液校正系数K后的计算公式是

$$高锰酸盐指数(mgO_2/L) = \frac{[(10 + V_1)K - 10] \times C \times 8 \times 1000}{V_水} \qquad (5-20)$$

式中　V_1——滴定水样时，消耗KMnO₄标准溶液的量，mL；

　　　　K——KMnO₄标准溶液校正系数；

　　　　C——KMnO₄标准溶液的浓度，(1/5 KMnO₄，mol/L)。

酸性高锰酸钾法测定中的注意事项：

(1) 酸性高锰酸钾法测定中应严格控制反应的条件，已在KMnO₄标准溶液的标定中做了交待，此处不再赘述。

(2) 水样中Cl⁻的浓度大于300mg/L时，发生诱导反应，使测定结果偏高。

$$2MnO_4^- + 10Cl^- + 16H^+ \longrightarrow 2Mn^{2+} + 5Cl_2 + 8H_2O$$

防止这种干扰：

① 可加 Ag₂SO₄ 生成 AgCl 沉淀，除去后再行测定；

② 加蒸馏水稀释，降低Cl⁻浓度后再行测定。但稀释水样应进行校正，具体方法如下：

在水样经稀释后测定的同时，另取一份与未稀释水样测定时相同量的蒸馏水，按同样步骤进行空白试验，然后进行计算。

$$高锰酸盐指数(mgO_2/L) = \frac{\{[(10 + V_1)K - 10] - [(10 + V_0)K - 10] \times R\} \times C \times 8 \times 1000}{V_3}$$

式中　V_0——空白试验中消耗KMnO₄标准溶液的量，mL；

　　　　R——蒸馏水在稀释水样中占的比例，如 10.0mL 水样用 90mL 蒸馏水稀释至 100mL，

　　　　　　则 $R = 0.90$；

　　　　V_3——稀释水样中水样的量，mL。

其他物理意义同前。

③ 改用碱性高锰酸钾法测定。

(3) 水样中含Fe²⁺、NO₂⁻、H₂S 等还原行物质，使结果偏高，应注意校正。

(二) 碱性高锰酸钾法

碱性高锰酸钾法与酸性高锰酸钾法的基本原理类似。所不同的是在碱性条件下反应，可加快KMnO₄与水中有机物(含还原性无机物)的反应速度，且由于在此条件下，$\varphi^{\ominus}_{MnO_4^-/MnO_2}$ (0.588V)$<\varphi^{\ominus}_{Cl_2/Cl^-}$(1.395V)Cl⁻的含量较高，也不干扰测定。

水样在碱性溶液中，加入一定量的KMnO₄溶液，加热使KMnO₄与水中的有机物和某些还原性无机物反应完全，以后同酸性高锰酸钾法，即加酸酸化，加入过量的Na₂C₂O₄溶液还原剩余的KMnO₄，再以KMnO₄溶液滴定至粉红色0.5~1min 内不消失。高锰酸盐指数的计算方法同酸性高锰酸钾法。

高锰酸盐指数的测定方法只适用于较清洁的水样。

第七节　重铬酸钾法

一、$K_2Cr_2O_7$ 的特点

$K_2Cr_2O_7$ 是一种常用的氧化剂。在酸性溶液中，$K_2Cr_2O_7$ 与还原剂作用时，被还原为 Cr^{3+}，半反应为：

$$Cr_2O_7^{2-} + 14H^+ + 6e \rightleftharpoons 2Cr^{3+} + 7H_2O \qquad \varphi^0 = 1.33V$$

在酸性溶液中，$K_2Cr_2O_7$ 被还原时电极电位较标准电位小。如 3mol/L HCl 溶液中，$\varphi' = 1.08V$；在 4mol/L H_2SO_4 溶液中，$\varphi' = 1.15V$；在 1mol/L HClO 溶液中，$\varphi' = 1.025V$。

$K_2Cr_2O_7$ 容易提纯，在 140~150℃ 干燥后，可以直接称量配制标准溶液。$K_2Cr_2O_7$ 标准溶液稳定，可以长期保存。$K_2Cr_2O_7$ 的氧化能力没有 $KMnO_4$ 强，在 1mol/L HCl 溶液中，$\varphi' = 1.00V$，所以室温时，不与氯离子作用（$\varphi'_{Cl_2/Cl^-} = 1.3595V$），故可在 HCl 溶液中滴定 Fe^{2+}。但当 HCl 的浓度太大或将溶液煮沸时，$K_2Cr_2O_7$ 也能部分被 Cl^- 还原。

在重铬酸钾法中，虽然 $Cr_2O_7^{2-}$ 还原后能转化为绿色的 Cr^{3+}，但因溶液较稀，它的颜色不是很深，所以不能根据它本身的颜色变化来确定滴定终点，而是加氧化还原指示剂，如试亚铁灵等。

二、化学需氧量及其测定

化学需氧量是在一定条件下，水中能被 $K_2Cr_2O_7$ 氧化的所有有机物质的量，以氧的毫克数表示（O_2 mg/L），常以 COD 符号表示，用于污水分析。

$K_2Cr_2O_7$ 能氧化分解有机物的种类多，氧化率高，可将有机物氧化 80%~100%，准确度、精密度较好，故被广泛应用。

测定时，向呈强酸性的水样中加入一定过量的 $K_2Cr_2O_7$ 标准溶液，在回流加热和催化剂（Ag_2SO_4）存在的条件下，水样中还原性物质（有机和无机的）被氧化。然后用 $(NH_4)_2Fe(SO_4)_2$ 标准溶液返滴定剩余的 $K_2Cr_2O_7$，试亚铁灵为指示剂，求出 $K_2Cr_2O_7$ 与水样中有机物发生反应的量。此方法适用于 COD 为 15~2000mg/L 的生活污水和工业污水。

根据 COD 的测定原理，可分为水样的氧化，返滴定和空白试验三部分，分别讨论如下：

（一）水样的氧化

利用密闭回流装置，使水样中有机物在强酸性溶液中被 $K_2Cr_2O_7$ 氧化完全，为保证有机物完全氧化，加热回流后 $K_2Cr_2O_7$ 的剩余量应为原加量的 1/2~4/5，浓 H_2SO_4 的用量是水样和 $K_2Cr_2O_7$ 溶液的体积之和。

在一般的污水中，无机性还原物质含量甚微，所以可认为消耗的 $K_2Cr_2O_7$ 量全都用于有机物的氧化。

若有机物为直链脂肪族、芳香烃及一些杂环化合物，则不能被 $K_2Cr_2O_7$ 氧化；如加少量 Ag_2SO_4 作催化剂时，直链化合物有 85%~95% 可被氧化，对芳香烃及一些杂环化合物（如吡啶）仍无效。即使如此，COD 测得值仍大大高于 $KMnO_4$ 耗氧量，也高于 BOD_5。

通常加热回流时间为 2h，如水样比较清洁，可以适当缩短加热回流时间。

水中如含有氯化物，当回流加热时可发生下列反应：

$$Cr_2O_7^{2-} + 6Cl^- + 14H^+ \longrightarrow 2Cr^{3+} + 3Cl_2 + 7H_2O$$

所以当水中氯化物高于 300mg/L 时，应加入 $HgSO_4$，它与 Cl^- 生存稳定的可溶性络合物，从而可以抑制 Cl^- 的氧化。$HgSO_4$ 的加入量以共存 Cl^- 的 10 倍为好。

（二）返滴定

加热回流后的溶液应仍为橙色（如显绿色怎么办？），此时溶液呈强酸性，应用蒸馏水稀释至总体积为 350mL，否则酸性太强，指示剂失去作用。另外，Cr^{3+} 的绿色太深，也会影响终点的正确判断。

以试亚铁灵为指示剂，用 $(NH_4)_2Fe(SO_4)_2$ 溶液返滴定溶液中剩余的 $K_2Cr_2O_7$，此时发生下列反应：

$$Cr_2O_7^{2-} + 6Fe^{2+} + 14H^+ \longrightarrow 2Cr^{3+} + 6Fe^{3+} + 7H_2O$$

终点时，溶液由黄变红。

（三）空白试验

空白试验的目的是检验试剂中还原性物质的量。

第八节 溴酸钾法

一、简述

溴酸钾法是用 $KBrO_3$ 作氧化剂的滴定方法。在酸性溶液中，$KBrO_3$ 与还原性物质作用时，BrO_3^- 被还原为 Br^-，半反应为：

$$BrO_3^- + 6H^+ + 6e \Longleftrightarrow Br^- + 3H_2O \qquad \varphi^0 = 1.44V$$

$KBrO_3$ 容易提纯，在 180℃ 烘干后，可以直接配制标准溶液。

$KBrO_3$ 本身和还原剂反应速度很慢，因此只能用来直接测定一些能与 $KBrO_3$ 迅速反应的物质，如 As(Ⅲ)、Sb^{3+}、Sn^{2+}、Tl^+、Cu^+、肼(N_2H_4) 等。测定这些物质时，在酸性溶液中，以甲基橙作指示剂，用标准溶液滴定。当有微过量 $KBrO_3$ 存在时，甲基橙被氧化而褪色，即为终点。但是这种褪色反应进行得并不快，为了避免滴定超过终点，滴定时应缓慢进行，因此实用价值不大。

溴酸钾法常与碘量法配合使用，即用过量的 $KBrO_3$ 标准溶液与待测物质作用。过量的 $KBrO_3$ 在酸性溶液中与 KI 作用，析出游离 I_2，再用 $Na_2S_2O_3$ 标准溶液滴定。这种间接溴酸钾法在有机物分析中应用较多。

$KBrO_3$ 在酸性溶液中是一种强氧化剂，其半反应为：

$$BrO_3^- + 6H^+ + 5e \Longleftrightarrow \frac{1}{2}Br_2 + 3H_2O \qquad \varphi^0 = 1.52V$$

实际上常在 $KBrO_3$ 标准溶液中加入过量 KBr，当溶液酸化时，BrO_3^- 即氧化 Br^- 析出游离 Br_2，其反应为：

$$BrO_3^- + 5Br^- + 6H^+ \longrightarrow 3Br_2 + 3H_2O$$

此游离 Br_2 能氧化还原性物质，

$$Br_2 + 2e \Longleftrightarrow 2Br^- \qquad \varphi^0 = 1.087V$$

这样，酸化的 $KBrO_3$-KBr 混合溶液好似溴溶液。溴溶液因溴蒸气气压高，故不稳定。而 $KBrO_3$-KBr 混合溶液相当稳定，只当酸化后才析出游离 Br_2。所以在实际工作中广泛应用 $KBrO_3$-KBr 混合溶液（或称溴化液）。

二、苯酚的测定

苯酚含量在 10mg/L 时，采用溴化法。过量的溴化液酸化后产生的游离 Br_2 可取代苯酚中氢，

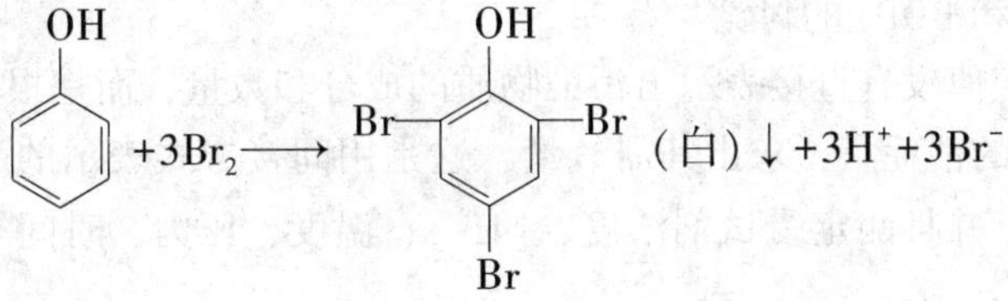

$$+3Br_2 \longrightarrow （白）\downarrow +3H^+ +3Br^-$$

过量的 Br_2 用 KI 还原，

$$Br_2 + 2I^- \longrightarrow 2Br^- + I_2$$

析出的 I_2 用 $Na_2S_2O_3$ 标准溶液滴定。

在溴化反应中，1mol 苯酚与 6mol 溴原子反应，故苯酚的当量为其式量的 1/6。

若溴化液过量太多时，会使三溴苯酚继续产生取代作用生成溴代三溴苯酚：

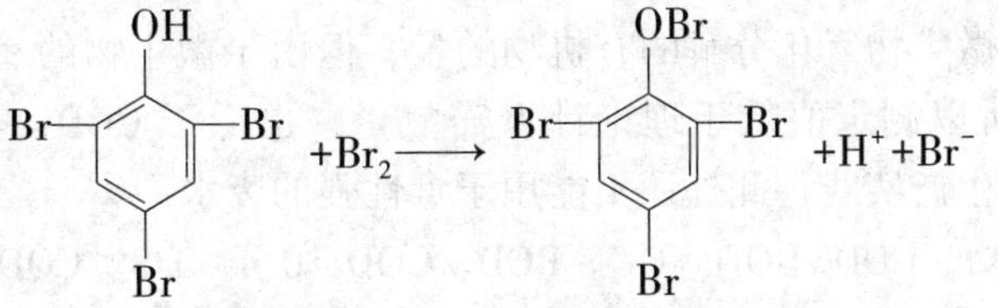

$$+Br_2 \longrightarrow +H^+ +Br^-$$

与 KI 作用生成三溴苯酚，同时析出 I_2，

苯酚与溴作用时间的长短，过量溴的多少以及溴化温度对测定有影响。

由于酚类化合物的不同，溴化程度不同，而水样中所含的酚类化合物往往为各种酚的混合物。用溴化法测得结果，如以苯酚计算，只能得出酚类化合物的相对含量，而不能测得绝对含量。

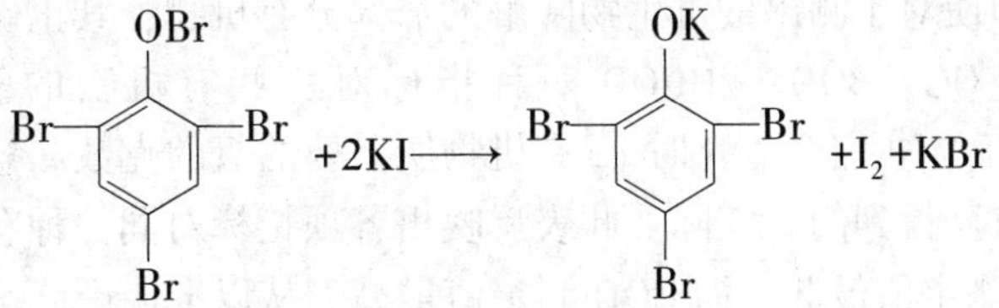

$$+2KI \longrightarrow +I_2 +KBr$$

第九节　有机物污染指标及其检测

天然水、生活污水和工业废水除含有各种无机盐类，还含有有机化合物，如造纸工业碱法制浆中硫酸盐法的废水中含有果胶、多糖类、单宁、糠醛等。有机物进入水体后在微生物作用下发生氧化分解，此时消耗水中溶解氧。因此废水（或污水）中有机物越多，耗氧量越大。当氧化作用进行很快，不能及时从大气中吸收充足的氧以补充消耗时（耗氧速度大于从表面溶解空气中氧的速度），就会造成水中缺氧现象。当水中溶解氧 <(5~6)ppm 时鱼类开始死亡，<(1~2)ppm 时所有水生物（包括好氧菌）都难以生存。此时厌氧菌取而代之，它们在缺氧情况下，继续分解有机物，使腐烂变质、发臭。如用这种缺氧水灌溉农田，会引起植物根部腐烂，不利生产。有机物又是很多微生物（其中有能引起传染疾病的细菌）生长繁殖的良好食料，有毒的有机物更将直接危害人体的健康和动植物的生长（如农药中 DDT、六六

六,前者积累在人类肝脏破坏肝功能,后者引起中枢神经中毒和损坏肝脏等)。

由于有机物组成比较复杂,要想分别测定各种有机物的含量比较困难,如采用色谱-红外光谱联用,可达到各个测定目的。但仪器昂贵,操作复杂,所以通常是测总量。

一、OC、COD 和 BOD$_5$ 的讨论

这些指标的测定值没有直接表示出污染物质的成分和数量,而是根据溶解氧的消耗量或是 KMnO$_4$ 等氧化剂的消耗量,求出其需氧量,这是用间接方式表示的。它们不是在有机物完全分解后测定的,并且测定受试剂浓度、[H$^+$]、温度、压力、时间等条件影响,测定时间也长。

OC 的优点是测定时需时最短,但 KMnO$_4$ 对有机物的氧化率低,所以只能应用于较清洁的水,并且不能表示出微生物所能氧化的有机物的量。

COD 几乎可以表示出有机物全部氧化所需要的氧量。对大部分有机物,K$_2$Cr$_2$O$_7$ 的氧化能力在 90% 以上。它的测定不受废水水质的限制,并且在 2~3h 内即能完成,但是它不能反映出被微生物氧化分解的有机物的量。

BOD$_5$ 反映了被微生物氧化分解的有机物的量,但由于微生物的氧化能力有限,不能将有机物全部氧化,所以测定值低于理论计算需氧量,也低于 COD,又因测定时间太长(5天),不能及时指导生产实践,此外还不能用于毒性强的废水。

一般来说,废水的 COD>BOD$_5$>OC。BOD$_5$/COD = 0.4~0.8。COD 与 BOD$_5$ 差值可认为是没有被微生物分解的有机物。对未受到工业严重污染的水体、一般工业废水和城市污水来说,有机物在一定条件下多具有良好的生物降解性。测定 BOD$_5$ 确能反映出有机物污染的程度和处理效果。如无条件或受水质限制而不能作 BOD$_5$ 测定时,可以测 COD。

但是,当前工业污染日益严重,有机物的种类和性质已远非昔比,其中大多数有机物对生物降解有一定抗性。于是早在 50 年代就有人提出疑问,BOD$_5$ 究竟在多大程度上能表示水样中有机物含量,即使对于测出的可生物降解的那部分有机物,其正确性又怎样?

表 5-3 概括了 OC、BOD$_5$ 和 COD 三种指标对一些有机物的氧化率。理论需氧量(ThOD)是按照化学反应式完全氧化时 1g 有机物所需要的氧的克数。氧化率是三种指标的需氧量分别与理论值对比得到的。实际上此表反映出各项指标对同一种有机物的氧化程度。由表种数据可见,OC 测定值最低,而 COD 测定值最高。从以上谈论,这些指标仅能表示有机物的相对数值,并且在应用范围内还是受到一定限制的。所以下面将介绍其他两种表示有机物污染的指标。

表 5-3　一些有机物的氧化率

名　　称	理论需氧量 O$_2$/(g/g 有机物)	氧化率/%		
		OC	BOD$_5$	COD
甲酸	0.348	14	68	99.4
乙酸	1.07	7	71	93.5
甲醇	1.50	27	68	95.3
乙醇	2.09	11	72	94.3
苯	3.08	0	0	16.9
酚	2.38	63	61	98.3
苯胺	2.41	90	3	100.0

续表

名　　称	理论需氧量O_2/(g/g 有机物)	氧化率/%		
		OC	BOD_5	COD
葡萄糖	1.07	59	56	97.6
可溶淀粉	1.185	61	43	86.5
纤维素	1.185	0	7	92.0
甘氨酸	0.639	3	15	98.1
谷氨酸	0.980	6	58	100.0

二、总有机碳

测定总有机碳(TOC)的方法是把水中有机物中碳转化成 CO_2 后，测定 CO_2 的量，单位为 mg/L。

TOC 测定仪的测定流程见图 5-2。

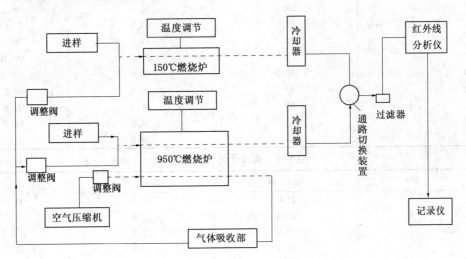

图 5-2　TOC 测定流程(手工式)

总碳量的测定：取一定量水样迅速注入装有催化剂(铂网、CuO 或 CoO_2 等)的燃烧管中，在 900~950℃时各种有机物在流动的氧气流(或空气流)中燃烧，生成的 CO_2 用无色散红外线 CO_2 气体测定器测定，求出水中有机碳和无机碳的总和，即总碳量。

无机碳量的测定：在和总碳量测定情况相同的气流中，加入磷酸性催化剂，把水样定量地注入到已加热到 150℃的燃烧管，此时有机物不能氧化，采用和测定总碳相同的 CO_2 气体测定器测定水中因碳酸盐、重碳酸盐等产生的 CO_2 量。

TOC 的计算：TOC 值可由前述总碳和无机碳的测定值之差求出。测定总碳用苯二甲酸氢钾作为标准物质，测定无机碳用碳酸氢钠作为标准物质，测定范围为 2~300mg/L。

一些结构较简单的有机物的 TOC 值列在表 5-4。从表中氧化率可以看出，水中有机物的碳量能够准确地测出。另外，和这些有机物相应的 BOD_5、COD 氧化率比较，也是高的。

将水处理中重要的高分子化合物作为有机污染物，由 C. E. Van Hall 等人对其 TOC 进行测定，其结果列在表 5-5。结果表明，测定值接近理论值。这就说明，TOC 的测定是利用干式催化剂进行燃烧氧化，只要条件合适，所有物质都可以氧化。

此外，根据一系列试验知：水的 pH 为 1 时对测定无明显影响，若 pH>11，由于吸收空气中 CO_2，测得的 TOC 有加大趋势；Cl^-、NO_3^-、SO_4^{2-}、PO_4^{3-} 等离子浓度超过 10000mg/L 时会影响红外线的吸收，为此对阴离子含量高的水样，必须用无碳酸蒸馏水稀释；重金属在 100mg/L 时，对测定几乎无影响，然而大量的重金属会堵塞燃烧管的注入口、催化剂系统、各种配管等，从而影响测定结果。

表 5-4　100mg/L 有机物溶液中 TOC 值　　　　　　　　　mg/L

名　　称	理 论 值	测 定 值	氧化率/%
甲酸	26.1	26.0	99.6
乙酸	40.0	40.1	100.3
甲醇	37.5	39.0	104.0
乙醇	52.0	53.5	102.9
苯酚	76.5	69.8	91.2
苯甲醛	69.5	62.5	89.9
丁酮	66.6	65.0	97.6
苯胺	77.4	81.0	104.7
尿素	20.0	21.0	105.0
葡萄糖	40.0	40.0	100.0
麦芽糖	40.1	37.5	93.5
淀粉	45.0	41.6	92.6
谷氨酸	40.7	38.5	94.7
甘氨酸	32.0	29.8	93.2

表 5-5　高分子化合物的 TOC　　　　　　　　　　　　mg/L

名　　称	理 论 值	测 定 值	氧化率/%
蛋白质	21.0	19.1	91.0
凝缩乳剂	25.0	22.8	91.2
可溶性淀粉	25.0	25.8	103.2
纤维素	24.5	23.4	95.5
木质素	22.0	22.3	101.0
聚丙烯腈絮凝剂 AP30	22.0	22.5	102.3
聚丙烯腈絮凝剂 NP30	25.0	24.8	99.2
EPTA	4.7	5.3	112.8
硫酸月桂脂钠	5.0	4.6	92.0
2，4，5-三氯苯氧基醋酸	25.0	25.0	100.0
咖啡碱	65.3	65.0	99.5
棕榈酸	200.0	198.0	99.0
4-氨基安替比林	111.5	110.2	98.9
对氨基苯磺酸	89.3	89.3	100.0
dl 蛋氢酸	103.0	102.5	99.5
三氯苯酚	75.4	75.0	99.5
甘氨酸	100.7	100.3	99.6
吡啶	105.6	104.2	98.7
色氨酸	5.0	5.0	100.0
尿素	100.0	99.8	99.8
烟碱	83.3	82.5	99.0
对氨基苯磺酰胺	62.7	63.5	101.3

三、总需氧量

总需氧量(TOD)是指水中有机物和还原性无机物经过燃烧变成稳定的氧化物所需要的氧量，单位为 mg/L。

TOD 分析仪测定流程见图 5-3。

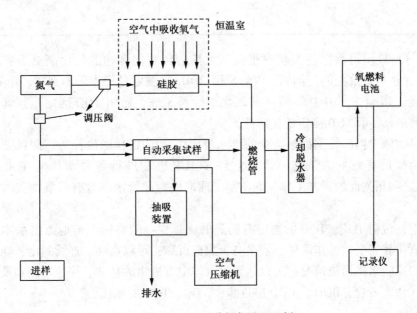

图 5-3　TOD 分析仪流程乙烯

测定过程：经自动取样注入燃烧管，在 900℃ 条件下以铂作催化剂，式样中消耗氧的物质瞬间氧化。由于氧被消耗，供燃烧用的气体中氧的浓度降低，其降低的量经氧燃料电池测定，以波峰的形式显示在记录仪。

用邻苯二甲酸氢钾作为标准物质，绘制出工作曲线。根据试样的波峰，从此曲线找出试样的 TOD 值。

试样在燃烧过程中，有机物中氢变成水，碳变成 CO_2，氮变成氮氧化物，硫变成 SO_2，金属变成氧化物。水中常见的阴离子(如 Cl^-、HCO_3^-、SO_4^{2-} 和 HPO_4^{2-} 等)无干扰，若 Cl^- 的含量超过 1000mg/L 时，TOD 值有偏高趋势。NO_3^- 在 900℃ 时分解产生氧，使 TOC 值偏低，因此需要预先测出其含量。重金属量大时会使燃烧管内铂催化剂的效率下降。悬浮物直径在 1mm 时将会堵塞取样管(内径约 1mm)，影响测定结果。

四、BOD_5、COD、TOC 和 TOD 的讨论

近年来，随着工农业的迅速发展，工业合成的有机化合物的品种增多，排出的工业废水中有机物的含量较高，毒性较大。水中还有许多易挥发、不溶于水的有机物，如果只用 BOD_5 和 COD 的数值来评价水体中有机物污染程度，是不够完善的，它不能全面地反映水体中被污染的真实程度。例如，用 $K_2Cr_2O_7$ 作氧化剂测定 COD，虽然它是氧化率较高的方法，几乎可以把水体中低碳直链化合物氧化 80%~100%，但对直链的脂肪族、芳香族烃和吡啶等则不能完全氧化或难氧化。由表 5-6 可以看出，对乙醚、丙烯腈，COD 氧化率是不高的，而 TOC 氧化率还是比较高的。

表 5-6　TOC 和 COD 的比较

物 质 名 称	COD 氧化率/%	TOC 氧化率/%
丁酮	77.9	80
葡萄糖	98.1	102
乙醚	32.7	36
丙烯腈	44.0	82

用 TOD 分析仪测得数据的氧化率很高，尤其是含氮化合物的氧化率更为突出，这是 BOD_5、COD 无法与之媲美的。例如，丙烯腈用 BOD_5 来测定是根本做不到的，用 COD 测定其氧化率仅能达到 44%，用 TOC 测定其氧化率达到 82%，而用 TOD 测定，其氧化率可达 92.4%。此例充分显示 TOD 测定的优越性。

因此，日本濑户内海特别措施法令的排水规定中，把 TOD 数值作为掌握污染总量的方法，并被认为是最有效的方法之一。目前许多国家也在进行各种水体的 TOC、TOD 与 BOD_5、COD 之间相关性的研究工作，准备制定标准做为评价水体含有需氧物质的一个综合指标。

以上讨论，说明 TOC、TOD 的测定有明显的优越性：能够较准确地测出水体中需氧物质的总量；氧化较完全，操作简便、效率高、数据可靠；可以自动、连续测定，能及时控制分析的要求和反映水体污染情况；可以达到对水体中有机物的自动、快速监测和及时控制的目的。因此，从发展看，BOD_5、COD 将逐步由 TOC、TOD 所取代。

思　考　题

1. 如何提高氧化还原反应的反应速度？
2. 氧化还原滴定的电极电位突跃的大小主要取决于什么？
3. 高锰酸钾溶液作滴定剂时，为什么一般在强酸性条件下进行？
4. 草酸标定高锰酸钾溶液时，1mol $KMnO_4$ 相当于多少 mol 草酸？为什么？
5. 什么水样中含有氯离子时，会使高锰酸钾指数偏高？
6. 什么叫化学需氧量，怎样测定？
7. 法测定溶解氧时必须在取样现场固定溶解氧？怎样固定？

习　　题

1. 取水样 100mL，用 H_2SO_4 酸化后，加入 10.00 mL 0.0100mol/L 高锰酸钾溶液（$1/5KMnO_4 = 0.0100$mol/L），在沸水浴中加热 30min，趁热加入 10.00 mL 0.0100mol/L 的草酸钠溶液（$1/2Na_2C_2O_4 = 0.0100$mol/L），摇匀，立即用同浓度高锰酸钾溶液滴定至显微红色，消耗 12.15 mL，求该水样中高锰酸盐指数是多少（mg O_2/L）？

2. 取氯消毒水样 100mL，放入 300mL 碘量瓶中，加入 0.5g 碘化钾和 5mL 乙酸盐缓冲溶液（pH = 4），自滴定管加入 0.0100mol/L 硫代硫酸钠（$Na_2S_2O_3 = 0.0100$mol/L）至淡黄色，加入 1 mL 淀粉溶液，继续用同浓度 $Na_2S_2O_3$ 溶液滴定至蓝色消失，共用去 1.21mL 求该水样中总余氯量是多少（Cl_2，mg/L）？

3. 取一含酚废水水样 100mL（同时另取 100mL 无有机物蒸馏水做空白试验），加入标准溴化液（$KBrO_3$+KBr）30.00mL 及 HCl、KI，摇匀，用 0.1100mol/L 硫代硫酸钠溶液滴定，水样和空白分别消耗 15.78mL 和 31.20mL，问该废水中苯酚的含量是多少（以 mg/L 表示）？

4. 自溶解氧瓶中吸取已将溶解氧 DO 固定的某地面水样 100mL，用 0.0102mol/L $Na_2S_2O_3$ 溶液滴定至淡黄色，加淀粉指示剂，继续用同浓度 $Na_2S_2O_3$ 溶液滴定至蓝色消失，共消耗 9.82mL，求该水样中溶解氧 DO 的含量（以 mg/L 表示）？

5. 取某含硫化物工业废水 100mL（同时另取 100mL 蒸馏水做空白试验），用乙酸锌溶液固定，过滤，其沉淀连同滤纸转入碘量瓶中，加蒸馏水 50mL 及 10.00mL 碘标准溶液和硫酸溶液，放置 5min，用 0.0500mol/L $Na_2S_2O_3$ 溶液滴定，水样和空白分别用去 1.20mL 和 3.90mL，求该废水中硫化物的含量（S^{2-}，mg/L 表示）。

第六章　吸收光谱法

吸收光谱法(Absorption Spectrometry)是利用吸收光谱来研究物质的性质和含量的方法。它是基于物质对光的选择性吸收而建立起来的分析方法，因此又称吸光光度法或分光光度法(Spectrophotometry)。如有一试样含铁量为 0.01 mg/g，试样经处理后，用 1.8×10^{-3} mol/L 的 $KMnO_4$ 溶液滴定，到达化学计量点时，所用 $KMnO_4$ 溶液的体积为 0.02mL，而通常滴定管的读数误差就有 0.02mL，显然用滴定法测定该试样中的含铁量是不合适的。但是，在适当的反应条件下加入一种试剂(如磺基水杨酸)，使它与 Fe^{3+} 生成紫红色螯合物，即可用吸光光度法测定其含量。在试样的分析工作中，吸光光度法是常用的分析方法之一。

第一节　吸收光谱

一、吸收光谱及其表示方法

1760 年朗伯提出了一束单色光通过吸光物质后，光的吸收程度与溶液液层厚度正比的关系，该关系称为朗伯定律。1852 年比耳又提出了一束单色光通过吸光物质后，光的吸收程度与吸光物质微粒的数目(溶液的浓度)成正比的关系，该关系称比耳定律。

当一束单色光射到溶液时，由于物质对光的吸收有选择性，一部分光不被吸收而透过溶液，一部分光被溶液所吸收(见图 6-1)，溶液对单色光的吸收遵守郎伯-比尔(Lambert-Beer)定律。

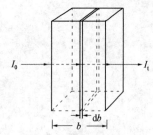

图 6-1　光的吸收示意图

$$I_t = I_0 \, 10^{-\varepsilon CL} \qquad (6-1)$$

$$T = \frac{I_t}{I_0} = 10^{\varepsilon CL} \qquad (6-2)$$

$$A = \lg \frac{I_0}{I_t} = \varepsilon CL \qquad (6-3)$$

$$A = \varepsilon CL$$

式中　I_0——入射光的强度；

　　　I_t——透过光的强度；

　　　T——溶液的透光率或相对透光强度，常以百分率表示；

　　　A——溶液的吸光度值，表示溶液对光的吸收程度；

　　　C——溶液中溶质的浓度，mol/L；

　　　L——样品溶液的光程，cm；

　　　ε——摩尔吸收系数(Molar Absorptive)。

其物理意义是：当溶液的浓度为 1mol/L，样品溶液光程为 1cm 时的吸光度值，即 $\varepsilon = \frac{A}{CL}$，单位为 L/(mol·cm)。摩尔吸收系数 ε 对某一个化合物在一定波长下是一个常数，因此它可衡量一物质对光的吸收程度，它也反映了用吸收光谱法测定该吸光物质的灵敏度。ε

越大，则表示对光的吸收越强，其灵敏度也越高。一般 ε 的变化范围是 $10 \sim 10^5$，其中 $\varepsilon > 10^4$ 为强度大的吸收，而 $\varepsilon < 10^3$ 为强度小的吸收。式 6-3 是最常用的郎伯-比尔定律的数学表达式，是吸收光谱法定量的理论基础。

例 6-1　双硫腙试剂与 Cd^{2+} 形成红色络合物，可用光度法测定。已知 $\varepsilon_{520} = 8.8 \times 10^4 L/(mol \cdot cm)$，使用 2cm 比色皿，测得透射比为 60.3%，计算 Cd 的质量浓度（$\mu g/mL$）。[$M(Cd) = 112.4$]

解：
$$A = -\lg T = -\lg 60.3\% = 0.220$$
$$c = \frac{0.220}{2 \times 8.8 \times 10^4} = 1.25 \times 10^{-6}(mol/L)$$
$$\rho = 1.25 \times 10^{-6} \times 10^{-3} \times 112.4 \times 10^6 = 0.14(\mu g/mL)$$

吸收光谱中常用的术语有：

特征吸收曲线（Characteristic Absorption Curve）：吸收光谱曲线上有起伏的峰谷时称为特征吸收曲线。特征吸收曲线常作为定性的依据。一般平滑的曲线称为一般吸收曲线。

最大吸收峰 λ_{max}（Maximum Absorption Wavelength）：吸收曲线上最大吸收峰所对应的波长，用 λ_{max} 表示。在 λ_{max} 处测定吸光度灵敏度最高，是定量分析的依据。通常选用 λ_{max} 作为测定水样中某组分的工作波长。

红移（Red Shift）：吸收峰向长波方向移动。

紫移（或蓝移）（Blue Shift）：吸收峰向短波方向移动。

末端吸收（End Absorption）：在紫外吸收曲线短波末端吸收增强，但未成峰形。

生色基因（Chromophore）：分子中产生吸收峰的主要原子或原子团。

助色基团（Auxochromec）：使生色基团所产生的吸收峰红移的原子或原子团。

等吸收点（Isoabsorption Point）：两个或两个以上化合物的吸收强度相等的波长。

吸收光谱测定时，常用的溶剂有95%乙醇、水、四氯化碳、氯仿、正己烷、环己烷和二氧杂己烷等，溶剂不同时 λ_{max} 有时要转移。在乙醇或正己烷中测定时，无极性化合物的 λ_{max} 没有差别，但极性化合物的 λ_{max} 一般都不一样。

在测定化合物的吸收光谱时，一般均配成溶液，故选择合适的溶剂很重要。不同溶剂（含不同 pH 溶剂）吸收谱带或吸收光谱不同。在选择溶剂时除了要求样品不能与溶剂反应和样品在溶剂中的溶解外，还应注意在所选波长范围内不被吸收或吸收很弱，表 6-1 中列出了一些溶剂的透明范围。对某些化合物，温度对其吸收光谱也有明显的影响。

表 6-1　一些溶剂的透明范围

溶　剂	透明范围/nm	溶　剂	透明范围/nm
水	>180	95%乙醇	>210
乙腈	>210	正己烷	>210
乙醚	>210	环己烷	>210
异丙醇	>210	正庚烷	>210
正丁醇	>210	二氧环杂己烷	>230
甲醇	>220	二氯甲烷	>235
氯仿	>245	异辛烷	>210
苯	>280	甲酸甲酯	>260

续表

溶剂	透明范围/nm	溶剂	透明范围/nm
甲苯	>285	2，3，4-三甲基戊烷	>210
四氯化碳	>265	N，N-二甲基甲酰胺	>270
丙酮	>230	吡啶	>305
甘油	>230	乙酸戊酯	>235
醋酸	>270	1，2-二氯乙烷	>235
硫酸(96%)	>210	乙酸乙酯	>260

在定量分析时，所选择的波长应该是被测物质在该光区有特征吸收的波长，而干扰物质不吸收或吸收很弱。另外还应该指出，应用吸收光谱法测定被吸收物质的浓度不能太大，一般要小于 10^{-2} mol/L。

二、溶液的颜色

溶液呈现不同颜色是由于该溶液中物质对光具有选择性的吸收。例如在复合光(白光)照射下，全部可见光几乎都被吸收，溶液呈黑色；如完全不吸收，则溶液透明无色；如果对各种波长的光均匀地部分吸收，则溶液呈现灰色；如果选择性地吸收某些波长的光，则溶液呈现透过光的颜色。此时，溶液吸收光的颜色与透过光的颜色为互补色(见表 6-2)。可见，溶液呈现不同的颜色是由于该溶液中的溶质或溶剂对不同波长的光具有选择性吸收而引起的。例如，当复合光通过邻二氮菲亚铁溶液时，它选择性地吸收了复合光中的绿色光(在 $\lambda_{max}=508$nm 处吸收最强)，其他颜色的光不被吸收而透过溶液，因此邻二氮菲亚铁溶液就显透过光的颜色(桔红色)；又如 $KMnO_4$ 溶液吸收了复合光中的绿色光(在 $\lambda_{max}=525$nm 吸收最多)，红色紫色光几乎完全透过，因此溶液呈紫红色。

表 6-2   溶液吸收光的颜色与透过光的颜色的关系

吸收光颜色	λ/ nm	透过光颜色
紫	400~450	黄绿
蓝	450~480	黄
青蓝	480~490	橙
青	490~500	红
绿	500~560	紫红
黄绿	560~580	紫
黄	580~600	蓝
橙	600~650	青蓝
红	650~760	青

三、郎伯-比尔定律的适用范围

(一) 郎伯-比尔定律适用范围标准曲线

如前所述，郎伯-比尔定律 $A=\varepsilon CL$ 中，对某一种物质在一定波长下，摩尔吸收系数 ε 和样品溶液的光程即液层厚度 L 均是固定的，所以吸收定律可写成

$$A = \varepsilon LC = KC \qquad\qquad (6-4)$$

如果以吸光度 A 为纵坐标，以浓度 C 为横坐标作图，便得到一条通过原点的直线，这条直线称为标准曲线或工作曲线，该条直线的斜率即为 K。在实际测量中，只要在与绘制标准曲线相同条件下，测出水样中被测组分的吸光度值，便可由标准曲线查出对应该组分的

含量。

在实际分析工作中，一般应用标准曲线上吸光度值 0.2~0.8 范围的直线部分，均会获得满意的结果。吸光度过低或太高，都会影响分析结果的准确度，尤其测定水中的物质含量较高时，往往出现标准曲线弯曲现象，而偏离郎伯-比尔定律（见图 6-2）。另一方面，为了得到最大的灵敏度（通常用最低检出浓度表示）和精密度，标准曲线应当有尽可能大的斜率（K），曲线的斜率大，浓度的误差也小。而要得到斜率大的标准曲线，需在对应于被测组分摩尔吸收系数 ε 最大值的波长处进行测定。

灵敏度与检出极限（Sensitivity and Detection Limit）

吸收光谱法分析时，其灵敏度是指在一定浓度时，测定吸光度的增量 ΔA 与相应被测物质的浓度（或质量）的增量（ΔC 或 Δm）之比。

$$S_a = \frac{\Delta A}{\Delta m} \text{ 或 } S_a = \frac{\Delta A}{\Delta C} \qquad (6-5)$$

即当被测物质浓度或含量改变一个单位时吸光度的变化量。用标准曲线法定量时其标准曲线 $A = f(c)$ 的斜率即为分析方法的灵敏度。

灵敏度常用检出极限表示，检出极限是指以适当的置信度检出的最小测量值（吸光度值）A_L 求得浓度 C_L。通常指 $A_L = 0.004$ 时，相应的 C_L 为最低检出浓度或最低检出质量，检出极限比灵敏度具有更明确的意义。检出极限与准确度、精密度一样都是评价分析方法的重要指标。

（二）偏离郎伯-比尔定律的主要原因

所谓偏离郎伯-比尔定律，意思是说：一般情况下，所谓吸光度值与水样中被测物质的浓度应是直线关系；如果所测吸光度值随溶液浓度增大并不形成直线，而形成向下弯曲的曲线，这种情况称做对郎伯-比尔定律的"负偏离"；如果向上弯曲（这种情况较少），则叫做"正偏离"。

偏离郎伯-比尔定律的原因很多，但可主要从下面两个方面来寻找。

1. 仪器方面的原因

主要有入射光束不纯，即并非真正的单色光。纵使采用性能良好的单色器，由于狭缝调节不当，或光源辐射性质不良，致使工作波长实际上是一个有限宽度的谱带，随着谱带宽度的增大，吸收光谱的分辨率下降，于是容易形成负偏离，尤其溶液浓度大时更严重些。因此，在实际分析中，为了减少非单色光引起的偏离，除了选用具有优良性能单色器的分光光度计并选择合适的工作波长和选择适宜的分析浓度范围外，还要做空白实验。

2. 化学方面的原因

由式 6-3 可知，C 表示吸光物质的总浓度，在实际分析中常常涉及的是与溶液中其他组分处于平衡状态的物质，所以水样中被测物质浓度的改变而引起平衡的任何移动都将导致对郎伯-比尔定律的偏离，这就是所谓化学平衡的影响。例如，$K_2Cr_2O_7$ 溶液有如下平衡：

$$Cr_2O_7^{2-} + H_2O \rightleftharpoons 2HCrO_4^- \rightleftharpoons 2H^+ + 2CrO_4^{2-}$$

$Cr_2O_7^{2-}$ 离子呈橙色，其吸收光谱在 345nm 和 450nm 处分别有特征吸收；而 CrO_4^{2-} 呈黄色，在 375nm 处有特征吸收（见图 6-2）。随着溶液的 pH 不同，$Cr_2O_7^{2-}$ 和 CrO_4^{2-} 的浓度比也不同，这样，溶液的吸光度和 Cr（Ⅵ）的总浓度之间的线性关系就发生明显偏离。如当使用 375nm 为工作波长时，由于随溶液浓度增加，总的吸光度值急剧增高，将引起正偏离；使用

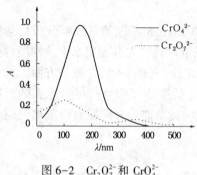

图 6-2　$Cr_2O_7^{2-}$ 和 CrO_4^{2-}
溶液的吸收光谱

450nm 为工作波长时,将引起负偏离。为克服这种偏离,应控制溶液在强酸性条件下,使 Cr(Ⅵ) 以 $Cr_2O_7^{2-}$ 型体存在,便可获得满意的直线关系。

化学方面的因素很多,诸如水样中被检测物质(溶质)与溶剂或其他离子发生作用,或溶质分子本身离解、聚合,或形成不同络合物、互变异构体等,都会引起吸光强度的变化,使标准曲线弯曲,这里不一一赘述。为了减少化学方面因素而引起的偏离,要求在实际分析工作中,一定要严格控制反应条件和遵守操作规程。

第二节　比色法和分光光度法

许多物质是有颜色的,例如 $KMnO_4$ 溶液呈现紫红色;有些物质本身是无色的,但可在适当条件下,与某些试剂反应生成有色物质。例如,CN^- 与吡啶-巴比妥酸生成红紫色染料;Cd^{2+}、Pb^{2+}、Zn^{2+}、Hg^{2+} 等与双硫腙分别形成红色、淡红色、红色、橙色螯合物;Cr^{6+} 与二苯碳酰二肼生成紫红色络合物;酚与 4-氨基安替比林生成红色染料等等。有色物质溶液颜色的深浅,与其浓度成正比,溶液颜色越深,其浓度越大。通过比较溶液颜色深浅来确定物质含量的方法,称为比色分析法。比色分析法是利用物质对光的选择性吸收而进行测定的方法。目前,已普遍采用分光光度计进行比色分析,以较纯的单色光作入射光,测定物质对光的吸收,因此称为分光光度法。根据入射光波长范围的不同,它又分为可见-紫外分光光度法、红外分光光度法等。主要用于水样中微量组分的测定。

比色法和分光光度法的主要特点有:

① 灵敏度高。一般可测定 $10^{-2} \sim 10^3$ mol/L 浓度的物质,如果通过富集(如萃取),灵敏度还可提高。

② 准确度较高。一般比色法相对误差 5%~10%,分光光度法相对误差为 2%~5%,与重量法、滴定法相比要低一些,但是可以满足微量组分测定要求。

③ 应用广泛。几乎所有无机离子和许多有机物都可以直接或间接地用比色法和分光光度法测定。

④ 操作简便、快速。分光光度计等仪器已是实验室常规测量仪器。

一、比色法

(一) 目视比色法

直接用眼睛比较标准溶液与被测溶液颜色的深浅,来测定物质含量的方法称为目视比色法。测量的是透过光的强度。

原理:根据郎伯-比尔定律,当样品溶液与标准溶液透过光的强度相同时,则该标准溶液的浓度就是被测溶液的浓度。令标准溶液透光强度为 $I_标$,被测溶液为 $I_样$,则有

$$I_标 = I_c \cdot 10^{\varepsilon_1 C_1 L_1}$$

$$I_样 = I_i \cdot 10^{\varepsilon_2 C_2 L_2}$$

当两溶液颜色相同时,透光强度相等

$$I_标 = I_样$$
$$\varepsilon_1 C_1 L_1 = \varepsilon_2 C_2 L_2$$

又因为对同一物质，在相同条件下显色时，则

$$\varepsilon_1 = \varepsilon_2 L = L_2$$

所以有 $C_1 = C_2$，即水样中被测物质浓度与标准溶液浓度相等。

具体做法——标准色阶法

用一套质料相同、形状大小相同的比色管（10，25，50 或 100mL 均可），插入具有白色底板的比色管架中，将一系列不同浓度的标准溶液依次加入各比色管中，再分别加入等量的显色剂及其他试剂，并控制其他实验条件完全相同，最后稀释至同一体积，便配制成一套颜色逐渐加深的标准色阶。

将一定量的被测水样、置于另一比色管中，在相同条件下显色，并稀释至相同体积。

比色测定：从管口垂直向下观察，逐一与标准色阶比较，若被测水样与标准系列中某一溶液的颜色深浅相同，表示两者浓度相同，若颜色介于两标准溶液之间，则被测水样浓度介于两标准溶液浓度之间，一般取该两标准溶液浓度的平均值。

标准色阶法常用于测定水样中的色度和余氯等。

该方法不需特殊仪器设备，操作简便、灵敏度较高，常用于准确度要求不高的水样分折。该方法的缺点是：

① 有色溶液（显色液）不太稳定，常需临时配制一套标准色阶，麻烦费时。

② 眼睛观察，主观误差较大。准确度不高，相对误差 5%～20%。

为了提高准确度一般不用目视比色法，而采用光电比色法和分光光度法。

（二）光电比色法

利用光电池和检流计代替人眼睛进行测量的仪器分析方法为光电比色法，测量的是吸收光的强度。例如，测定 $KMnO_4$ 溶液，光电比色法测定的是 $KMnO_4$ 溶液对黄绿色光的吸收强度；而目视比色法测量的是 $KMnO_4$ 溶液透过紫红色光的强度。

具体做法标准曲线法：借助光电比色计来测量一系列标准溶液的吸光度值，以标准溶液浓度（mg/L 或 mol/L）为横坐标与对应的吸光度值（A）为纵坐标，绘制标准曲线。然后在相同条件下，测定被测水样的吸光度值，从标准曲线上查出其浓度或含量。

光电比色计：

由光源、滤光片、比色皿、光电池和检流计五个部件组成（见图 6-3）。

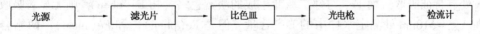

| 光源 | → | 滤光片 | → | 比色皿 | → | 光电枪 | → | 检流计 |

图 6-3　光电比色计的方框图

当光源发出的复合光（白光）经过滤光片变成单色光，通过比色皿时一部分光被吸收，一部分光透过溶液，硒光电池将光信号转换成电信号，由检流计指示出光电流即电信号的大小。由于电信号（光电流）与水样中被测物质浓度成正比，便可根据光电流大小求出水样中被测物质的浓度或含量。

① 光源：常用钨丝灯作光源，能发射 400～1100nm 的连续光波。

② 滤光片（Filter）：滤光片的作用是获得单色光，常用有色玻璃制成。要求滤光片的颜色与水样中被测物质的颜色为互补色，即滤光片最容易透过的光应是有色溶液最容易吸收的

光。例如，磺基水杨酸铁的黄色溶液，最易吸收紫色光，所以用紫色滤光片。

③ 比色皿（Cuvette）：比色皿盛水样或空白溶液，由无色透明光学玻璃制成。

④ 光电池：将光信号转换成电信号（光电流）的装置，常用硒光电池。当单色光辐射到硒光电池时，电子从半导体硒表面逸出，便产生光电流，光电流与入射光的强度成正比。硒光电池产生的光电流较大，无需放大，即可直接由灵敏电流计测量。

⑤ 检流计（Galvanometer）：测量光电流的仪器。光电比色计中常用悬镜式光点反射检流计。上有透光度（$T\%$）和吸光度（A）两种刻度。

光电比色法的优点是：

① 光电池和检流计代替人眼睛测量，消除了主观误差，提高了准确度。

② 在有其他有色物质共存时，可采用适当的滤光片和适当的参比溶液来消除干扰，提高了选择性。

光电比色法的局限性是：只限于可见光区 400~800nm；且滤光片将复合光变成单色光，仍不纯，常有其他杂色光，影响测量的灵敏度和准确度。因此，目前多采用分光光度法。

二、分光光度法

（一）分光光度法的特点

① 分光光度法采用棱镜或光栅等分光器将复合光变为纯度较高的单色光，由于入射光是纯度较高的单色光，便可获得十分精确细致的吸收光谱曲线，可选择最合适的波长进行测定。可使偏离郎伯-比尔定律的情况减少，标准曲线直线部分范围更大，因而使方法的灵敏度、准确度都较高。

② 测量范围扩大了。由于入射光的波长范围扩大了，不仅可以测定在可见光区（400~800nm）有特征吸收的有色物质，也可以测定在紫外光区（200~400nm）和红外光区（2.5~25μm）有适当吸收的无色物质。例如，苯酚与4-氨基安替比林反应生成的橙红色的吲哚酚安替比林染料，其水溶液在 510nm 波长处有最大吸收，因此，可用可见分光光度法在 λ_{max}=510nm 处测定苯酚的含量；而苯酚的水溶液又可在 λ_{max}=287nm 处用紫外（UV）分光光度法测定。又如水中硝酸盐（NO_3^-）在 302nm 处有最大吸收，亚硝酸盐（NO_2^-）和其他阴离子不干扰，可在 λ_{max}=302nm 处测定水中 NO_3^- 的含量。

③ 由于可任意选取某种波长的单色光，在一定条件下，利用吸光度的加和性，可同时测定水样中两种或两种以上的物质组分含量。例如，水样中台有 Fe^{2+}、Fe^{3+} 时，可以使用吸光度的加和性实现同时测定。其中 Fe^{2+} 与邻二氮菲生成的橙红色络合物 $Fe(phen)_3^{2-}$ 在 510nm 处有特征吸收，而 Fe^{3+} 与邻二氮菲生成的淡蓝色络合物 $Fe(phen)^{3+}$ 则无显著吸收。因此可在 λ_{max}=510nm 处测定水样中的 Fe^{2+} 含量。但是 $Fe(phen)_3^{3+}$ 和 $Fe(phen)_3^{2+}$ 两络合物在 390nm 处为等吸收点、具有相等的吸收强度。因此，可在 390nm 波长处测定 Fe^{2+} 与 Fe^{3+} 的总浓度。而水样中 Fe^{3+} 的量可由 390nm 处与 510nm 处测得的总铁量与 Fe^{2+} 的量之差值求得。

（二）分光光度计

分光光度计与光电比色计的主要区别是分光器不同和测量范围不同。分光光度计用棱镜或光栅等分光器将复合光变为单色光，可获得纯度较高的单色光，进一步提高了灵敏度和准确度。分光光度计测量范围不仅包括可见光区，还包括紫外和红外光区，扩大了测量的范围。

　　分光光度计按波长范围分为可见分光光度计(工作范围 360~800nm)、紫外可分光光度计(200~1000nm)和红外分光光度计(760~400000nm)等。目前，紫外可见分光光度计主要有单光束、双光束和双波长分光光度计。双光束或双波长分光光度计不仅能测量样品的吸收光谱，而且可以测量样品的差光谱和导数光谱(波长范围180~2500nm)，扩大了光谱范围。双波长分光光度计由于采用不同波长的单色光交替通过同一样品池，然后通过两个波长的吸光度差值计算样品组分浓度，消除了背景所引起的误差，提高了准确度。尤其微处理机(微型计算机)引入分光光度计，更提高了仪器的精密度、灵敏度、稳定性和自动化程度。就其结构原理来讲，都是由光源、分光系统、吸收池、检测器和记录系统 5 个基本部件组成。

三、可见紫外分光光度计结构及其原理

（一）单光束分光光度计

　　如图 6-4 所示，光源产生复合光，通过色散系统，分解为波长连续的单色光，通过棱镜可选择所需波长，再射入样品溶液吸收池，透过的光入射到光电管上，发生光电效应而产生光电流，再经放大，使电流计偏转，然后调节滑线电阻即转动读数电位器来改变补偿电压，使电流指针重新归零，读电位器上的读数，以吸光度表示。样品溶液的吸光度值与样品溶液组分的含量或浓度成正比。因此，可测定待测组分的浓度或含量。

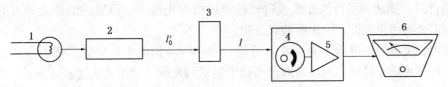

图 6-4　单光束分光光度计结构

1—光源；2—单色光器；3—比色皿；4—光电管；5—放大器；6—微安表

（二）双光束分光光度计

　　如图 6-5 所示，经单色器分光后经反射镜分解为强度相等的两束光，一束通过参比池，一束通过样品池。光度计能自动比较两束光的强度，此比值即为试样的透射比，经对数变换将它转换成吸光度并作为波长的函数记录下来。

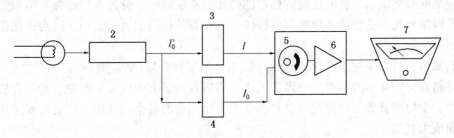

图 6-5　双光束分光光度计结构

1—光源；2—单色光器；3—比色皿；4—参比比色皿；5—光电管；6—放大器；7—微安表

　　双光束分光光度计一般都能自动记录吸收光谱曲线。由于两束光同时分别通过参比池和样品池，还能自动消除光源强度变化所引起的误差。

（三）双波长分光光度计

　　由同一光源发出的光被分成两束，分别经过两个单色器，得到两束不同波长 1 和 2 的单

色光，利用切光器使两束光以一定的频率交替照射同一吸收池，然后经过光电倍增管和电子控制系统，最后由显示器显示出两个波长处的吸光度差值。对于多组分混合物、混浊试样（如生物组织液）分析，以及存在背景干扰或共存组分吸收干扰的情况下，利用双波长分光光度法，往往能提高方法的灵敏度和选择性。利用双波长分光光度计，能获得导数光谱。

四、可见紫外分光光度计的光学系统和测量系统

（一）光源

光源有钨丝灯和氢灯（或重氢灯）两种，其中钨丝灯作为可见光区的连续光源（320~2500nm），氢灯、重氢灯常用于紫外光区（180~375nm）的连续光源，由于玻璃能强烈地吸收紫外光线，故一般都用石英灯泡制做。如果用玻璃灯泡，则在光源射出部分必须安上石英窗才能使用。常见的紫外-可见分光光度汁波长范围是180~1000nm。

（二）分光系统

单色器是产生高光谱纯度辐射束的装置。换言之，是将混合的光波按波长顺序分散为不同波长的单色光波的装置，所以又称散色系统。包括棱镜或衍射光栅、狭缝和透镜、准直镜系统，其中棱镜或衍射光栅是单色器的重要部件。

1. 狭缝

当光源的光进入色散系统前，要先经过一个入射狭缝，使光成为一条细的光束照射平行光镜（准直镜），则成为平行的光线投射到棱镜或衍射光栅上。色散后的光波通过转动棱镜可获得所需要的单色光波，由出射狭缝分出。

事实上，由出射狭缝出来的光并不是某一种单一波长的光，狭缝越宽所包含的光波越多。如果色散系统是棱镜，则在长波段光谱中包括的光波又比短波光谱多，因此，为了得到一定纯度的单色光（即光谱范围窄的光）必须随着棱镜的转动同时调节狭缝。

通常表示出射狭缝宽度的方法有2种，一种是狭缝实际宽度（用mm表示），可以从0~2mm连续变化；另一种是光谱狭缝宽度（光谱宽度用nm表示）。

狭缝越窄，杂散光的影响越少，但是光的亮度也越弱，所以狭缝宽窄要适度。如果采用双单色器可明显减少杂散光，提高仪器的分辨能力。

2. 棱镜

由玻璃或石英制成，玻璃棱镜的色散能力比石英棱镜好，分辨本领也强，但强烈吸收紫外线，所以紫外光区的色散必须用石英棱镜，且在石英棱镜的反面镀铝，因为铝比银对紫外光的反射力强。

我们知道，当光经过一种介质（如空气）射入另一种介质（如玻璃）时，其传播速度改变。如果光是斜着射到介质的界面，则光进入该介质后其传播方向也发生改变，光在介质中传播速度较慢，折射率就大，这样就可以将混合光中所包含的各个光波按一定波长顺序使之分散开来，而成为光谱。

另外，也常用衍射光栅作色散元件。光栅是在石英或玻璃的表面上刻许多等距离的平行线，光只能在两条刻线中间的平面处透过去，这些平面形成了极微小的缝，光透过小缝时即产生绕射现象，使每个小缝都自成一个小光源，将光向各个方面射出。从各小缝射出的光波在传播的过程中又引起光波的干涉；一部分光波因互相干涉而减弱或抵消，一部分光波因互相加强而保留。保留的光波，其传播方向与光波的波长有关，较长的光波偏折的角度大，较短的光波偏折的角度小，因而形成光谱。

说明一点，非测定所需的光都称杂色散光。杂色散光除由狭缝太宽引起之外，棱镜落上灰尘也会产生杂色散光，所以分光光度计的光学系统都是密封的，防止灰尘进入。

（三）吸收池

吸收池也叫比色皿，盛溶液的吸收池有玻璃和石英的，玻璃池只能用于可见光区，石英池可用于紫外光区和可见光区。吸收池的厚度（光程）要准确，吸收池的规格（光程长短）有多种，可根据溶液多少和吸收情况选用。最常用的是方形吸收池，有的仪器附有试管形的圆形吸收池，它的好处是在盛入溶液后，形成一个聚光镜，增加了照射到检测器上的光强度，但加工困难些。

使用新的吸收池之前必须经过配对选择，测定它们的相对厚度，互相偏差不得超过 2% 透光度，否则影响定量结果。

（四）检测器

检测器的功能是检测光信号。实际应用中最重要的检测器，有照相式检测器和基于光电效应的光电检测器。照相式检测器由于制造、曝光和显影等过程中变量多，不易控制，目前，在定量分析中已基本上被光电检测器所取代。

光电检测器（光电管或光电倍增管）是将光信号转换为电信号的装置。光电管有紫敏光电管（锑铯合金光电管）适用于波长 200～625nm 和红敏光电管（氧化铯光电管）适用于波长 625～1000nm 或更大。它们和光电放大器一起装在另一个暗箱中，组成一个测量放大系统。

上述这些元件构成了目前常用的紫外可见分光光度计。近年来，双波长分光光度计的出现，使分析方法的准确度和灵敏度明显提高，尤其对高浓度样品和混浊样品以及多组分混合物样品的定量分析，更显出其独特优点。双波长分光光度计不仅可以测量样品的吸收光谱，而且可以测量样品的差光谱和导数光谱，扩大了光谱范围和应用范围。电子计算机与分光光度计联用，使仪器的精度、灵敏度、稳定性和自动化程度大大提高，尤其微型计算机已成为分光光度计的一个重要组成部分，极大地推动了分光光度计的发展。

五、分光光度计的校正

我们知道，分光光度法最重要的一个物理化学量是吸光度。为了获得准确的研究结果，准确测量样品溶液的吸光度是非常重要的。一般分析结果的不可靠性与偶然误差和系统误差有关。偶然误差影响测量的精密度，可通过足够数量测量的统计处理来减少误差；系统误差影响测量结果的准确度，可在大体相同实验条件下，用比较一种物质的准确测量结果，使系统误差统一起来。而分光光度计的系统误差（波长、分光光度计的漫散光、放大器的线性影响、暗电流和比色皿的光程）和操作误差（温度改变、仪器读数、操作者的改变、使用物质的纯度、称量和浓度、pH）对测量吸光度的影响是可以检查和校正的。关于操作误差，多数情况下，通过严格按操作程序测量、仪器调零、准确称量等来控制或减少这种误差的产生。关于仪器的系统误差，可通过对分光光度计的定期校正来克服，若需要准确度很高的测量，则必须天天校正，下面仅就波长（或波数）、吸光度和杂散光校正做一介绍。仪器的灵敏度校正一般根据仪器说明书进行。

（一）波长（或波数）校正

一般波长可采用窄吸收的溶液、滤光片、蒸气或放电灯泡发射的射线来校正。通常用含稀土金属的玻璃滤光片校正波长，虽方便，但准确度不高（如表 6-3）。表 6-4 为标准铬酸钾溶液吸光度。

表6-3　钬和钕、镨的吸收带(供校正用)

元素	波数/(1/cm)	波长/nm
钬	41410	241.5(3)
	35790	279.4(4)
	34780	287.5(5)
	29970	333.7(6)
	27710	360.9(7)
	23900	418.4(8)
	22070	453.2(9)
	18650	536.2(10)
	15690	637.5(13)
钕、镨	17450	573(11)
	17089	583(12)
	14600	685(14)
	13510	740(15)
	12373	808(16)

表6-4　标准铬酸钾溶液吸光度

λ/nm	A	λ/nm	A
220	0.4559	370	0.9914
230	0.1675	380	0.9281
240	0.2933	390	0.6841
250	0.1962	400	0.3872
260	0.6345	410	0.1972
270	0.7447	420	0.1261
280	0.7233	430	0.0811
290	0.4295	440	0.0535
300	0.1518	450	0.0326
310	0.0458	460	0.0173
320	0.0620	470	0.0083
330	0.1157	480	0.0035
340	0.3113	490	0.0009
350	0.5528	500	0.0000
360	0.8297		

　　在近紫外光区可用苯的蒸气校正,用一小滴苯放入1cm石英皿中,测定其蒸气波长或吸收光谱;在远紫外区可用氧气的吸收带进行校正(见表6-5)。另外,还可用放电灯泡发射的辐射线来校正,可达到更高的精密度(见表6-6)。

表6-5　氧和苯蒸气的吸收带(供校正用)

元素	λ/nm	波数/(1/cm)
氧	181.6	55053
	183.1	54625
	184.6	54160
	188.2	53125
	190.3(1)	52560

续表

元　素	λ/nm	波数/(1/cm)
氧	192.4(2)	51972
	194.7	51351
苯	236.3	42312
	241.6	41392
	247.1	40469
	252.9	39548
	258.9	38625

表6-6　供校正光谱的发射线

元　素	波长/nm	波数/(1/cm)
氢	463.3	21584
	656.3	15233
汞	185.0	54066
	253.6	39413
	296.7	33691
	313.2	31923
	365.0	27388
	404.7	24705
	435.8	22938
	546.1	18308
钠	589.3	16969

（二）吸光度校正

用于校正仪器吸光度的材料应该是纯度高、透光度比较稳定的物质，这些物质最主要的是铬酸钾（在碱性溶液中）、硝酸钾、苦味酸钠（在碱性的溶液中）和重铬酸钾（在酸性溶液中）、烟酸（在酸性溶液中）等。在碱性溶液中的铬酸钾及苦味酸钠作为紫外分光光度计的对照材料是很有价值的，但是由于含有碱性，使它们不能储藏在普通玻璃容器中，而需要置于均一的石英皿中；而硝酸钾溶液本身并不十分稳定，这些都限定了它的使用。因此，最好选择易于纯化，又溶于酸性介质中的物质，它的稀溶液也是很稳定的，这样的物质是重铬酸钾和烟酸。其中重铬酸钾的 0.005mol/L H_2SO_4 溶液（$\lambda_{max}=257nm$）和烟酸的 0.1mol/L HCL 溶液（$\lambda_{max}=210nm$）作为紫外分光光度计的标准校正溶液，一般重铬酸钾的 0.005mol/L H_2SO_4 溶液使用较多。为了配制最后的校正工作液，必须用重量法连续地稀释，通常配制0.606g/L 的重铬酸钾的 0.005mol/L H_2SO_4 溶液，称取 0.6060g 重铬酸钾溶解于 1L 0.005mol/L H_2SO_4 溶液中，此溶液为储备溶液。当使用时，吸取 100mL 储备溶液用蒸馏水稀释至 1L，则得到浓度为 0.0606g/L 的标准重铬酸 0.005mol/L H_2SO_4 溶液，利用此溶液即可进行校正、此重铬酸钾的 0.005mol/L H_2SO_4 溶液在 λ 为 235nm、237nm、313nm 和 350nm 处，公认的吸光度值以重量吸收系数以 L/(g·cm) 表示时，分别是 12，14.5，4.9 和 10.7；用比吸收系数（$A_{1cm}^{1\%}$）表示时，分别是 124.9，144.2，48.8 和 107.1；以摩尔吸收系数[L/(mol·cm)]表示时，分别是 3676，4272，1436 和 3151。

第三节　显色反应及其影响因素

在进行比色分析或分光光度分析时，经常利用某种反应将水样中被测组分转变为有色化合物，然后进行测定，这种把被测组分转变成有色化合物的反应称做显色反应，与被测组分形成有色化合物的试剂叫做显色剂。有些物质加入某种试剂或溶剂后，会使该物质的吸收曲线紫移或红移，以利于在紫外光区选择适宜波长对该物质的测定，因此，我们也延用"显色"反应这一概念。

一、显色反应

分光光度法应用的显色反应主要有氧化还原反应和络合反应两大类，其中络合反应是最重要反应。显色反应应满足下列要求：

① 选择性好、干扰少或干扰易消除。

② 灵敏度足够高。因为比色法和分光光度法多用于微量组分的测定，故一般选择生成显色化合物的摩尔吸收系数高(ε 在 $10^4 \sim 10^8$) 的显色反应。但是有时灵敏度高的反应不一定选择性好，故应全面考虑，对于常量组分的测定，不一定选择最灵敏的显色反应。

③ 生成的显色化合物的化学物质应足够稳定，是有恒定的组成成分。

④ 显色化合物(MR)与显色剂(R)之间的颜色差别要大，使显色时颜色变化明显，空白值小，通常这种差别叫"反衬度"(或对比度)，用 $\Delta\lambda$ 表示。要求：

$$\Delta\lambda = \lambda_{max}^{MR} - \lambda_{max}^{R} \geqslant 60nm \tag{6-6}$$

下面介绍显色反应

(一) 氧化还原反应

例如，测定水中的 Mn^{2+}，以 $AgNO_3$ 为催化剂，用过硫酸铵$(NH_4)_2S_2O_8$ 将 Mn^{2+} 氧化为紫红色的 MnO_4^- 在 $\lambda_{max} = 525nm$ 处，MnO_4^- 有特征吸收，可以利用分光光度法测定水中的 Mn^{2+} 含量。

$$2Mn^{2+} + 5S_2O_8^{2-} + 8H_2O \xrightarrow{Ag^+} 2MnO_4^- + 10SO_4^{2-} + 16H^+$$

(二) 络合反应

无机阳离子的显色反应绝大多数都属于络合反应，例如，Fe^{2+} 与邻二氮菲的反应：

$$Fe^{2+} + 3phen \Longleftrightarrow Fe(phen)_3^{2+}(红色)$$

邻二氮菲亚铁络合物在 508nm 处有特征吸收，这是邻二氮菲光度法测定水中 Fe^{2+} 的基础。

近年来，在分光光度法中发展较快的一类络合反应是形成三元络合物的显色反应。这类三元络合物与普通的二元络合物较之，有更高的灵敏度和选择性，因而很有发展前途。例如，在 pH = 6.0 的 $Fe(phen)_3^{2+}$ 溶液中加入甲基橙，阳离子 $Fe(phen)_3^{2+}$ 与甲基橙阴离子可以靠静电引力形成三元离子缔合型络合物，萃取后用分光光度法测定铁，其灵敏度又高于邻二氮菲分光光度法。

二、显色剂

显色剂分为无机显色剂和有机显色剂。部分无机显色剂列于表 6-7。其中无机显色剂与金属离子形成络合物的组成不恒定、不稳定、选择性差、灵敏度不高，所以常用有机显色剂。

多数有机显色剂与金属离子生成极其稳定的螯合物，显色反应的选择性和灵敏度都比无机显色反应高，在比色法和分光光度法中已广泛应用。

表 6-7　部分无机显色剂

显色剂	测定元素	络合物		λ_{max}/nm	介　质
		组成	颜色		
硫氰酸盐	铁	$Fe(SCN)_5^{2-}$	红	480	$0.1\sim0.8mol/L\ HNO_3$
	铜	$MoO(SCN)_5^{2-}$	橙	460	$1.5\sim2.0\ mol/L\ H_2SO_4$
	钨	$WO(SCN)_4^-$	黄	405	$1.5\sim2.0\ mol/L\ H_2SO_4$
	硅	$H_4SiO_4\cdot10MoO_3\cdot Mo_2O_5$	蓝	$670\sim820$	$0.15\sim0.3\ mol/L\ H_2SO_4$
铝酸铵	磷	$H_3PO_4\cdot10MoO_3\cdot Mo_2O_5$	蓝	$670\sim820$	$0.5\ mol/L\ H_2SO_4$
	钒	$P_2O_3\cdot V_2O_5\cdot22MoO_3\cdot nH_2O$	黄	420	$1mol/L\ HNO_3$
H_2O_2	钛	$TiO(H_2O_2)^{2-}$	黄	420	$1\sim2\ mol/L\ H_2SO_4$

（一）双硫腙

学名二苯基硫代卡巴腙，亦称打萨腙。分子式 $C_{13}H_{12}N_4S$，紫黑色结晶粉末，微溶于水，易溶于氨水及碱性介质中。双硫腙溶于 CCl_4 或 $CHCl_3$ 中呈现黄、红色或介于二色之间，是目前萃取比色测定 Pb^{2+}、Zn^{2+}、Cd^{2+}、Cu^{2+}、Hg^{2+} 等离子的重要显色剂。表 6-8 列出了一些金属离子与双硫腙 (H_2D_2) 螯合物的 λ_{max} 和 ε。

双硫腙与重金属离子的反应很灵敏，可利用控制 pH 和掩蔽方法，消除干扰，提高反应的选择性。

双硫腙（H_2D_2）

表 6-8　一些重金属离子与双硫腙形成的螯合物的 λ_{max} 和 ε

双硫腙 H_2D_2：$\lambda_{max}=620nm$　$\varepsilon=3.3\times10^4$

金属离子与 H_2D_2 螯合物	λ_{max}/nm	$\varepsilon/[L/(mol\cdot cm)]$	介　质
PbH_2D_2	520	6.88×10^4	CCl_4
ZnH_2D_2	535	9.60×10^4	CCl_4
CdH_2D_2	520	8.80×10^4	CCl_4
HgH_2D_2	485	7.12×10^4	CCl_4
CuH_2D_2	550	4.52×10^4	CCl_4
CoH_2D_2	542	5.92×10^4	CCl_4
NiH_2D_2	665	1.92×10^4	CCl_4

（二）二甲酚橙

一种三苯甲烷类显色剂，分子式 $C_{31}H_{32}N_2O_{13}S$，红棕色有光泽的结晶粉末，其钠盐易溶于水。由于具有邻甲酚酞结构，因此溶液的 pH 值对其颜色变化影响很大，在 pH>6.3 时，溶液呈红色，pH<6.3 时，显黄色，与许多金属离子可形成红色或紫红色的化学计量数为

1 :1络合物。它不仅是络合滴定中重要金属指示剂，也是比色与分光光度分析的常用显色剂。二甲酚橙作显色剂有较高的灵敏度和选择性。一些金属离子与二甲酚橙(XO)形成的络合物的 λ_{max} 及 ε 列于表6-9。

还有铬天青S、结晶紫和罗丹明B等都属于三苯甲烷类显色剂。其中铬天青S(CAS)与许多金属离子生成蓝、紫色或介于二色之间的络合物，主要用于测定 Al^{3+}，$Al(CAS)_3^{-}$ 络合物的 $\lambda_{max}=530nm$，$\varepsilon=5.9\times10^4$。结晶紫主要用于测定铊($Tl^{34}$)。

表6-9　部分金属离子与二甲酚橙络合物的 λ_{max} 和 ε

金属离子与XO螯合物	λ_{max}/nm	$\varepsilon/[L/(mol \cdot cm)]$	pH
XO, $\lambda_{max}=440nm$			
Bi^{3+} XO	520	1.6×10^4	5.4~6.4
Cu^{2+} XO	580	2.41×10^4	4.5~5.5
Pb^{2+} XO	580	1.94×10^4	
Zn^{2+} XO	535	3.18×10^4	
Th^{4+} XO	535	2.50×10^4	

（三）磺基水杨酸

分子式 $C_7H_6O_6S$。白色结晶粉末，易溶于水、乙醇或乙醚。其水溶液为无色，与许多高价金属离子形成稳定的有色络合物，是重要有机显色剂之一。主要用于测定 Fe^{3+}，磺基水杨酸与 Fe^{2+} 络合物在不同pH值时呈现不同颜色和不同组成。

一般在 pH=1.8~2.5 条件下为红褐色的 $Fe(SSal)^-$ 络离子，在 $\lambda_{max}=520nm$ 处($\varepsilon=1.6\times10^3$)测定水中 Fe^{3+} 的含量。

（四）邻二氮菲

又称邻菲啰啉，分子式 $C_{12}H_8N_2$，白色结晶。难溶于水，溶于苯、乙醇和丙酮。它是测定 Fe^{2+} 的较好显色剂。一般在 pH=5~6 时，在 $\lambda_{max}=508nm$ 处($\varepsilon=1.1\times10^4$)测定水中 Fe^{2+} 的含量，生成 $Fe(phen)_3^{2+}$ 桔红色络合物。

如果水样中有 Fe^{3+} 时，首先测 Fe^{2+}，然后另取一份水样，加还原剂将 Fe^{3+} 还原为 Fe^{2+}，再测总铁，最后由总铁与 Fe^{2+} 含量之差求水样中 Fe^{3+} 的含量。

（五）丁二酮

分子式 $C_4H_8N_2O_2$，白色粉末，溶于乙醇和乙醚。不溶于水，是测定镍的有效显色剂。在 NaOH 碱性溶液中，有氧化剂(如过硫酸铵)存在时，丁二酮与 Ni 生成化学计量数为1:4的可溶性红色络合物，其 $\lambda_{max}=470nm$，$\varepsilon=1.3\times10^4$。

三、多元络合物

由三种或三种以上的组分所形成的络合物为多元络合物。其中三元络合在分光光度法中应用较普遍。其主要原因是：

① 有更好的选择性。例如，铌和钽都可与邻苯三酚生成二元络合物，但在草酸溶液中，只有钽能与邻苯三酚形成黄色的钽-邻苯三酚-草酸三元络合物，铌则不形成类似的三元络合物，从而提高了反应的选择性。

② 有更高的灵敏度。例如，用 H_2O_2 测定钒(V)，在 $\lambda_{max}=450nm$ 处的 ε 为 2.7×10^2，如用 PAR[4-(2-吡啶偶氮)间苯二酚]显色，灵敏度有所提高，但选择性差。如果将钒

（V）、H_2O_2、PAR 三者混合，在一定条件下形成钒（V）-H_2O_2-PAR 三元络合物（紫红色），吸收光谱红移至 $\lambda_{max} = 540nm$，$\varepsilon = 1.4 \times 10^4$，其灵敏度明显提高。

③ 有更强的稳定性。例如，Ti-EDTA-H_2O_2 三元络合物的稳定性比 Ti-EDTA 或 Ti-H_2O_2 二元络合物的稳定性分别增强约 1000 倍或 100 倍。

在分光光度分析中，三元络合物还有改善显色条件、较好的萃取性能、测定范围较广等许多特点，尤其为测定某些能生成三元络合物的阴离子、提供了新的方法和途径。

四、影响显色反应的因素

分光光度法测定的是显色反应达到平衡后溶液的吸光度，因此必须根据溶液平衡原理，了解影响显色反映的因素，控制适当的条件，使显色反应完全稳定，才能获得更准确的结果。影响显色反映的主要因素有：

（一）显色剂用量

令 M 代表被测物质组分，R 代表显色剂，则显色反应是

$$M + R \rightleftharpoons MR$$

根据化学平衡原理，有色络合物的 $K_{稳}$ 越大，显色剂用量越多，越有利于被测物质全部转化为有色络合物 MR。但是过量的显色剂有时会引起副反应的发生，对测定反而不利。显色剂的适宜用量、要通过实验确定。

（二）H^+ 浓度的影响

H^+ 浓度对显色反应的影响主要从以下几个方面考虑：

1. H^+ 浓度对显色剂的平衡浓度和颜色的影响

（1）H^+ 浓度对显色剂平衡浓度的影响

显色反应所用的显色剂不少是有机弱酸，令显色剂用 HR 表示，则被测物质组分 M 与显色剂的反应是：

$$M + HR \rightleftharpoons MR^- + H^+$$

显然，H^+ 浓度增加，平衡向左移动，使有色组合物浓度降低，吸光度也降低，影响测定结果的准确度。

例如，偶氮胂Ⅲ又称轴试剂Ⅲ，是一种变色酸双偶氮类显色剂（分子式 $C_{22}H_{18}As_2N_4O_{14}S_2$，紫褐色粉末，$\lambda_{max} = 450nm$）主要用于微量轴、钍、镐和稀土元素的比色测定。如用于测定稀土元素时，pH=1，显色反应不能进行；只有 pH=3 时，显色反应才能顺利进行。

（2）H^+ 浓度对显色剂颜色的影响

许多显色剂具有酸碱指示剂的性质，即在不同 pH 值下有不同的颜色。例如，PAR（4-2-吡啶偶氮间苯二酚）（H_2R 表示）在不同 pH 值下，有不同颜色：

$$H_2R \rightleftharpoons H^+ + HR^- \rightleftharpoons H^+ + R^-$$

黄色 pH=6.9 橙色 pH=12.4 红色

PAR

可见，pH<6.9 时，主要以 H_2R 型体存在，呈黄色；pH=6.9~12.4 时，主要以 HR^- 型体存在，呈橙色；pH>12.4 时，以红色 R^- 型体存在。由于在碱性溶液中，PAR 呈红色，而

PAR 与多数金属离子生成的显色络合物也是红色或紫红色,所以必须在酸性或弱碱性条件下进行测定。

2. H$^+$浓度对被测金属离子的存在状态的影响

大部分高价金属离子,如 Fe^{3+}、Al^{3+}、Th^{4+}、Ti^{4+} 等都易水解,尤其[H$^+$]较低时,除易产生一系列氢氧基或多核氢氧基络离子外,还会产生碱式盐或氢氧化物沉淀。例如,Al^{3+}在水溶液中以最简单的单核络合物 Al(H$_2$O)$_6^{3+}$ 型体存在,水合 Al^{3+}水解反应如下:

$$Al(H_2O)_6^{3+} + H_2O \Longrightarrow Al(OH)(H_2O)_5^{2+} + H_3O^+$$
$$Al(OH)(H_2O)_5^{2+} + H_2O \Longrightarrow Al(OH)_2(H_2O)_4^+ \downarrow + H_3O^+$$
$$Al(OH)_2(H_2O)_4^+ + H_2O \Longrightarrow Al(OH)_3(H_2O)_3 \downarrow + H_3O^+$$

由上述反应可知,降低[H$^+$]或提高 pH 值,水解反应趋向右方,配位水分子逐渐减少,羟基逐渐增多,而水合羟基络合物的电荷却逐渐减少,最终生成中性氢氧化铝沉淀。当 pH<4时,水解受到抑制,主要是 Al(H$_2$O)$_6^{3+}$ 型体;pH = 4 ~ 5 时,水中将出现 Al(OH)(H$_2$O)$_3$、Al(OH)$_2$(H$_2$O)$_4^+$ 和少量的 Al(OH)$_3$(H$_2$O)$_3$,当 pH=7~8 时,水中主要是 Al(OH)$_3$(H$_2$O)$_3$沉淀;当 pH>8.5 时,由于氢氧化铝是典型的两性化合物,它又重新溶解为负离子 Al(OH)$_4$(H$_2$O)$^-$,反应如下:

$$Al(OH)_3(H_2O)_3 + H_2O \Longrightarrow Al(OH)_4(H_2O)^- + H_3O^+$$

当然,在由 Al(H$_2$O)$_6^{3+}$ 最终趋于 Al(OH)$_3$(H$_2$O)$_3$ 的中间过程中,水解产物还有许多复杂的多核络合物或高聚物同时共存,这里不予讨论。

如用铬天青 S(CAS)为显色剂测定 Al^{3+}时,在 pH=5~5.8 下,生成蓝紫色 Al(CAS)$^{3+}$螯合物,λ_{max}=530nm,ε=5.90×10^4。

还有 Fe^{3+}水解反应与铝盐类似:

$$Fe(H_2O)_6^{3+} + H_2O \Longrightarrow Fe(OH)(H_2O)_5^{2+} + H_3O^+$$
$$Fe(OH)(H_2O)_6^{2+} + H_2O \Longrightarrow Fe(OH)_2(H_2O)_4^+ + H_3O^+$$
$$Fe(OH)_2(H_2O)_4^+ + H_2O \Longrightarrow Fe(OH)_3(H_2O)_3 \downarrow + H_3O^+$$

同样,在由 Fe(H$_2$O)$_6^{3+}$ 向 Fe(OH)$_3$(H$_2$O)$_3$ 转变过程中,也伴有许多高聚物或多核络合物存在;不同的是铁盐水解性能优于铝盐,水解产物溶解度极小,只有在强碱性条件下,形成的 Fe(OH)$_3$ 才有可能重新溶解。

应该指出,只有 pH<3 时,主要以 Fe(H$_2$O)$_6^{3+}$ 型体存在,水解受到严重抑制。

从上述讨论可知,测定这些高价金属离子时,溶液中的 H$^+$浓度不能太小。

3. H$^+$浓度影响络合物的组成

对于某些生成逐级络合物的显色反应,[H$^+$]不同,络合物的络合比往往不同,其色调也不尽相同。例如,磺基水杨酸(SSal)与 Fe^{3+}在不同 H$^+$浓度下,可生成化学计量数为 1:1、1:2 和 1:3 三种不同颜色的络合物。用磺苯水杨酸测定 Fe^{3+}时,控制 pH=1.8~2.5。

控制显色反应的 pH 值采用缓冲溶液,并通过实验确定适宜的 pH 范围。具体做法是:固定溶液中被测组分和显色剂的浓度,改变 pH 值,并分别测定相应的吸光度值 A。以 pH 值为横坐标,吸光度 A 为纵坐标,从中选出最适宜的 pH 值。

(三) 显色温度

一般显色反应在室温下进行,如磺基水畅酸(SSal)与 Fe^{3+}在室温下形成 Fe(SSal)$^+$络合物；但有的显色反应必须加热到一定温度才能完成。如比色法测定水中 Mn^{2+} 时，在催化剂 $AgNO_3$ 存在下，用过硫酸铵 $(NH_4)S_2O_8$ 将 Mn^{2+} 氧化成 MnO_4^-，必须在沸水浴中进行。一般显色反应的适宜温度也由实验确定。

（四）显色时间

有些显色反应能瞬时完成，并很快达到稳定状态，显色化合物的颜色在较长时间内保持不变，例如，用双硫腙比色法测定水中的镉 (Cd^{2+})，生成的红色络合物 $Cd(H_2D_2)_2$；有些显色反应虽能迅速完成，但很快就开始退色，例如，硫氰酸盐比色法测 Fe^{3+}，生成的硫氰酸铁，遇此情况，显色后要立即测定；有些显色反应较慢，经一定时间颜色才能稳定，例如，氯化氰（CNCl）是含氰（CN）废水氯化时产生的第一反应产物，挥发性气体，稍溶于水，毒性很大，用吡啶-巴比妥酸混合试剂比色测定，该试剂与 CNCl 产生红-蓝色化合物，显色反应 8min 之后 15min 内在 578nm 处测定。显色时间同样由实验确定。

（五）溶剂

溶剂可提高显色反应的灵敏度，例如，偶氮氯膦 I 测定 Ca^{2+} 时，加入乙醇后，颜色加深，吸光度明显增加；溶剂还可提高反应速度，例如，氯代磺酚 S 测铌（Nb）在水溶液中显色需几小时，而丙酮中只需 30min；溶剂还可提高显色络合物的稳定性，如 $Fe(SCN)^{2+}$ 在水溶液中 $\lg K_稳 = 2.30$，若在 90% 乙醇中则为 $\lg K_稳 = 4.70$，溶剂还可做为萃取剂将被测组分从水溶液中萃取出来，再进行光度分析。例如，测定水中的微量酚，用 4-氨基安替比林显色后，再用 $CHCl_3$ 萃取后在 460nm 处测定，提高了灵敏度，这种方法通常称做萃取比色法或萃取光度法。

（六）溶液中共存离子的影响

在显色反应中，如果溶液中共存离子与检测组分或显色剂生成无色络合物或有色络合物，将使吸光度值减少或增加，而造成负误差或正误差。如果溶液中共存离子本身有颜色也会干扰测定。要消除共存离子的干扰可采用下列方法：

① 控制溶液的 pH 值。例如，用双硫腙法测定水中 Hg^{2+} 时，Cu^{2+}、Co^{2+}、Ni^{2+}、Sn^{2+}、Zn^{2+}、Pb^{2+}、Bi^{3+} 等均可能发生反应，但如果在 0.5mol/L H_2SO_4 稀溶液中进行萃取，则上述干扰离子不再与双硫腙作用，从而消除干扰。

② 加入掩蔽剂。例如，用双硫腙法测定水中 Hg^{2+} 时，即使是在 0.3mol/L H_2SO_4 介质中进行萃取，还不能消除大量 Bi^{3+} 和 Ag^+ 的干扰。此时，加入 EDTA 掩蔽 Bi^{3+}、加 KSCN 掩蔽 Ag^+，可消除其干扰。

③ 改变干扰离子的价态。例如，用铬天青 S 比色法测定 Al^{3+} 时，Fe^{3+} 干扰测定，加入抗坏血酸将 Fe^{3+} 还原为 Fe^{2+} 后，可消除干扰。

④ 选择适当的光度测量条件和方法。

一般做空白试验可以抵消有色共存离子或显色剂本身颜色所造成的干扰；选择适宜波长，也可消除共存干扰物质的影响，例如，测定污水中的五氯酚时，在 320nm 处测定，共存的苯酚、邻甲酚、对甲酚、2,4-二氯酚、邻氯酚、邻溴酚、间氯酚等均不干扰测定。

选择新的分光光度法消除干扰。例如，生产合成除草剂苯达松的废水中含有 2-甲基吡啶，毒性较大。一般紫外分光光度法在 262nm 处测定 2 甲基吡啶时，苯达松有干扰，但采用紫外二元光度法直接测定等吸收点 254nm 处和 2-甲基吡啶 $\lambda_{max} = 262nm$ 处的两个吸光度值，便可求出废水中 2-甲基吡啶的含量，可有效消除苯达松的干扰。

又如紫外光度法测定水中 NO_3^- 时，由于有干扰物质常出现吸收峰重叠，造成误差。可改用双波长紫外光度法、导数紫外光度法等直接测定水中 NO_3^- 消除干扰等等。

⑤ 选择适当分离方法消除干扰。

第四节　吸收光谱法定量的基本方法

本节简单介绍比较常用的经典方法，如绝对法、标准对照法、标准曲线法和最小二乘法，都适用于样品溶液中单组分的定量测定。还介绍解联立方程法，主要适用于两个或两个以上组分的定量测定。同时介绍在经典分光光度法的基础上发展起来的示差分光光度法，该方法既适于低浓度样品测定，也适于高浓度样品的定量。

一、绝对法

这种方法是以郎伯-比尔定律 $A = \varepsilon CL$ 为基础，某一物质在一定波长下 ε 是一常数，石英皿的光程也是已知的，因此，可用紫外-可分光光度计在 λ_{max} 波长处，测定样品溶液的吸光度值 A。然后由 $C = \dfrac{A}{\varepsilon L}$ 求得该样品溶液的含量或浓度。

二、标准对照法

在同样条件下，在选定的波长处，分别测定标准溶液（浓度为 $C_{标}$）和样品溶液的吸光度值 $A_{标}$ 和 $A_{样}$。然后按下式求得样品溶液的浓度或合量。

$$C_{标} = \frac{A_{样}}{A_{标}} \cdot C_{标}$$

三、比吸收系数法

在药物分析中，常采用比吸收系数法。

$$药物含量 = \frac{E_{1cm(样)}^{1\%}}{E_{1cm(标)}^{1\%}} \times 100\%$$

式中　$E_{1cm(标)}^{1\%}$——标准物质的比吸收系数，可自己测定或从《紫外吸收光谱法及其应用》等书籍或手册中查出；

　　　$E_{1cm(样)}^{1\%}$——样品物质的比吸收系数。

例如：纯痫特灵的 $E_{1cm(367nm)}^{1\%} = 746$，在相同条件下，测定浓度为 0.001% 的痫特灵样品吸光度值 $A = 0.739$，得出 $E_{1cm(样)}^{1\%} = 739$。则样品中痫特灵含量为：

$$\frac{739}{746} \times 100\% = 99.09\%$$

上述方法常用于测定样品溶液的浓度。但是应该指出，按郎伯-比尔定律，被测样品溶液浓度与吸光度应是直线关系，而实际测定中，在较高浓度时，经常发现实测吸光度偏离预期的数值。这种偏离郎伯-比尔定律的现象，往往是由于吸收光谱带宽、杂散光以及化学平衡（如酸碱平衡）等因素的影响造成的，因此，一般不采用这种方法。定量分析通常利用标准曲线法。

四、标准曲线法

分光光度法最常用的定量方法是采用标准曲线法。即首先用基准物质配制一定浓度的储备溶液，然后再由储备溶液配制一系列标准溶液。在一定波长(λ_{max})下，测定每个标准溶液的吸光度值，以吸光度值为纵坐标，标准溶液对应浓度为横坐标，绘制标准曲线。最后，样品溶液按标准曲线绘制程序测得吸光度值，在标准曲线上查出样品溶液对应的含量或浓度。

所配标准溶液的吸光度在0.1~1.5范围内，吸收测定的精密度约为0.5%。应该说明，摩尔吸收系数 ε 为 $10L/(mol \cdot cm)$，光程为1cm的比色皿，浓度为 1×10^{-6} ~ 1.5×10^{5} mol/L 范围时，即可得到0.1~0.5范围的吸光度。再低的浓度也能检测出来，可是精密度有时满足不了定量分析要求。

当然，检出限(常用最低检出浓度表示)不仅与摩尔吸收系数有关，而且与分光光度计的固有噪声程度有关。目前，大多数商品仪器1%的吸光度($A=0.004$)已接近可测信号极限。因此，分光光度法可用于微量组分的测定，也可用于超微量组分、常量组分和多组分混合物同时测定。

五、最小二乘法

在分光光度法中，吸光度 A 与浓度 C 之间的关系呈直线趋势，可用一条直线来描述两者之间的关系。

$$C = Aa + b \tag{6-7a}$$

用求极值方法可以求得 a 和 b：

$$a = \frac{S_{(CA)}}{S_{(AA)}} \tag{6-7b}$$

$$b = \bar{C} - a\bar{A} \tag{6-7c}$$

式中

$$\bar{A} = \frac{1}{n}\sum_{i=1}^{n} A_i ; \quad \bar{C} = \frac{1}{n}\sum_{i=1}^{n} C_i ;$$

$$S_{(AA)} = \sum_{i=1}^{n} (A_i - \bar{A})^2 ; \quad S_{(CA)} = \sum_{i=1}^{n} (A_i - \bar{A})^2 (C_i - \bar{C})$$

则 $C = aA + b$ 称为一元线性回归方程或一元回归直线(或回归方程，回归直线)。

式中　a——回归系数(直线斜率)；

　　　　b——截距。

C 与 A 之间线性关系的密切程度用相关系数 r 来度量：

$$r = \frac{S_{(CA)}}{\sqrt{S_{(CC)}S_{(A)}}} (0 \leqslant |r| \leqslant 1) \tag{6-8}$$

式中

$$S_{(CC)} = \sum_{i=1}^{n} (C_i - \bar{C})^2$$

该回归方程建立后，只要测得样品溶液的吸光度 A，就可估计相应的样品溶液浓度 $\bar{C}$。

说明一点，回归方程的精密度用剩余标准差 S_y 表示：

$$S_y = \sqrt{\frac{S_{(CC)} - aS_{(CA)}}{n-2}} = \sqrt{\frac{(1-r^2)S_{(CC)}}{n-2}} \tag{6-9}$$

例如：水中油分的 UV 测定法中，建立的回归方程为：

$$C = 0.0246A_{256} + 0.0060$$

$$r = 0.9997$$

在建立回归方程相同条件下，只要测定样品溶液在256nm处的吸光度A_{256}，就可由回归方程求得水中油的含量C。

又如：用紫外吸光度(UVA)判断水中的COD时，建立的回归方程：

$$苏州河水　　COD = 188.01UVA_{253.7} - 17.65$$

$$n = 21$$

$$r = 0.90$$

$$S_y = 4.92$$

同样在建立回归方程相同条件下，测定样品中的A值，便可求得COD含量。

应用回归方程应注意两点：

(1) 回归方程是在特定条件下求得的，不能随便套用。

(2) 分光光度法中吸光度值A与样品溶液浓度C应在建立回归方程中的取值范围内，否则不能轻意外推。

六、解联立方程法

吸光度具有加和性，即混合物的总吸光度等于混合物中各组分的吸光度之和。所以，可采用解联立方程法求得混合物中各组分的含量。假设混合物中有两组分，分别为a组分和b组分，则：

$$A_{\lambda_1} = \varepsilon_{a\lambda_1}LC_a + \varepsilon_{b\lambda_1}LC_b \tag{6-10a}$$

$$A_{\lambda_2} = \varepsilon_{a\lambda_2}LC_a + \varepsilon_{b\lambda_2}LC_b \tag{6-10b}$$

式中　$\varepsilon_{a\lambda_1}$、$\varepsilon_{b\lambda_1}$、$\varepsilon_{a\lambda_2}$和$\varepsilon_{b\lambda_2}$分别为a、b组分在λ_1、λ_2波长处的摩尔吸收系数$[L/(mol \cdot cm)]$，ε_a或ε_b可由各纯组分标准溶液的吸光度测量求得；

A_{λ_1}、A_{λ_2}——在波长λ_1和λ_2处测得混合物的总吸光度值；

C_a和C_b——混合物中a组分和b组分的浓度，mol/L；

L——比色皿光程，cm。

上述联立方程可用代数消元解法，求出混合物中吸收曲线部分重叠时的含量或浓度。

C_a和C_b也可用行列式求出，

$$C_a = \frac{\varepsilon_{b\lambda_2} \cdot A_{\lambda_1} - \varepsilon_{b\lambda_1} \cdot A_{\lambda_2}}{\varepsilon_{a\lambda_1} \cdot \varepsilon_{b\lambda_2} - \varepsilon_{b\lambda_1} \cdot \varepsilon_{a\lambda_2}} \tag{6-10c}$$

$$C_b = \frac{\varepsilon_{a\lambda_2} \cdot A_{\lambda_2} - \varepsilon_{a\lambda_2} \cdot A_{\lambda_1}}{\varepsilon_{a\lambda_1} \cdot \varepsilon_{b\lambda_2} - \varepsilon_{b\lambda_1} \cdot \varepsilon_{a\lambda_2}} \tag{6-10d}$$

七、示差分光光度法

示差分光光度法(Differential Spectrophotometry)分为最精确测定法、高浓度测定法和低浓度测定法，有时称放大标尺法，最精确法实际是后两种方法的综合。这种方法的特点是不用空白溶液或纯溶剂作参比($T=100\%$，$A=0$)，也不用"全黑暗"作参比($T=0\%$)，而是用较样品溶液浓度稍低的标准溶液为参比($T=100\%$，$A=0$)，或用较样品溶液浓度稍高的标准溶液作参比($T=0\%$)。

示差分光光度法的原理是：在一定波长下，测量的吸光度值是样品溶液(令浓度为C_x)吸光度A_x与参比标准溶液(令浓度为C_s)吸光度A_s之差，即当$C_s<C_x$时：

$$\Delta A = A_x - A_s = \varepsilon L(C_x - C_s) = \varepsilon L \Delta C \tag{6-11}$$

当 $C_s > C_x$ 时：

$$\Delta A = A_s - A_x = \varepsilon L(C_s - C_x) = \varepsilon L \Delta C$$

式中　ΔA——样品溶液和参比标准溶液吸光度之差，称为表观吸光度或相对吸光度；

　　　ΔC——样品溶液与参比标准溶液浓度之差。

可见，表观吸光度 ΔA 与 ΔC 成正比。因此可用系列标准溶液的 ΔA 对 ΔC 作图，即得示差法的标准曲线。然后在同样条件下测量 ΔA 值，由标准曲线上查出 ΔC，由于作参比的标准溶液浓度 C_s 已知，故可用 $\Delta C = \Delta A - \Delta C$ 求出样品溶液浓度 C_x。

示差分光光度法适用于低浓度样品分析，尤其适用于高浓度样品分析。

第五节　应用实例

如前所述，吸收光谱法在水分析中已经得到普遍应用。本节只简单介绍在水处理、水析中几种常见污染物的吸收光谱分析方法的应用实例。

一、天然水中 Fe^{2+} 的测定

天然水中的铁主要以 $Fe(HCO_3)_2$ 型体存在，天然水中的含量极少，对人类健康并无影响。但饮用水含铁量太高，产生苦涩味。饮用水规定铁含量小于 $0.3mg/L$。如第一章所述，工业用水(加印染用水等)对铁还有特殊要求。水中含铁量在 $1mg/L$ 左右，就易与空气中 O_2 作用产生浑浊现象：

$$4Fe(HCO_3)_2 + O_2 + 2H_2O \Longrightarrow 4Fe(HO)_3 + 8CO_2$$

$$2Fe(HO)_3 \longrightarrow Fe_2O_3 \cdot 3H_2O \downarrow$$

（黄棕色）

水中铁的测定采用邻二氮菲分光光度法。

方法原理

邻二氮菲(phen)是测定 Fe^{2+} 的灵敏显示剂。在 pH 3~9 的溶液中，Fe^{2+} 与 phen 生成稳定的橙红色络合物 $Fe(phen)_3^{2+}$。

$$Fe^{2+} + 3\,phen \longrightarrow Fe(\text{phen})_3^{2+}(橙红色)$$

$Fe(phen)_3^{2+}$ 的 $\lambda_{max} = 508nm$，　$\varepsilon = 1.1 \times 10^4$

此络合物在避光时可稳定半年($\beta = 2.0 \times 10^{21}$)。用 1cm 比色皿，在 508nm 处测定吸光度值，由标准曲线上查出对应 Fe^{2+} 的含量。

测定水中总铁：用还原剂(如抗坏血酸或盐酸羟胺)将水中 Fe^{3+} 还原为 Fe^{2+}，然后测定，得总铁含量。

该方法适用于水和废水中铁的测定，最低检出浓度为 $0.03mg/L$，测定上限为 $5.0mg/L$。

注意事项：

① 水样中铁浓度 $>5.0mg/L$ 时，水样稀释后测定或选用 3cm 或 5cm 比色皿进行测定。

② 水样中如有 CN^-、NO_2^-、焦磷酸盐(如 $Na_4P_2O_7$)、偏磷酸盐[磷酸盐的浓缩型体，如 $(NaPO_3)_n$]，加酸煮沸除 CN^-、NO_2^-，并可使多磷酸盐转化为正磷酸盐，以减轻干扰。但含有 CN^- 或 S^{2-} 的水样酸化时，必须小心，以防中毒。

③ 当水样中 Cu^{2+}、Zn^{2+}、Co^{2+}、$Cr(VI)$ 的浓度小于 10 倍铁浓度，Ni^{2+} 小于 $2mg/L$ 时，

不干扰测定,当浓度再高时,可加入过量邻二氮菲显色剂予以消除;水样中 Hg^{2+}、Cd^{2+}、Ag^+ 等能与邻二氮菲生成沉淀,浓度高时,可将沉淀过滤除去,浓度低时,可加过量显色剂来消除。

④ 水样中有强氧化剂时,加入过量还原剂(加盐酸羟胺)消除干扰。

⑤ 水中含有大量有机物或颜色较深,可将水样蒸干,灰化后用酸重新溶解再测定,或用不加邻二氮菲的底色水样作参比进行校正。

二、废水中镉的测定

镉(Cd)的粉尘及其化合物毒性很大,50 年代初日本著名的"痛痛病"(又骨痛病),就是含镉废水污染了稻田,人食用含镉大米而中毒,多为腰痛,严重者骨软化,多发生骨折、步态蹒跚。天然铅锌矿中含有 Cd,其矿场废水及附近地下水均有 Cd;冶金、电镀、化学及纺织工业也会产生含 Cd 废水。我国生活饮用水标准规定 ≤0.01mg/L。渔业水域水质标准和农田灌溉用水水质标准均规定 ≤0.005mg/L;工业废水最高容许排放浓度为 0.1mg/L。

废水中镉的测定可采用双硫踪分光光度法。

方法原理:

在一定条件下,在强碱性溶液中,Cd^{2+} 与双硫腙(H_2D_2)生成红色螯合物 $Cd(HD_2)_2$,用 CCl_4 或 $CHCl_3$ 萃取分离后,于 518nm 波长处测定吸光度值,用标准曲线法求出水样中镉的含量。

$$Cd^{2+} + 2H_2D_2 \longrightarrow Cd(HD_2)_2 + 2H^+$$

红色 $Cd(HD_2)_2$ 的 $\lambda_{max} = 518nm$,ε 为 8.56×10^4。

此螯合物的 $K_稳 = 3.4 \times 10^{19}$,在 1h 内稳定不变。该方法的灵敏度较高,当水样为 100mL,用 2cm 比色皿时,Cd^{2+} 的最低检出浓度为 0.001mg/L,测定上限为 0.06mg/L。该方法适用于受镉污染的天然水和废水中镉的测定。

注意事项:

① 显色剂双硫腙(H_2D_2)对光、热十分敏感,易被氧化,其氧化产物在 CCl_4 中呈黄色或棕色,所以双硫腙必须提纯后再用,具体提纯方法可参考有关书籍。同时,要求测定中使用的容器、试剂、蒸馏水要纯净。

② 水样中 Pb^{2+} 20mg/L、Zn^{2+} 20mg/L、Cu^{2+} 40mg/L、Mn^{2+} 4mg/L、Fe^{2+} 4mg/L 时在酒石酸钾钠溶液存在下不干扰测定,如 Mg^{2+} 浓度达 20mg/L 时,可多加酒石酸钾钠掩蔽,

③ 水样中含 Hg^{2+}、Ag^+ 等离子时可预先在 pH=2 下,用双硫腙溶液萃取除去;如有 Co^{2+}、Ni^{2+} 时,可在 pH=8~9 时,加丁二酮肟生成 Co^{2+}、Ni^{2+}-丁二酮肟络合物,用氯仿萃取除去,Co^{2+} 的络合物不被萃取,但不干扰测定。

三、水中微量酚的测定

酚类分为挥发酚和不挥发酚。能与水蒸气一起挥发的酚为挥发酚,如苯酚、邻甲酚、对甲酚等,否则叫不挥发酚,如间苯二酚、邻苯二酚等。

煤气发生站、焦化厂、石油化工厂、炼油厂,酚醛树脂厂及化学制药厂等废水中都含有酚。含酚废水的处理与利用是急待解决的问题。

酚类对人体的毒性较大。长期饮用被酚污染的水,可引起慢性中毒,症状表现为头痛、昏厥、恶心、呕吐、腹泻、贫血等,甚至发生神经系统障碍;人体摄入一定量时,还会出现急性中毒症状。水中含低浓度 0.1~0.2mg/L 的酚类时,使水中鱼肉味道变劣,大于 5.0mg/L 时则造成中毒死亡;用大于 200mg/L 的含酚废水灌溉,会使农作物枯死或减产;如

用被酚污染的水体作为给水水源，水中即使含有 0.001mg/L 的酚，也会由于氯消毒而产生令人讨厌的氯代酚恶臭味。我国饮用水标准中规定挥发酚含量不得超过 0.002mg/L，灌溉用水不得超过 1mg/L。

水中微量酚的含量采用 4-氨基安替比林分光光度法测定。

（一）4-氨基安替比林分光光度法

4-氨基安替比林（简写 4-AAP）和酚类化合物在 pH＝10.0±0.2 溶液中，在氧化剂铁氰化钾 $K_3Fe(CN)_6$ 作用下，生成橙红色的吲哚酚安替比林染料。

① 安替比林染料的水溶液 λ_{max}＝510nm，在此波长下测定吸收光度值，用标准曲线法求出水样中酚类化物的含量。如用 2cm 比色皿，酚的最低检出浓度为 0.1mg/L。

② 安替比林染料的 $CHCl_3$ 萃取液 λ_{max}＝460nm，该萃取液颜色可稳定 1h。在此波长下测定吸光度值，同样用标准曲线法求出水样中酚的含量。其最低检出限为 0.002mg/L，测定上限为 0.12mg/L。

注意事项：

① 本法测定的只是苯酚、邻位酚和间位酚，而羟基对位被烷基、硝基、亚硝基、芳香基、苯甲酰基或醛基取代，且邻位未被取代时，不与 4-AAP 发生显色反应。但是羟基对位被卤素、羧基、磺酸基和甲氧基取代时，与 4-AAP 的显色反应基本上可以进行。另外，邻位硝基也阻止显色反应，但间位硝基不完全阻止反应。

② 芳香胺对本法有干扰；凡对氧化剂铁氰化钾有作用的物质均有干扰。可用蒸馏纯化法，将挥发酚与水蒸气一起蒸出后，再测定，可消除干扰。

③ 所用试剂，如 4-AAP、$K_3Fe(CN)_6$ 等最好现用现配，使用最长也不得超过一周。

（二）紫外光度法测定水样中的总酚

酚类化合物的水溶液在 210~300nm 之间有不同的吸收峰，这些吸收峰在加入 NaOH 或 KOH 水溶液后出现了较集中的吸收峰，且强度有很大增加。因此，可将水样碱化后作测定样，水样酸化后作空白样，用紫外分光光度法测定水中的酚含量。

1. 酚的紫外吸收光谱

酚类化合物的水溶液在 210~300nm 之间有不同的吸收峰。含酚水溶液碱化后（加 NaOH 或 KOH）出现了强度增大且较集中的吸收峰。Martin 的总酚紫外吸收光谱测定法就是基于酚的碱性水溶液在 292.6nm 吸收强度增加而建立的，挥发酚的碱性水溶液在 238nm 和 292.6nm 附近有两个吸收峰出现，以平均摩尔吸收系数（ε）计算，238nm 处吸收值比 292.6nm 处的吸收值大 3 倍多。例如：

苯酚的中性水溶液的紫外吸收峰分别在 210nm 和 270nm 处附近，而其 0.1mol/L NaOH 水溶液的吸收峰则分别红移到 235.5nm 和 288.5nm。

如图 6-6 所示，A——苯酚溶于 0.1mol/L NaOH 水溶液中，以 0.1mol/L NaOH 水溶液为对照；

B——苯酚溶于 0.1mol/L NaOH 水溶液中，以同浓度苯酚水溶液用盐酸调 pH 到 2~4 间，作对照；

C——苯酚的水溶液，以蒸馏水为对照。

如图 6-7 所示，A——对甲酚溶于 0.1mol/L NaOH 水溶液中，以 0.1mol/L NaOH 水溶液为对照；

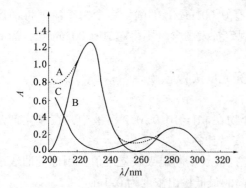

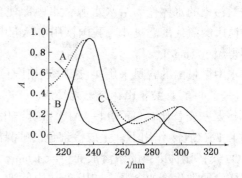

图 6-6　碱对苯酚 UV 吸收光谱的影响　　　　图 6-7　碱对甲酚 UV 吸收光谱的影响

B——对甲酚溶于 0.1mol/L NaOH 水溶液中，以同浓度对甲酚水溶液用盐酸调 pH 到 2~4 之间，作对照；

C——对甲酚的水溶液，以蒸馏水为对照。

对甲酚的碱性水溶液由原来的 216nm 和 278nm 分别红移到 238.2nm 和 297.5nm。

间甲酚的中性水溶液只在 300nm 处有一吸收峰，但其 0.1mol/L NaOH 水溶液的吸收峰分别移至 238.5nm 和 290.0nm 处出现。

其他的酚，例如邻甲酚、氯酚、二元酚和三元酚的紫外吸收光谱也和上述列举单元酚有类似的情况。其吸收峰分别集中在范围很窄的两个波段内，一个峰集中 288.5~297.5nm 之间，另一个峰集中在 235.5~241nm 之间。用算术平均值 238nm 和 292.6nm 代表这两个最大吸收峰位置，其相应的平均摩尔吸收系数 ε 分别为 8185 和 2452L/(mol·cm)。因此，可选用 238nm 和 292.6nm 作为测定的最适宜波长。一般水样酚的含量较高时，用 1cm 石英皿在 292.6cm 处测定；酚含量较低时，用 3cm 石英皿在 238nm 处测定。

2. 本法特点和分析流程

本法的特点是以同一个水样酸化后作空白对照，碱化后作测定样，这不仅提高了吸光度值，而且也抵消了水样中的其他干扰因素。事实上，0.0043mol/L NaOH 就足以使酚全部解离。如果用一滴 10mol/L NaOH 来碱化 10mL 水样，则此时 NaOH 浓度约 0.02mol/L 左右。已有足够碱度。另外，空白对照样品盐酸浓度在 0.0001~4mol/L 之间，对同一碱化水样来说都可得到同样的吸光度值。通常选酸化标准为 pH 2~4。如果用一滴 0.5mol/L 的盐酸加入 10mL 水样中，就使 pH 在 2~4 之间。应该指出，一滴碱或一滴酸引起的待测水样的浓度变化可忽略不计。

分析流程：

① 采样后，分别准确吸取 10mL 放入带磨口塞的两个硬质玻璃试管中。

② 其中一管中加入 1 滴 10mol/L NaOH 溶液，另一试管中加入 1 滴 0.5mol/L 的盐酸，摇匀。

③ 以酸化水样作空白对照，碱化水样作测定样，在 292.6nm 处测定吸光度值，然后在标准曲线上查出对应水样中的总酚含量。

④ 标准曲线，配制一系列不同浓度的苯酚标准样，每个标准水样分别准确取 10mL 放入两个硬质玻璃试管中，同样以酸化标样作空白，碱化标样做测定样，在 292.6nm 处测定对应的吸光度值，绘出苯酚的标准曲线。

3. 说明几点

① 含酚废水如果有悬浮物时，只需用滤纸过滤后即可按分析流程测定。

② 按分析流程对水样直接测定结果为总酚。如经过蒸馏后，再行测定则为挥发酚的含量。

③ 对炼油厂含酚废水的测定结果表明，气相色谱法与溴化法的测定结果和紫外光度法的测定结果基本一致，而4-氨基安替比林法偏低，仅为紫外光度法的60%。由气相色谱法的分析表明，在测得的酚中有60%为苯酚、20%为甲酚，10%为二甲酚和其他挥发酚。由于4-氨基安替比林试剂与不同酚发色的强度有很大差异（见表6-10）。其中苯酚的颜色反应强于间甲酚、邻甲酚、2,6-二氯苯酚、2,4-二氯苯酚、2,5-二甲基苯酚、麝香草酚、间苯二酚、邻苯二酚、3,5-甲基二酚、间苯三酚、1,4-对苯二酚、邻硝基苯酚、对甲酚等。因此，4-氨基安替比林法以苯酚作为测定标样，使结果偏低。

表6-10　各种酚类发色强度(ε)

名　　称	ε[①]	名　　称	ε[①]
邻溴酚	47976	邻苯二酚	8800
邻氯酚	47104	3,5-甲基二酚	7737
苯酚	33088	间苯三酚	3326
间甲酚	32832	1,4-对苯二酚	2816
2,6-二氯苯酚	32400	邻硝基苯酚	2097
2,4-二氯苯酚	18144	对甲酚	861
2,5-二甲基苯酚	15920	五氯酚	—
麝香草酚	15600	对氯苯酚	
间苯二酚	14960		

注：① 按4-AAP光度法在490nm测得的ε。

④ 事实上含酚废水种类很多，水样中所含酚类化合物又各不相同，因此，对特定含酚废水，须选择特定波长和标准样，便结果尽可能接近水样中实际含量。

四、水中氨氮、亚硝酸盐氮和硝酸盐氮及总氮的测定

水中的氨氮指以NH_3和NH_4^+形体存在的氮，当pH值偏高时，主要是NH_3，反之，是NH_4^+。水中的氨氮主要来自焦化厂、合成氨化肥厂等某些工业废水、农用排放水，以及生活污水中的含氮有机物受微生物作用分解的第一步产物。

水中的亚硝酸盐氮是氮循环的中间产物，不稳定。在缺氧环境中，水中的亚硝酸盐也可受微生物作用，还原为氨；在富氧环境中，水中的氨也可转变为亚硝酸盐。亚硝酸盐可使人体正常的低铁血红蛋白氧化成高铁血红蛋白，失去血红蛋白在体内输送氧的能力，出现组织缺氧的症状。亚硝酸盐可与仲胺类反应生成具有致癌性的亚硝胺类物质，尤其在低pH值下，有利于亚硝胺类的形成。

水中的硝酸盐主要来自制革废水、酸洗废水、某些生化处理设施的出水和农用排放水，以及水中的氨氮、亚硝酸盐氮在富氧环境下氧化的最终产物。当然，硝酸盐在无氧环境中，也可受微生物的作用还原为亚硝酸盐。硝酸盐进入人体后，经肠通中微生物作用转变为亚硝酸盐而出现毒性作用，当水中硝酸盐含量达到10mg/L时，可使婴儿得变性血红蛋白症。因此要求水中硝酸盐氮和亚硝酸盐氮总量不得大于10mg/L。

天然水中的氨，在有充足氧的环境中，在微生物作用下，可被氧化为NO_2^-和NO_3^-的作用称作硝化作用。

　　水中的含氮化合物是水中一项重要的卫生质量指标。它可以判断水体污染的程度;

　　① 如水中主要含有有机氮和氨氮,表明水近期受到污染,由于生活污水中常有大量病原细菌,所以此水在卫生学上是危险的。

　　② 如水中主要含有亚硝酸盐,说明水中有机物的分解尚未达到最后阶段,致病细菌尚未完全消除,应引起重视。

　　③ 如果水中主要含有硝酸盐,说明水污染已久。自净过程基本完成,致病细菌也已消除,对卫生学影响不大或几乎没有危险性。一般地面水中硝酸盐氮的含量在 $0.1\sim1.0mg/L$,超过这个值,该水体以前有可能受过污染。

　　正如测定水中溶解氧(DO),了解水中有机物被氧化的程度,评价水的"自净"作用一样,测定水中各类含氮化物,也可了解和评价水体被污染和"自净"作用。

　　我国饮用水标准规定硝酸盐氮 $20mg/L$,世界卫生组织规定 $45mg/L$。下面介绍它们的测定方法

　　(一) 氨氮(NH_3—N 或 NH_4—N)

　　1. 纳氏试剂光度法原理

　　水中氨主要以 $NH_3 \cdot H_2O$ 形式存在,并有下列平衡:

$$NH_3 + H_2O \rightleftharpoons NH_3 \cdot H_2O \rightleftharpoons NH_4^+ + OH^-$$

　　水中的氨与纳氏试剂(碘化汞钾的强碱性溶液,K_2HgI_4+KOH)作用生成黄棕色胶态络合物。如水中 NH_3—N 含量较少,呈浅黄色;含量较多,呈棕色。

$$NH_3 + 2K_2HgI_4 + 3KOH \longrightarrow [Hg_2ONH_2]I(黄棕色) + 7KI + 2H_2O$$

　　① 碘化氨基合氧汞络合物 $[Hg_2ONH_2]I$ 在 $410\sim425nm$ 范围有强烈吸收,故可选 420nm 波长处,测定吸光度值,由标准曲线法,求得水中 NH_3—N 的含量。本法最低检出限为 $0.025mg/L$,测定上限为 $2mg/L$。水样经预处理后,可适用于地面水、地下水、工业废水和生活污水中氨氮的测定。

　　② $[Hg_2ONH_2]I$ 络合物在明胶和聚乙烯醇保护下形成在紫外光区产生吸收的分散液体,最大吸收波长 $\lambda_{max}=370nm(\varepsilon$ 为 $6.3\times10^3)$,同样用标准曲线法求 NH_3—N 含量,适于清洁天然水中氨氮测定。

　　2. 注意事项

　　① 如果水样中的 NH_3—N 含量大于 1mg/L 时可以直接用纳氏试剂光度法测定;如果 NH_3-N 含量小于 1mg/L 或水样的颜色或浊度较高时,则应于先用蒸馏法将 NH_3 蒸出后,再用纳氏试剂光度法测定。

　　② 水样中含有少量 Ca^{2+}、Mg^{2+}、Fe^{3+} 等离子时,可用酒石酸或酒石酸钾钠掩蔽,消除干扰。

　　③ 水样中 NH_3—N 含量大于 5mg/L 时,可用酸碱滴定法测定。

　　(二) 亚硝酸盐(NO_2^-—N)

　　NO_2^-—N 的测定采用对氨基苯磺酸-α-萘乙二胺光度法[又称 N-(1-萘基)-乙二胺光度法]。

　　1. 方法原理:

　　首先在酸性溶液中,NO_2^- 与对氨基苯磺酸发生重氮化反应:

$$O_3HS\!-\!\!\bigcirc\!\!-\!NH_2 + NO_2^- + 2H^+ + Cl^- \xrightarrow[\text{(HCl)}]{pH=1.0\sim3.0} O_3HS\!-\!\!\bigcirc\!\!-\!N_2Cl + H_2O$$

然后,重氮盐与 α-萘乙二胺发生偶联反应,生成红色偶氮染料(α-萘乙二胺在 HCl 溶液中生成溶于水的 α-萘乙二胺二盐酸盐)

$$O_3HS\!-\!\!\bigcirc\!\!-\!N\!=\!N\!-\!Cl + \bigcirc\!\!\bigcirc\!\!-\!NH_2C_2H_4H_2 \cdot 2HCl \xrightarrow[\text{(HCl)}]{pH=2.0}$$

$$O_3HS\!-\!\!\bigcirc\!\!-\!N\!=\!N\!-\!\bigcirc\!\!\bigcirc\!\!-\!NH_2C_2H_4H_2 \cdot 2HCl$$

生成的红色偶氮染料的颜色深浅与水中 $NO_2^-\!-\!N$ 含量成正比。其 $\lambda_{max}=540nm$,用标准曲线法,求水中 $NO_2^-\!-\!N$ 的含量。该法最低检出浓度为 0.003mg/L,测定上限为 0.2mg/L。适用于饮用水、地面水、地下水、生活污水和工业废水中亚硝酸盐的测定。

2. 注意事项

① 水样浑浊或有颜色,可用 0.45μm 滤膜过滤或加适量 Al(OH)$_3$ 悬浮液(上清液)过滤。

② 水样中如 Fe^{3+}>1mg/L、Cu^{2+}>5mg/L 等,干扰测定。可加 NH_4F 或 EDTA 掩蔽。

③ 水样中如有氯、氯胺(如三氯胺 NCl_3)干扰测定,不过,一般 NO_2^- 与 NCl_3、Cl_2 不大可能共存于同一水样中。如按正常顺序加入试剂,NCl_3 会产生假红色,但可先加入 α-萘乙二胺试剂,后加对氨基苯磺酸试剂,可把影响减至最小程度。但 NCl_3 的含量高时,仍产生桔黄色。因此,水中一旦有游离性有效氯(Cl_2)和 NCl_3 时,要进行校正。

(三) 硝酸盐氮(Nitrate Nitrogen,$NO_3^-\!-\!N$)

采用酚二磺酸光度法测定 $NO_3^-\!-\!N$

1. 方法原理

将水样在微碱性(pH=8)溶液中,蒸发至干,在无水条件下,NO_3^- 与酚二磺酸反应,生成硝基酚二磺酸(2-硝基酚-4,6-二磺酸);然后在碱性溶液中,硝基酚二磺酸发生分子重排,生成黄色化合物。该化合物的 $\lambda_{max}=410nm$,用标准曲线法,求得水样中 $NO_3^-\!\!-\!N$ 的含量。其主要反应:

浓 H_2SO_4 与苯酚作用生成酚二磺酸

$$\bigcirc\!\!-\!OH + H_2SO_4 \longrightarrow HO_3S\!-\!\!\bigcirc\!\!\stackrel{OH}{_{SO_3H}} + H_2O$$

$$NO_3^- + HO_3S\!-\!\!\bigcirc\!\!\stackrel{OH}{_{SO_3H}} + H_2O \longrightarrow HO_3S\!-\!\!\bigcirc\!\!\stackrel{OH}{_{SO_3H}}\!\!-\!NO_2 + OH^-$$

$$HO_3S\text{—}\underset{\underset{SO_3H}{\big|}}{\bigcirc}\text{—}OH,NO_2 \quad +3NH_4OH \longrightarrow \quad NH_4O_3S\text{—}\underset{\underset{SO_3H}{\big|}}{\bigcirc}\text{—}OH,N=O,ONH_4 \quad +3H_2O$$

该方法最低检出浓度为 0.02mg/L，测定上限为 2.0mg/L。适用于饮用水、地下水和清洁地面水中的 NO_3^-—N 的含量测定。

2. 注意事项

① 水样中合 Cl^-、NO_2^-、NH_4^+ 等均有干扰，应采取适当的前处理。

② 该方法准确度、精密度较高，但操作麻烦。可采用快速方法测定 NO_3^-—N。其测定原理是：水样在 NH_4Cl 的酸性溶液中加入锌粉，使 NO_3^- 还原为 NO_2^-，然后用对氨基苯磺酸-α-萘乙二胺光度法测定。

3. 紫外分光光度法测定水中 NO_3^-—N

硝酸盐（NO_3^-）在紫外光区 220nm 处有特征吸收。

对于有机物含量低的水样，即未受污染的天然水和饮用水，可用 $\Delta A = A_{220} - 2A_{275}$ 吸光度差值求得水中 NO_3^-—N 的含量，可消除水中溶解性有机物的干扰。

4. 紫外吸收光谱法同时测定水样中 NO_3^- 和 NO_2^-

水中 NO_3^-—N 和 NO_2^-—N 的同时测定，可通过两份等体积的水样，一份在酸性介质中加入氨基磺酸（消除 NO_2^- 干扰），另一份在酸性介质中加入过氧化氢，然后稀释至相同体积，在 210nm 处分别测定两份水样的吸光度值，前者是水样中 NO_3^-—N 的吸光度，后者是水样中 NO_3^-—N 和 NO_2^-—N 的吸光度。由标准曲线法，求出 NO_3^-—N 和 NO_2^-—N（两份水样 NO_3^-—N 的浓度差）的含量。该方法的准确度和精密度都很高，适用于降水、一般地面水和井水中 NO_3^-—N 和 NO_2^-—N 的测定。

（四）过硫酸钾氧化-紫外分光光度法测定水中的总氮

用过硫酸钾 $K_2S_2O_8$ 作氧化剂在 120～124nm 的碱性介质条件下，不仅可将水中氨和亚硝酸盐氧化为硝酸盐，同时将水样中大部分有机氮化合物氧化为硝酸盐。过量的过硫酸钾分解为硫酸钾 K_2SO_4，而后在 220nm 和 275nm 处用紫外分光光度计测定其吸光度，同样由 $\Delta A = A_{220} - 2A_{275}$ 差吸光度值，在标准曲线上查出相应水中的总氮量。该方法检测下限为 0.05mg/L。测定上限为 4mg/L，适用于湖泊、水库、江河水中总氮的测定。

思 考 题

1. 什么是郎伯-比尔定律？摩尔吸收系数的物理意义是什么？它与吸收系数、比吸收系数和灵敏度指数有何关系？

2. 什么是吸收光谱中特征吸收曲线与最大吸收峰 λ_{max}，它们在水质分析中有何意义？

3. 什么是吸收光谱（曲线）？什么是标准曲线？它们有何实际意义？

4. 分光光度法的特点有哪些？

5. 简单阐述分光光度计的结构和工件原理？

6. 吸收光谱法的基本定量方法有哪些?

习　题

1. 有一溶液在 $\lambda_{max}=310nm$ 处的透光率为 87%，在该波长时的吸光度值是多少?

2. 某有色络合物的 0.0010% 水溶液在 510nm 处，用 3cm 比色皿测得吸光度 $A=0.57$。已知其摩尔吸收系数为 $2.5\times10^3 L/(mol\cdot cm)$。求该有色络合物的摩尔质量。

3. 已知苯胺的 $\lambda_{max}=280nm$，$\varepsilon_{max}=1430$。有一含苯胺水样，在 1cm 比色皿中测得吸光度为 0.52，问该水样中苯胺含量为多少(mg/L)?

4. 取一定体积含铁废水，用邻二氮菲光度法，在 $\lambda_{max}=508nm$ 处，用 1cm 比色皿测得吸光度 $A=0.15$。同时另取同体积水样，加 1mL 盐酸羟胺溶液，混匀后，再按上法测得吸光度 $A=0.21$。求该水样中 Fe^{2+}、Fe^{3+} 和总铁的含量(mg/L 表示)。

5. 用 4-氨基安替比林萃取分光光度法测得水中的苯酚。分别取不同体积的苯酚标准溶液(1.00μg/mL)于 500mL 分液漏斗中，加水至 250mL。加显色剂等试剂，用氯仿萃取后，氯仿萃取液放入 2cm 比色皿中，在 460nm 处测得吸光度 A 列于下表。取水样 50mL，同样条件下测得吸光度 $A=0.32$。请以苯酚的绝对含量(μg)为横坐标，以对应吸光度 A 为纵坐标绘制标准曲线，并求出水样中苯酚的含量(mg/L 表示)。

苯酚标准溶液/mL	0.0	0.50	1.00	3.00	5.00	7.00
吸光度 A	0.0	0.048	0.096	0.298	0.500	0.660

第七章　原子吸收分光光度法

原子吸收光谱法(Atom Absorption Spectroscopy，AAS)又称原子吸收分光光度分析法。于二十世纪五十年代由澳大利亚物理学家瓦尔什(A·Walsh)提出，在六十年代发展起来的一种金属元素分析方法。它是基于含待测组分的原子蒸气对光源辐射出来的待测元素的特征谱线(或光波)的吸收作用来进行定量分析的。例如，若要测定试液中镁离子的含量，首先将试液通过吸管喷射成雾状进入燃烧的火焰中，含有镁盐的雾滴在火焰温度下挥发并解离成镁原子蒸气。以镁空心阴极灯作光源，由光源辐射出波长为2852Å(285.2nm)的镁的特征谱线光，通过具有一定厚度的镁原子蒸气时，部分光就被蒸气中的基态镁原子吸收而减弱，再经单色器和检测器测得镁特征谱线光被减弱的程度，即可求得试液中镁的含量。

由于原子吸收分光光度计中所用空心阴极灯的专属性很强，因此一般不会发射那些与待测金属元素特征吸收谱线相近的谱线，所以原子吸收分光光度法的选择性高，干扰较少且易克服。同时，原子吸收程度受外界因素的影响较小，一般具有较高的精密度和准确度，而且在一定的实验条件下，原子蒸气中的基态原子数比激发态原子数多得多，故测定的是大部分的基态原子，这就使得该法测定的灵敏度较高(绝对灵敏度可达 $10^{-15} \sim 10^{-13}$ g)。此外，原子吸收分光光度法需样量少，分析速度快，每次只要几微升到几毫升样品，测定一个样品只需要几秒钟。原子吸收分光光度法是特效性、准确性和灵敏度都很好的一种金属元素定量分析方法，在水质分析中有非常广泛的应用。

第一节　原子吸收光谱法的基本原理

一、原子吸收光谱的产生

原子光谱是由于原子的外层电子在不同能级间发生跃迁而产生的。在通常状态下，原子处于基态，当外界辐射能量恰好符合原子从基态到激发态所需要的能量时，基态原子就从辐射中吸收能量，产生原子吸收光谱。根据激发能量的不同，其外层电子会跃迁到不同的能级上。电子从基态跃迁到能量最低的第一激发态时要吸收一定的能量，这时产生吸收谱线，使电子从基态跃迁到第一激发态所产生的吸收谱线称第一共振吸收线(亦称主共振线)，同时由于处于激发态不稳定，会在很短的时间内跃迁回基态，并以光波的形式辐射出同样的能量，这种发射谱线称为共振发射线。共振吸收线和共振发射线都称为共振线。

各种元素的原子结构及其外层电子排布的不同，则核外电子从基态受激发而跃迁到其第一激发态所需要的能量也不同，同样，再跃迁回基态时所发射的光波频率即元素的共振线也就不同，所以这种共振线就是所谓的元素的特征谱线。原子的能级是量子化的，所以原子对不同频率辐射的吸收是有选择性的。例如基态钠原子可吸收波长为589.0nm的光量子；镁原子可吸收波长为285.2nm的光量子。这种选择性吸收服从定量关系式

$$\Delta E = hf = h\frac{c}{\lambda} \tag{7-1}$$

原子由基态跃迁到第一激发态所需要的能量最小，因此也最容易发生，对于大多数的元素来说，第一共振线就是最灵敏线。在原子吸收分析中，就是利用处于基态的待测原子蒸气对从光源辐射的共振线的吸收来进行定量分析的。

二、吸收定律与谱线轮廓

让不同频率的光(入射光强度为 I_{0v})通过待测元素的原子蒸气，则有一部分光将被吸收，其透光强度与原子蒸气的宽度(即火焰的宽度)的关系，同有色溶液吸收入射光的情况类似，遵从 Lembert 定律：

$$I_v = I_{0v} \cdot e - K_v L \tag{7-2}$$

式中 K_v 为吸光系数，I_v 为透射光强度，L 为火焰宽度，所以有

$$A = \lg (I_{0v}/I_v) = K_v L \tag{7-3}$$

原子从基态跃迁到激发态所吸收的光谱线并不是严格意义上的几何线，而是具有一定的宽度，占据一定频率(波长)范围的光谱线，常称为谱线的轮廓(形状)。由于其宽度很窄，一般难以看清形状，习惯上也称为谱线。吸光系数 K_v 将随光源频率的变化而变化。若在各种频率 v 下测定吸收系数 K_v，以 K_v 为纵坐标，v 为横坐标绘制一条关系曲线，就得到吸收曲线，也即原子吸收光谱轮廓图，见图7-1。

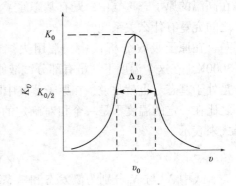

表示原子吸收谱线轮廓的特征量是特征频率和半宽度。特征频率是指吸收曲线极大值 K_0 所对应的频率 v_0(v_0 也称为中心频率)，中心频率处的 K_0 称为峰值吸收系数。吸收线的半宽度是指极大吸收系数一半 $K_{0/2}$ 处吸收线所占据的频率(波长)范围，即图7-1 的 Δv，吸收线半宽度一般为 0.001～0.005Å，当

图7-1　原子吸收光谱轮廓图

然共振发射线也有一定的谱线宽度，不过要小的多(0.0005～0.002 Å)。原子吸收谱线的半宽度受多种因素的影响，其中主要有自然宽度、多普勒(Dopoler)变宽、压力变宽和自吸变宽，谱线变宽效应可用 Δv 和 K_0 的变化来描述。

(一) 自然宽度

在无外界影响的情况下，谱线的宽度称为自然宽度。自然宽度的大小与产生激发态的原子的平均寿命有关，二者成倒数关系，寿命越长，宽度越小，其值为 10^{-4}nm 数量级，与其他的宽度效应相比，其值甚微，可以忽略。

(二) 多普勒变宽

多普勒变宽又称热变宽，它是由于原子不规则的热运动引起的。在原子蒸气中，原子处于杂乱无章的热运动状态，当原子趋向光源方向运动时，原子将吸收较高频率的光波，当背离光源方向运动时，原子将吸收频率较低的光波，相对特征频率而言，既有紫移(向高频移动)又有红移(向低频方向移动)。多普勒变宽的范围在 10^{-3}nm 数量级。

(三) 压力变宽

压力变宽包括洛伦兹变宽和赫尔兹马克变宽。前者指待测原子与其他离子碰撞而产生的变宽；后者指待测原子相互之间碰撞产生的变宽，也称共振变宽，只有在元素浓度很高时才会出现，因此赫尔兹马克变宽在通常情况下可以忽略不计，压力变宽主要取决于洛伦兹

变宽。

通常实验条件下，吸收线的轮廓主要受多普勒和洛伦兹变宽影响。对火焰原子吸收而言，压力变宽为主要变宽，对石墨炉原子吸收来讲，多普勒变宽为主要变宽。两者具有相同的数量级，都为 10^{-3} nm。

（四）自吸变宽

光源辐射的共振线被周围温度较低的同种原子所吸收的现象叫做"自吸"，严重的谱线自吸就是"自蚀"。自吸的结果导致谱线强度降低，同时使得谱线轮廓变宽。在原子吸收曲线上，中心频率处的自吸最强，两侧的自吸较弱，这是因为中心波长处辐射强度相对有较大的降低，从谱线半宽的角度来看，就好像是谱线变宽了，实际上自吸现象并没有引起吸收频率的改变。

三、基态原子数与待测元素含量的关系

原子吸收光谱法是利用待测元素的基态原子对其特征谱线的吸收程度进行定量分析的。在高温的原子态蒸气中，既有基态原子，也有激发态原子，那么基态原子数与待测元素含量之间究竟有什么关系呢？

在原子吸收分析仪中，常用火焰原子化法把试液进行原子化，且其温度一般小于3000K。在这个温度下，虽有部分试液原子可能被激发为激发态原子，但大部分的试液原子是处于基态。也就是说，在原子蒸气中既有激发态原子，也有基态原子，且两状态的原子数之比在一定的温度下是一个相对确定的值，它们的比例关系可用玻尔兹曼（Boltzmann）方程式来表示

$$N_j/N_0 = (P_j/P_0) \, e^{\frac{\Delta E}{kT}} \tag{7-4}$$

式中 N_j 与 N_0 分别为激发态和基态原子数；P_j 与 P_0 分别为激发态和基态能级的统计权重；ΔE 为基态和激发态能级之间的能量差，k 为玻尔兹曼常数；T 为热力学温度。在原子光谱法中，对于一定波长的谱线，P_j/P_0 和 ΔE 均为定值，因此只要 T 值确定，则 N_j/N_0 即为可知。表7-1为几种元素在不同温度下激发态原子与基态原子的分布。

表7-1　某些元素激发态与基态原子数之比

元素	共振线/nm	P_j/P_0	激发能/eV	N_j/N_0		
				2000K	3000 K	5000K
Cs	852.1	2	1.46	4.44×10^{-4}	7.42×10^{-3}	6.82×10^{-2}
Na	589.0	2	2.104	9.86×10^{-6}	5.83×10^{-4}	1.51×10^{-2}
Ca	422.7	3	2.932	1.22×10^{-7}	3.55×10^{-5}	3.33×10^{-3}
Zn	213.9	3	5.759	7.45×10^{-15}	5.50×10^{-10}	4.32×10^{-4}

从表7-1的数据可以看出，激发态原子数受温度的影响比较大，随着温度的升高，激发态原子数占总原子的比例增加；在相同的温度下，原子的激发能越高激发态原子占总原子的比例越大。

由于火焰原子化法中的火焰温度一般都小于3000K，且大多数共振线的波长均小于6000Å，因此多数元素的 N_j/N_0 都较小（<1%），即火焰中的激发态原子数远小于基态原子数，故而可以用基态原子数 N_0 代替吸收光辐射的原子总数 N。如果待测元素的原子化效率保持不变，则在一定的浓度范围内，基态原子数 N_0 与试样中待测元素的浓度成线性关

系，即

$$N_0 = K'C \tag{7-5}$$

四、原子吸收线的测量

在原子吸收分析中，常将原子蒸气所吸收的全部能量称为积分吸收，即吸收线下所包括的整个面积。依据经典色散理论，积分吸收与原子蒸气中基态原子的密度有如下关系：

$$\int_0^{\infty} K_v \mathrm{d}v = (e^2/mc)\, N_0 \cdot f \tag{7-6}$$

式中　　e——电子电荷；

m——电子质量；

c——光速；

N_0——单位体积的原子蒸气中吸收辐射的基态原子数，即原子密度；

f——振子强度(代表每个原子中能够吸收或发射特定频率光的平均电子数，通常可视为定值)。

该式表明，积分吸收与单位体积原子蒸气中吸收辐射的原子数成简单的线性关系，它是原子吸收分析法的一个重要理论基础。因此，若能测定积分值，即可计算出待测元素的原子密度，从而使原子吸收分析法成为一种绝对测量法(不需要与标准比较)。但要测得半宽度为 0.001~0.005Å 的吸收线的积分值是相当困难的，需要分辨率高达五十万的单色器，目前的技术条件还无能为力。直到 1955 年才由 A·Walsh 提出解决的办法。即以锐线光源来测量谱线的峰值吸收，并以峰值吸收值来代表吸收线的积分值。所谓锐线光源就是能发射半宽度很窄的原子线光源，通常用待测元素的纯物质作锐线光源的阴极，使其产生发射，这样产生的发射线与吸收线特征频率完全相同，使得吸收线和发射线成为了同类线，不需要分辨率极高的单色器，且发射线和吸收线强度相近，吸收前后发射线的强度变化明显，测量能够准确进行。

根据光源发射线半宽度 Δv_e 远小于吸收线的半宽度 Δv_a 的条件，经过数学推导与数学上的处理，可得到吸光度与原子蒸气中待测元素的基态原子数存在线性关系，即

$$A = kN_0L \tag{7-7}$$

式中 k 为基态原子对特征发射波长的吸收系数，L 为吸收光程。不同的元素对各自的特征吸收系数不同，在维持原子化条件不变的情况下，任一元素的吸收系数为常数。为实现峰值吸收的测量，除要求光源的发射线半宽度 $\Delta v_e \ll \Delta v_a$ 外，还必须使发射线的中心频率(v_{e0})恰好与吸收线的中心频率(v_{a0})相重合。这就是为什么在测定时需要一个用待测元素的材料制成的锐线光源作为特征谱线发射源的原因。峰值吸收示意图见图 7-2。

但在实际工作中测定的是待测组分的浓度，而此浓度又与待测元素吸收辐射的原子总数成正比，因而，在一定的温度和一定的火焰宽度(L)条件下，

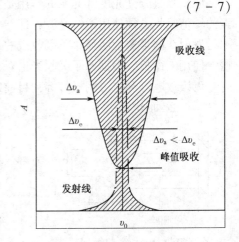

图 7-2　峰值吸收示意图

待测试液对特征谱线的吸收程度(吸光度)与待测组分浓度的关系符合比耳定律

$$A = k'C \qquad\qquad (7-8)$$

所以，原子吸收分析法可通过测量试液的吸光度来确定待测元素的含量。

第二节　原子吸收分光光度计

用于测量和记录待测物质在一定条件下形成的基态原子蒸气对其特征光谱线的吸收程度并进行分析测定的仪器，称为原子吸收光谱仪或原子分光光度计。按原子化的方式分，有火焰原子化和非火焰原子化两种；按入射光束分，有单光束双光束型两类；按通道分，有单通道和多通道型。不管型号如何变化，其基本结构与一般的分光光度计相似，由光源、原子化系统、光路系统和检测系统等四个部分组成，如图7-3所示。

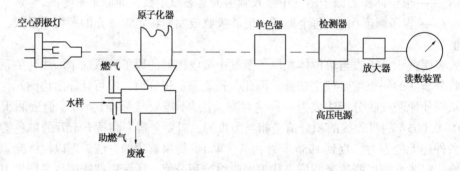

图7-3　原子吸收分光光度计示意图

以单光束火焰原子吸收分光光度计的组成结构为例，简要说明各部分的作用及测定的原理。锐线光源发射出待测元素的特征光谱，通过原子化器中待测元素的原子蒸气时，被原子蒸气吸收，透过的光经分光系统和检测系统即可测得该特征谱线被吸收的程度，也即吸光度。再根据吸光度与待测元素浓度成线性关系即可求出待测物的含量。

一、光源

原子吸收分光光度计光源的作用是发射待测元素的特征谱线，如前所述，为测出待测元素的峰值吸收，须使用锐线光源，即能发射半宽度很窄的特征谱线的光源。对光源的基本要求是发射线的半宽度明显小于吸收线的半宽度，辐射强度大，稳定性好，背景低，无干扰光谱，使用寿命长。根据原子吸收光谱对光源的基本要求，能发射锐线光谱的光源有蒸气放电灯、无极放电灯和空心阴极灯等，目前以空心阴极灯的应用较为普遍。

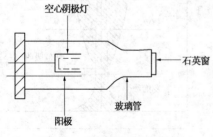

图7-4　空心阴极灯示意图

普通空心阴极灯实际上是一种气体放电灯。其结构示意图见图7-4。它包括了一个棒状阳极(钨棒)和一个空心圆桶形阴极。空心阴极可由用以发射所需谱线的金属或金属合金制成；或以铜、铁、镍等金属制成阴极衬管，衬管的空穴内再衬入或熔进所需金属制成。阳极可由钨、钛、锆等纯金属做成，以钨棒最为常用。两电极密封于充有低压惰性气体的带有石英窗的玻璃壳内，空心阴极腔面对能透射辐射的石英窗口，使放电的能量集中以增强辐射强度。

当在两电极间施加适当的电压后，便开始辉光放电。此时，电子将从空心阴极内壁射向阳极，并在电子的通路上又与惰性气体原子发生碰撞并使之电离，带正电荷的惰性气体离子在电场的作用下，向阴极内壁猛烈地轰击，使阴极表面的金属原子溅射出来，而这些溅射出来的金属原子再与电子、惰性气体原子及离子发生碰撞并被激发。处于激发态的粒子不稳定，很快返回基态，并以发射光谱线的形式释放多余的能量，于是阴极内的辉光便出现了待测元素的特征光谱。

空心阴极灯发射的主要是阴极元素的光谱，因此用不同的待测元素作阴极材料，即可制成各种待测元素的空心阴极灯。但为避免发生光谱干扰，制灯时一般选择的是纯度较高的阴极材料和内充气体(常为高纯氖或氩)，以使阴极元素的共振线附近不含内充气体或杂质元素的强谱线。由于原子吸收分析每测定一种元素就要换一个灯，操作很不方便，现已制成多元素空心阴极灯。

空心阴极灯的操作参数是灯电流，灯电流的大小可决定其所发射的谱线的强度。但灯电流的选择应视具体情况来定，不能一概而论。因为灯电流过大，虽能增强共振发射线的强度，但往往也会发生一些不良现象。如：灯的自蚀现象，内充气体消耗过快，放电不正常，光强不稳定等。实际工作中应选择合适的灯电流。空心阴极灯在使用前一定要预热，预热的时间一般约为 5~20min。

二、原子化器

原子化器的作用是将待测试液中的元素转变成原子蒸气，以便对光源发射的发射的特征光进行吸收。原子化器的性能直接影响测定的灵敏度和测定的重现性，要求其原子化效率高、噪声低、记忆效应小等特性。原子化具体方法有火焰原子化法、无火焰原子化法两种，前者较为常用。

(一) 火焰原子化器

火焰原子化法简单、快速，对大多数元素都有较高的灵敏度和较低的检测限，应用最广，但其缺点是原子化效率较低。火焰原子化装置是由雾化器和燃烧器两部分组成，而燃烧器又分为全消耗型和预混合型，前者直接将试液喷入火焰，得到的雾珠较大，原子化效率低，目前较少采用。后者由雾化室、预混合室、燃烧器和供气系统四部分组成，用得较多。

雾化器的作用是将试液雾化。要求喷雾稳定，雾滴细小而均匀，且雾化效率高。常用类型的为同轴雾化器。高压助燃气(如空气、O_2、N_2O 等)从毛细管的环隙间高速通过，在环隙至喷嘴之间形成负压区，从而使试液沿毛细管吸入，并被高速气流分散成雾滴，同时再经节流管碰在撞击球上，进一步地分散成更细小的雾滴，然后进入预混合室与燃气、助燃气混匀后，一起进入燃烧器燃烧。

常用的燃烧器为预混合型。试液雾化后进入预混合室与燃气(如乙炔、丙烷及氢气等)在室内混合，较大的雾滴在壁上凝结并从下方废液口排出，而最细的雾滴则进入火焰进行原子化。燃烧器所配置的喷灯主要是"长缝型"，一般是单缝式喷灯，且有不同的规格。

原子吸收光谱法测定的是基态原子对特征谱线的吸收情况，所以，应首先使试液分子变成基态原子。而火焰原子化法是在操作温度下，将已雾化成很细的雾滴的试液，经蒸发、干燥、熔化、离解等步骤，使之变成游离的基态原子。因此，火焰原子化法对火焰温度的基本要求是能使待测元素最大限度地离解成游离的基态原子即可。因为如果火焰温度过高，蒸气中的激发态原子数目就大幅度地增加，而基态原子数会相应地减少，这样吸收的测定受到影响。故在保证待测元素充分离解成基态原子的前提下，低温度火焰比高温火焰具有更高的测定灵敏度。

火焰温度的高低取决于燃气与助燃气所占的比例及流量，而燃助比的相对大小又会影响火焰的性质(即贫焰性或富焰性火焰)，火焰性质的不同，则测定时的灵敏度、稳定性及所受到的干扰等情况也会有所不同。所以，应根据实际情况选择火焰的种类、组成及流量等参数。

一般而言，易挥发或离解(即电离能较低)的元素如 Pb、Cd、Zn、Sn、碱金属及碱土金属等，宜选用低温且燃烧速度慢的火焰；而与氧易形成高温氧化物且难离解的元素如 Al、V、Mo、Ti、W 等，应使用高温火焰。

在常见的 Air-C_2H_2、N_2O-C_2H_2、Air-H_2 等火焰中，使用较多的是 Air-C_2H_2 火焰。这种火焰的最高温度约 2300℃，可用于 35 种以上元素的分析测定。但不适于 Al、Ta、Ti、Zr 等元素的测定。根据燃助比的不同，Air-C_2H_2 的性质可分为贫燃焰和富燃焰两种。所谓贫燃焰指燃气少于化学计量的火焰，富燃焰指助燃气少于化学计量的火焰。

贫焰性 Air-C_2H_2 火焰的燃助比($Q_{燃}$：$Q_{助}$)小于 1:6，火焰燃烧高度低，燃烧充分，温度较高，但该火焰能产生原子吸收的区域很窄，火焰属氧化性，仅适于 Ag、Cu、Co、Pb 及碱土金属等元素的测定。

富焰性 Air-C_2H_2 火焰的燃助比($Q_{燃}$：$Q_{助}$)大于 1:3，火焰燃烧高度高，温度较贫焰性火焰低，噪声大，火焰呈强还原性，仅适于测定 Mo、Cr 等易氧化的元素。

在实际工作中，常选用燃助比 $Q=1:4$ 的中性火焰进行测定，因为它有火焰稳定、温度较高、背景低、噪声小等特点。

火焰原子化器虽然具有操作简便、重现性好的优点，但是对试样稀释严重，待测元素易受燃气和火焰周围空气的氧化而生成难溶氧化物，使原子化效率降低，灵敏度下降。为了克服火焰原子化的缺点，人们发展了石墨炉原子化器。

(二) 石墨炉原子化器

火焰原子化器采用火焰加热，石墨炉原子化器则采用电加热的方式使试样原子化。石墨炉原子化器的主体是一个石墨管，管的两端分别连接金属电极和使光束通过的石英窗，管壁上留有小孔，以供注射试样和通惰性气体之用。石墨炉原子化器见图 7-5。

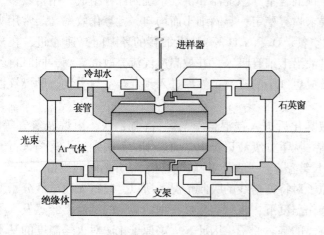

图 7-5　石墨炉原子化器示意图

测定时，试样用微量注射器注入石墨管，先通小电流，以干燥试剂，除去溶剂；接着升温灰化试样，除去基体；然后进一步升温到 2300~3300K 的高温，瞬间使试样原子化。为消除石墨炉对下次测定的记忆效应，在记录吸光度值之后，还要继续升温使炉内残留的待测元素挥发掉。

与火焰原子化器相比，石墨炉原子化器的原子化效率高，基态原子浓度高且在光路中停留时间长，因而灵敏度高。但是其操作条件不易控制，背景吸收大，准确性不如火焰原子化器，且设备复杂，费用较高。

还有一类非火焰原子化方法，称之为低温原子化技术。低温原子化技术包括氢化物发生法和冷原子化法。氢化物发生法是利用某些待测元素易生成加热易分解、熔沸点低于 273K 的氢化物这一特性，用 $NaBH_4$ 等强还原剂将待测元素还原为共价氢化物，用惰性气体导入石英管原子化器，在较低的温度下(1200K)进行原子化。氢化物发生法只限于 Sn、As、Se、Te、Sb、Ge、Pb 等几个元素的分析。冷原子化法只限于汞的分析，在常温下用 $SnCl_2$ 将无机汞化合物还原为气态汞原子，在不需加热的条件下导入石英管中测定。

三、光学系统

空心阴极灯发出的待测元素的特征谱线不止一条，测定时只需要选中一条作为分析线即可。分光系统的作用就是将待测元素的分析线与其他谱线分开。原子吸收分光光度计的光路系统分为外部光路系统和分光系统。

(一) 外部光路系统

外部光路系统的作用是使光源发射出来的共振线准确地透过被测试液的原子化蒸气，并投射到单色器的入射狭缝上。通常用光学透镜来达到这一目的。

(二) 分光系统

分光系统主要由入射狭缝、反射镜、色散元件(光栅或棱镜)和出射狭缝组成。由入射狭缝投射出来的被待测试液的原子蒸气吸收后的透射光，经反射镜反射到单色器上，色散元件将之色散后经由出射狭缝，最后照射到光电检测器上，以备光电转换。

在分光系统中，单色器的作用是将待测元素的共振线与其邻近的谱线分开，通常单色器在确定后，狭缝的宽度就成为分光系统中一个重要的参数。减小狭缝宽度，可提高分辨能力，有利于消除干扰谱线，所以一般应根据实际情况，来调节合适的狭缝宽度并使之与单色器相匹配。

四、检测系统

检测系统包括检测器、放大器、对数转换器及显示装置等。它的作用是将单色器分出来的光信号转化为电信号，经放大器放大后以透射比或吸光度的形式显示出来。

从狭缝照射出来的光先由光电检测器(常用光电倍增管)将微弱的光信号转换为电信号，经放大器(同步检波放大器)将信号进一步放大后，再传给对数转换器(三极管运算放大器直流型对数转换电路)，根据 $I_v / I_{0v} = e^{-K_vL}$，将放大后的电信号转换为光度测量值，最后在显示装置(仪表表头显示或数字显示)上显示出来。当然，配合计算机及相应的数据处理工作站，则会直接给出测定的结果。

第三节 原子吸收光谱定量分析方法

一、标准曲线法

配制一组浓度由低到高、大小合适的标准溶液，依次在相同的实验条件下喷入火焰，然后测定各种浓度的标准溶液的吸光度，以吸光度 A 为纵坐标，标准溶液浓度 C 为横坐标作图，则可得到 $A \sim C$ 关系曲线(标准曲线)。在同一条件下，喷入试液，并测定其吸光度 A_x 值，以 A_x 在 $A \sim C$ 曲线上查出相应的浓度 C_x 值。

在实际测试过程中，标准曲线往往在高浓度区向下弯曲。出现这种现象的主要原因是吸收线变宽所致。因为吸收线变宽常常导致吸收线轮廓不对称，这样，吸收线与发射线的中心频率就不重合，因而吸收减少，标准曲线向下弯曲。当然，火焰中的各种干扰也可能导致曲线发生弯曲。考虑到上述影响因素，在使用本法时要注意以下事项：标准溶液的浓度范围应控制在吸光度与浓度成直线的范围内，其组成尽量与待测试液的组成一致，测量过程中要严格保持条件不变。

标准曲线法适合大批量样品的测定，但不足之处是遇到组成比较复杂的样品时，标准溶液的组成难以与其接近，基体效应差别较大，测定的准确度欠佳。

二、标准加入法

在正常情况下，我们并不完全知道待测试液的确切组成，这样欲配制组成与试液相似的标准溶液就很难进行，而采取标准加入法，可弥补这种不足。

取相同体积的试液两份，置于两个完全相同的容量瓶(A 和 B)中。另取一定量的标准溶液加入到 B 瓶中，将 A 和 B 均稀释到刻度后，分别测定它们的吸光度。若试液的待测组分浓度为 C_x，标准溶液的浓度为 C_0，A 液的吸光度为 A_x，B 液的吸光度为 A_0，则根据比耳定律有：

$$A_x = kC_x$$
$$A_0 = k\ (C_0 + C_x)$$

所以

$$C_x = \frac{A_x}{A_0 - A_x}C_0$$

实际工作中，多采用作图法(如图 7-6 所示)。即取若干份(至少四份)同体积试液，放入相同容积的容量瓶中，并从第二份开始依次按比例加入待测试液的标准溶液，最后稀释到同刻度。若原试液中待测元素的浓度为 C_x，则加入标准溶液后的试液浓度依次为：C_x、$C_x + C_0$、$C_x + 2C_0$、$C_x + 3C_0$，相应地吸光度得：A_x、A_1、A_2、A_3。以 A 对标准溶液的加入量作图，则得到一条直线，该直线并不通过原点，而是在纵轴上有一截距 A_x，这个 A_x 值的大小反映了标准溶液加入量为零时溶液的吸光度，即原待测试液中待测元素的存在所引起的光吸收效应。如果外推直线与横轴交于一点 b'，则 $ob' = C_x$。

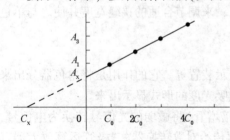

图 7-6　标准加入法工作曲线图

标准加入法的最大优点是可最大限度地消除基体影响，但是不能消除背景吸收。对批量样品测定时手续太烦，不宜采用，对成分复杂的少量样品测定和低含量成分分析，准确度较高。

第四节 原子吸收光谱的干扰及其抑制

如前所述，原子吸收光谱法采用的是锐线光源，应用的是共振吸收线，吸收线的数目比发射线的数目少得多，谱线相互重叠的几率较少；而且原子吸收跃迁的起始状态为基态，基态原子数目受常用温度的影响较小，所以 N_0 近似等于总原子数。因此，在原子吸收光谱分析法中干扰一般较少，但在实际工作中，一些干扰还是不容忽视的。所以必须了解产生干扰的可能原因，以便采取措施使干扰对测定的影响最小。总的来说，原子吸收光谱法中的干扰主要有光谱干扰、物理干扰和化学干扰三大类型。

一、光谱干扰及其消除

光谱干扰指与光谱发射和吸收有关的干扰效应，主要产生于光源和原子化器。

（一）光源产生的干扰

1. 与分析线相邻的其他谱线的存在所引起的干扰

① 共存谱线为待测元素线。这种情况多发生在多谱线元素的测定中。光源在发射待测元素的多条特征谱线时，通常选用最灵敏的共振线作为分析线，若分析线附近有单色器不能分离掉的待测元素的其他特征谱线时，就会对分析线吸光度的测量产生干扰。例如在镍空心阴极灯的发射线中，分析线 2320Å 附近还有许多条发射谱线（如 2316Å），而这些谱线均能被镍元素吸收，但是其吸收系数远小于分析共振线的吸收系数，这样测定的灵敏度就会下降，导致吸光度值偏低，自然会引起工作曲线的弯曲。不过，这样的干扰可借助于调节狭缝宽度的办法来控制。

② 共存谱线为非待测元素的谱线。若此谱线为该元素的非吸收线，同样会使测定的灵敏度下降；但若为该元素的吸收线，则当试液中含有该元素时，就会使试液产生"假吸收"，使待测元素的吸光度增加，产生正误差。当然，这种误差的产生主要是空心阴极灯的阴极材料不纯引起的，且常见于多元素灯。避免这种干扰的方法是选用合适的单元素灯。

2. 谱线重叠的干扰

一般谱线重叠的可能性较小，但并不能完全排除这种干扰存在的可能性。这是由于共存元素的共振线与待测元素的共振线重叠而引起的。例如被测元素 Fe 的共振线为 2719.025Å，而共存元素 Pt 的共振线为 2719.038Å；又如被测元素 Si 的共振线为 2506.899Å，共存元素 V 的共振线为 2506.905Å 等。在一定的条件下，就会发生干扰。遇到这种情况，可选择灵敏度较低的其他谱线进行测量，以避免干扰。

（二）与原子化器有关的干扰

这类干扰主要是由于背景吸收所造成。背景吸收的干扰系由气体分子对光的吸收和高浓度盐的固体微粒对光的散射所引起的。

1. 火焰成分对光的吸收

谱线波长越短，火焰成分中的 ·OH、·CH 及 ·CO 等基团或分子对辐射的吸收就越严重。通常可通过调节零点或改换火焰组成等办法来消除。

2. 固体对光的散射

在进行低含量或超微量分析时，大量的盐类物质进入原子化器，这些盐类的细小微粒处于光路中，会使共振线发生散射而产生"假吸收"，从而引入误差。所以，背景吸收（分子吸收)主要是由于在火焰或无火焰原子化器中形成分子或较大的质点,因此在测定待测元素吸收共振线的同时,会因为这些物质对共振线的吸收或散射而使部分共振线损失,产生误差。

消除这种背景吸收对分析测定结果的影响,可通过测量与分析线相近的非吸收线的吸收,再从分析线的总吸收中扣除这部分吸收来校正;也可以用与试样组成相似的标准溶液来进行空白校正,还可用分离基体的办法来消除影响。当然,现代原子吸收分光光度计中都具有自动校正背景吸收的功能。

二、物理干扰(基体效应)

此类干扰是指试样在转移、蒸发过程中的某些物理因素的变化而引起的干扰效应。它主要影响试样喷入火焰的速度、雾化效率、雾滴大小及其分布、溶剂与固体微粒的蒸发等。例如在火焰原子吸收光谱中,试液的黏度直接影响试样喷入火焰的速度;试液的表面张力影响雾滴的大小及分布;溶剂的蒸气压影响其蒸发速度;雾化气体的压力影响试液喷入量的多少;吸液毛细管的直径、长度及浸入深度影响进样速率;大量基体元素的存在影响待测元素的蒸发等。

这些因素的存在,最终都会对进入火焰中待测元素的原子数量有明显的影响,当然会影响到吸光度的测定。采用配制与试液组成相近似的标准溶液、或采用标准加入法均可消除这种干扰。因为这种干扰对试样和标准溶液中的待测元素的影响是相似的。

三、化学干扰

化学干扰是指在溶液中或原子化过程中待测元素与其他组分之间的化学作用所引起的干扰效应,此效应主要对待测元素的原子化效率产生影响。由于这种干扰对试样中不同的元素的影响各不相同,并随火焰温度、状态和部位、其他组分的存在、雾滴的大小等条件的变化而变化,所以它是原子吸收光谱法的主要干扰源。

化学干扰的形式有两种:一是待测元素与共存元素作用生成难挥发的化合物,致使参与吸收的基态原子数目减少。如用火焰原子化法测 Mg 时,若有 Al 存在,Mg 的原子化程度大为降低,这是由于在雾化过程中,Mg 和 Al 在气溶胶中生成热力学性质更稳定的物质 $MgAl_2O_4$,造成 Mg 的原子化程度降低。这样的元素还有 Al、Ti、B、Si、Be 等。又例如硫酸盐、磷酸盐、氧化铝对钙的干扰,是由于它们与钙形成难挥发化合物所致。这种形成稳定化合物而带来的干扰,可通过使用高温火焰来降低其影响程度。二是基态原子的电离。在火焰中,当外界条件相当时,部分基态原子会失去一个或几个电子而变成离子,不发生原子吸收现象,从而使吸收强度减弱,对测定结果产生影响。这种情况是电离电位 $\leqslant 6eV$ 的元素特有的,它们在火焰中易电离,且火焰温度越高,此干扰的影响就越严重。碱金属及碱土金属的这种干扰现象尤为明显。

消除化学干扰的方法应视具体情况而定。采用在标准溶液和试液中均加入某些试剂,以使化学干扰得到控制或抑制,如:为克服电离干扰而加入的"消电离剂";为防止待测元素与共存元素形成难挥发化合物而加入的"保护剂"(掩蔽剂)及将所形成的难挥发化合物中的待测元素重又置换或释放出来的"置换剂"(释放剂)等。

当常用的简便方法都不足以克服或控制化学干扰的影响时,可考虑采用适宜的分离手段将干扰元素分离出去。

第五节　原子吸收测试条件的选择

如上所述，影响分析测试的光谱干扰、物理干扰和化学干扰三大类干扰因素，根据情况的不同又分别涉及诸如共振发射线不纯、火焰成分对光的吸收(背景吸收)、试液的黏度、试液的表面张力及某些化学作用的存在等方面的内容。所以，在实际测试中，应综合各方面的因素，做好分析测试最佳条件的选择。通常主要考虑原子吸收分光光度计的操作条件，即元素灵敏线、灯电流、火焰、燃烧器的高度及狭缝宽度等。

一、分析线的选择

待测元素的特征谱线就是元素的共振线，也称待测元素的分析线(灵敏线)。在测试待测试液时，为了获得较高的灵敏度，通常选择元素的共振线作为分析线。但并非在任何情况下都作这样的选择。例如：

① 对于 As、Se、Hg 等元素的测定，它们的灵敏线都处于远紫外区。而在这个光谱区间内，由于不同组成的火焰都有较为强烈的背景吸收，所以，此时选择这些元素的共振线作为分析线，显然是不合适宜的。

② 在待测组分的浓度较高时，即使共振线不受干扰，也不宜选择元素的灵敏线作分析线用。因为灵敏线是待测元素的原子蒸气吸收最强烈的入射线，若选择元素的共振线为分析线，吸收值有可能会突破标准曲线的有效线性范围，给待测元素的准确定量带来不必要的误差。所以，应考虑选择灵敏度较低的共振线作为分析线用。但在微量元素的分析测定中，必须选择吸收最强的共振发射线。

当然，最佳分析线的选择应根据具体情况，通过实验来确定。

二、灯电流的选择

空心阴极灯作为原子分光光度计的光源，其主要任务是辐射出能用于峰值吸收的待测元素的锐线光谱——特征谱线。那么欲达到这个目的，就须选择有良好发射性能的空心阴极灯，而空心阴极灯的发射特性又取决于灯电流的大小，所以选择最适宜的灯电流就成为能否准确分析的操作条件之一。一般情况下，尽管市售商品空心阴极灯都标有允许使用的最大工作电流，但也并不是工作电流越大越好，其确定的基本原则是：在保证光谱稳定并具有适宜强度的条件下，应使用最低的工作电流。

三、原子化条件

对装配有火焰原子化器的光度计来说，火焰的选择是否恰当，直接关系到待测元素的原子化效率，即基态原子的数目。这就需要根据试液的性质，选择火焰的温度；根据火焰的温度，再选择火焰的组成，但同时还要考虑到，在测定的光谱区间内，火焰本身是否有强吸收。因为组成不同的火焰其最高温度有着明显的差异，所以对于难离解化合物的元素，应选择温度较高的火焰，如 $Air-C_2H_2$、$N_2O-C_2H_2$ 等；反之，应选择低温火焰，以免引起电离干扰。当然，确定火焰类型后，还应通过实验进一步地确定燃助比。

在石墨炉原子化法中，干燥、灰化、原子化及除残温度与时间是十分重要的操作条件。干燥的温度一般要稍低于溶剂沸点，以防止试液飞溅。在保证试液没有损失的前提下，尽量选择较高的灰化温度，以除去基体和其他组分。原子化时应选择达到最大吸收信号时的最低温度，原子化时间的选择，应当保证试液完全原子化。为了延长自由原子在石墨炉中的平均停留时间以提高原子化效率，在原子化阶段应当停止通保护气。除残的目的是为了消除残留物带来的记忆效应，其温度应高于原子化的温度以彻底清除残余物。

四、燃烧器的高度

不同性质的元素，其基态原子浓度随燃烧器的高度，即火焰的高度的分布是不同的。如氧化稳定性高的 Cr，随火焰高度的增加，其氧化特性增强，形成氧化物的倾向增大，基态原子数目减少，因而吸收值相对降低；而不易氧化的 Ag，其吸收值随火焰高度的增加而增大。但对于氧化物稳定性居中的 Mg 来说，其吸收值开始时是随火焰高度的增加而增加，但达到一峰值后却又随火焰高度的增加而降低。所以，测定时应根据待测元素的性质，仔细调节燃烧器的高度，使光束从基态原子数最大时的火焰区穿过，以获得最佳的灵敏度。

五、狭缝宽度

在原子吸收光谱分析法中，谱线重叠的可能性一般比较小，因此测定时可选择较宽的狭缝，从而使光强增大，提高信噪比，改善检测限。但还应考虑到单色器分辨能力的大小、火焰背景的发射强弱以及吸收线附近是否有干扰线或非吸收线的存在等。

如果单色器的分辨能力强、火焰背景的发射弱、吸收线附近无干扰线，则可选择较宽的狭缝，否则，应选择较窄的狭缝。合适的狭缝宽度应通过实验确定。

总之，对于通常所遇到的上述条件，原则上均应以实验手段来确定最佳操作条件。

六、进样量

进样量影响信号的强弱和测定的准确性。进样量过小，吸收信号很弱，不便于测量；进样量过大，在火焰原子化法中则会对火焰产生冷却效应，在石墨炉原子化法中则会增加除残的困难。适当的进样量应当通过实验确定，即测定吸光度随进样量的变化，达到最满意吸光度时的进样量即为应选择的进样量。

第六节   原子吸收光谱的应用

原子吸收光谱分析法具有测定灵敏度高、特效性强、抗干扰性能好、应用广泛、稳定性好等特点，已广泛应用在矿物、金属、陶瓷、水泥、化工产品、土壤、食品、血液、生物体、环境污染物等试样中金属元素的测定，能直接测定的元素多达七十多种，加上间接测量元素，总数可达百余种。

一、直接原子吸收法

直接原子吸收法，是指试样经过适当的前处理之后，直接进样测定其中的待测元素。金属元素和一些非金属元素可直接测定。

(一) 样品前处理

样品的前处理一般采用强酸消解法或干灰化法，分解其中的有机质，把待测组分转移到溶液当中。例如分析土壤样品，可用 HNO_3-HClO_4 强酸混合溶液消解试样，可进行 Cd、Pd、Ni、Cu、Zn、Se、K、Mn、Co、Fe 等元素的分析。对动植物样品及食品、饲料等样品，可采用干灰化法，在 720~820K 的温度下灰化样品，再用 HCl 或 HNO_3 溶解。对于含挥发性元素的样品，则以采用强酸消解法进行前处理。

(二) 测定

试样前处理后，含量较高的组分可以直接或稀释后测定；含量较低的组分需萃取富集后再进行测定。对于易挥发且含量低的元素如 Se、As、Sb 等宜采用氢化物发生法或石墨炉原子化法。汞宜选用冷原子化法。

二、间接原子吸收法

间接原子吸收分析，指待测元素本身不能或不易直接用原子吸收光谱法测定，而利用它与第二种元素(或化合物)发生化学反应，再测定产物或过量反应物的含量，依据化学反应方程式即可算出待测元素的含量。大部分的非金属元素可采用间接法测定。例如试样中的氯与已知过量的 $AgNO_3$ 反应生成 $AgCl$ 沉淀，用原子吸收法测定沉淀上清液中过量的 Ag 含量，即可间接测定氯的含量。

三、原子吸收光谱法应用实例

例 7-1 原子吸收光谱法测定自来水中的镁

分析样品： 自来水

分析项目： Mg

分析方法： 标准曲线法或标准加入法

分析条件： (1) 火焰原子分光光度计，助燃比 1:4；

(2) 测定波长 285.2nm；

(3) 空心阴极灯，灯电流 2mA，灯高 4 格，光谱通带 0.4nm。

例 7-2 地下水中铁和锰的测定

分析样品： 地下水

分析项目： Fe，Mn

分析方法： 标准曲线法或标准加入法

分析条件： (1) 火焰原子分光光度计，空气-乙炔氧化焰；

(2) Fe 测定波长 248.3nm，Mn 测定波长 279.5nm；

(3) 空心阴极灯，测铁灯电流 12.5mA，测锰灯电流 7.5mA；

(4) 光谱通带 0.4nm，灯高 7.5mm。

第七节 原子荧光光谱法

原子荧光光谱法是 20 世纪 60 年代发展起来的一种超微量分析方法，通过测量待测元素的原子蒸气在辐射能激发下所产生荧光的发射强度而对待测元素进行含量分析的发射光谱法。由于原子荧光光谱法使用的仪器与原子吸收法相似，故在此作简要介绍。

试样溶液通过原子化器时被蒸发为原子蒸气，金属元素大部分以基态原子形式存在，自光源发射出的强射线照射在原子蒸气上，基态原子将吸收其中特征波长的电磁辐射，能量从基态升到高级能态，原子被激发。处于激发态的原子不稳定，要从激发态回到低能级状态，同时发射与激发波长相同或者不相同的辐射。当激发光源停止照射试样后，再发射过程也立即停止，这种再发射的光称为荧光；若激发源停止照射后，再发射过程还延续一段时间，这种再发射的光称为磷光。本节所讨论的是原子荧光，即基态原子吸收特征波长的辐射后被激发到较高能级，接着又以辐射形式释放出的荧光。

原子荧光分为三类：共振原子荧光、非共振原子荧光和敏化原子荧光。共振原子荧光指与激发源波长相同的荧光,非共振原子荧光是激发原子辐射与辐照源波长不相同的荧光。敏化原子荧光是指激发原子通过碰撞将激发能转移给另一个原子使其激发,后者再以辐射方式去活化而发射出的荧光。在上述各类原子荧光中,共振原子荧光最强,在原子荧光分析中最常用。

不同元素的原子所发射的荧光波长各不相同,这是各元素原子的特征。对于指定频率 V_0 的共振原子荧光,其强度为

$$I_f = \phi I_0 k_0 L \tag{7-9}$$

式中　ϕ——荧光量子效率,表示发射荧光光量子数与吸收激发光量子数之比;

　　　I_0——激发源光强;

　　　k_0——中心吸收系数;

　　　L——原子吸收层厚度。

根据原子吸收理论,原子所发射的荧光强度与单位体积内该元素原子蒸气的基态原子数成线性关系,且基态原子数近似等于原子总数,在激发光强度和原子化条件保持不变的情况下,荧光强度与试样溶液中待测元素的浓度 C 之间有如下关系

$$I_f = KC \tag{7-10}$$

式中　若 K 在一定的测定条件下为常数,式(7-10)是进行原子荧光定量分析的依据。

原子荧光分析使用的仪器称为原子荧光光度计,它和原子吸收分光光度计组件基本相同,同样使用火焰或石墨炉原子化器实现原子化,所不同的是,原子荧光光度计的光源、原子化器、分光系统不排在一条直线上,而是成直角形;光源除了采用高强度的空心阴极灯外,还可以激光作激发光源,单色器除了有色散型外还有非色散型的。

原子荧光分析具有光谱简单、灵敏度高,校正曲线线性范围宽等优点,常用作元素的微量和超微量分析。由于原子荧光是向空间的各个方向发射的,便于制作多道仪器实现多元素同时测定。在水质分析中,对于吸收线小于 300nm 的微量元素含量的测定,如 Zn、Cd 等,其检出限要优于原子吸收法。

思 考 题

1. 影响原子吸收谱线的因素有哪些?其中最主要的因素是什么?

2. 原子吸收光谱法采用极大吸收进行定量的条件和依据是什么?

3. 原子吸收光谱仪有那几部分组成?各有何作用?

4. 什么是锐线光源?在原子吸收光谱中为什么要用锐线光源?

5. 光谱干扰是怎样产生的?如何消除?

6. 背景吸收与基体效应都与试样的基体有关,试分析它们的不同之处。

7. 原子吸收光谱进行定量分析的依据是什么?进行定量分析的方法有哪些?各自使用什么条件?

8. 试从方法原理、特点、应用范围等各方面比较原子分光光度法与原子荧光光度法的异同点。

习 题

1. 测定植株中锌的含量时,将三份 1.00g 植株试样处理后分别加入 0.00mL、1.00mL、

2.00mL 浓度为 0.0500mol/L 的 $ZnCl_2$ 标准溶液后稀释定容为 25.0mL，在原子吸收光谱仪上测定吸光度分别为 0.230、0.453、0.680，求植株中锌的含量。

2. 用原子吸收法测定钴获得如下数据：

$\rho_{标}$/(mg/L)	2	4	6	8	10
T/%	62.4	38.8	26.0	17.6	12.3

（1）绘制 $A-C$ 标准曲线；

（2）某一试液在同样情况下测得 $T=20.4\%$，求其试液中 Co 的质量浓度。

3. 用原子吸收分光光度法测定血浆中锂的含量，采用标准加入法进行分析。取 4 份 0.500mL 血浆试样分别加入 5.00mL 水中，然后分别加入 0.0500mol/L 的 Licl 标准溶液 0.0、10.0、20.0、30.0μL，摇匀，在 670.8nm 处测得吸光度依次为 0.201、0.414、0.622、0.835。计算血浆中锂的含量(mg/L)。

4. 以原子吸收光谱法测定尿试样中铜的含量，分析线 324.8nm。测得数据如下表所示，计算试样中铜的质量浓度(mg/L)。

序　号	1	2	3	4	5
加入 Cu 的浓度/(mg/L)	0	2.0	4.0	6.0	8.0
吸光度	0.28	0.44	0.60	0.757	0.912

5. 用原子吸收法测定锑的含量，用铅作内标元素。取 5.00mL 未知锑溶液，加入 2.00mL 浓度为 4.13μg/mL 的铅溶液并稀释至 10.0mL，测得 $A_{sb}/A_{pb}=0.808$，另取相同体积的锑和铅溶液混合稀释至 10.0mL，测得 $A_{sb}/A_{pb}=1.31$，计算未知溶液中锑的质量含量。

第八章 其他分析方法

第一节 气相色谱分析法

一、色谱分析法简介

色谱法是一种分离技术，是混合物最有效的分离、分析方法。俄国植物学家茨维特在1906年研究植物色素时，先用石油醚浸取植物叶中的色素，然后将浸取液注入到一根填充

图 8-1 植物叶色素的分离

CaCO₃ 的直立玻璃管的顶端，再用纯石油醚进行淋洗，淋洗结果使玻璃管内植物色素的各组分在柱内得到分离，形成具有不同颜色的谱带，他把这种方法称为色谱法。玻璃管柱称为色谱柱，管内填充物 $CaCO_3$ 是固定不动的，称为固定相；淋洗剂石油醚的作用是携带混合物流过固定相，称之为流动相。这便是最初的色谱分离法。他在实验中使用的装置即色谱原型装置，见图 8-1。

试样混合物的分离过程也就是试样中各组分在称之为色谱分离柱的两相间不断进行着的分配过程。其中的一相固定不动，称为固定相；另一相是携带试样混合物流过此固定相的流体（气体或液体），称为流动相。两相及物质在两相间的相对运动构成了色谱法的基础。当流动相中携带的混合物流经固定相时，其与固定相发生相互作用，由于混合物中各组分在性质和结构上的差异，与固定相之间产生的作用力的大小、强弱不同，随着流动相的移动，混合物在两相间经过反复多次的分配平衡，使得各组分被固定相滞留的时间不同，从而按一定次序由固定相中流出，各组分由此得到分离。当色谱法与适当的柱后检测方法结合时，就称为色谱分析法，它可实现混合物中各组分的分离与检测。

随着色谱法的发展，各种色谱技术如气相色谱、高效液相色谱、凝胶色谱、离子色谱、超临界色谱以及色谱联用技术取得了深入研究和广泛应用，并迅速获得发展，色谱这种分离技术已成为分离、提纯有机物和无机物（有色和无色）的一种重要方法。对于复杂混合物、相似化合物的异构体或同系物等的分离也非常有效。近 20 年来，色谱分析仪器和微机技术的结合，使得色谱分析仪具有人工智能，色谱分析变得更加方便、快捷。色谱分析法已经成为目前分离和分析复杂混合物最有效的方法之一。

（一）色谱法的特点

和其他的仪器分析方法相比，色谱法具有以下特点：

1. 分离效率高

色谱柱具有很高的塔板数，在分离多组分复杂混合物时可以高效地将各个组分分离成单一的色谱峰。例如，一根长 30m、内径 0.32mm 的 SE-30 柱，可以将炼油厂原油分离出150~180 个组分；同时色谱法对那些性质相似的物质如同位素、有机同系物、烃类异构体的分离也具有很高的选择性。例如，一个两米长装有有机皂土及邻苯二甲酸二壬酯的混合固定

相柱，可以很好的分离邻、间、对位二苯酚。

2. 灵敏度高

色谱的高灵敏度表现在可以检测出 $10^{-11} \sim 10^{-14}$g 的物质量，在超微量分析中非常有用，例如饮用水中超微量有机氯的检测，纯净水中超微量杂质的检测，以及粮食、蔬菜、水果中农药残留量的检测等。

3. 分析速度快

一般在几分钟或几十分钟内可以完成一个试样的分析。

4. 应用范围广

气相色谱可进行沸点低于 400℃ 的各种有机或无机试样的分析。液相色谱可进行高沸点、热不稳定、生物试样的分离分析。

（二）色谱法的分类

色谱法在其发展过程中不断完善，其分类方法也比较多，色谱分析法可以从不同的角度进行分类，以下是常见的色谱分类。

1. 按两相的状态分类

① 气相色谱 气相色谱(GC)指流动相为气体(称为载气)的色谱分析法，按固定相的不同又分为气固色谱和气液色谱，固定相采用固体吸附剂的称为气固色谱(GSC)，固定相是涂在惰性载体(担体)上的液体，称为气液色谱(GLC)。常用的气相色谱流动相有 N_2、H_2、He 等气体。

② 液相色谱 液相色谱(LC)指流动相为液体(也称为淋洗液)的色谱分析法，按固定相的不同分为液固色谱和液液色谱。其固定相为固体吸附剂的称为液固色谱(LSC)，若固定相为液体，则称为液液色谱(LLC)。常用的液相色谱流动相有 H_2O、CH_3OH 等。

近年来，新出现一种使用超临界流体作为色谱流动相的色谱分析法，这便是超临界流体色谱(SFC)。超临界流体状态是一类介于液体和气体之间的状态，具有介于气体和液体之间极为有用的分离性质。常用的超临界流体有 CO_2、NH_3、CH_3CH_2OH、CH_3OH 等。

2. 按固定相使用形式分类

① 柱色谱(CC) 固定相填装在柱管内的色谱法称为柱色谱，色谱柱一般为玻璃或不锈钢金属制成。此外还有一种较为特殊的柱色谱，其固定相附着或键合在管的内壁上，中心是空的，叫毛细管柱色谱。

② 纸色谱法(PC) 固定相为滤纸的色谱称为纸色谱，它采用适当的溶剂让样品各组分在滤纸上展开而进行分离，根据各组分在滤纸上留下的斑点位置和大小进行鉴定和定量分析。

③ 薄层色谱法(TLC) 将固定相制成薄层或薄膜的色谱法，它的操作方法同纸色谱法相似。

3. 按分离机制的不同分类

① 吸附色谱：利用固定相表面对试样各组分吸附能力强弱的不同进行分离的色谱法。

② 分配色谱：它利用固定液对各组分的溶解能力(分配系数)的不同进行分离的色谱法。

③ 离子交换色谱：利用离子交换剂(固定相)对各组分的亲和力的不同进行分离的色谱法。

④ 排阻色谱：利用具有一定孔径分布的多孔凝胶作固定相，根据组分分子大小形状的不同而产生不同的阻滞作用，从而实现多组分的分离。一般试样组分摩尔质量较小者，渗入

胶体而不易流出，表现为保留时间较长；而摩尔质量较大的组分，则沿凝胶间空隙而容易流出，其保留时间较短。

其他色谱方法还有高效毛细管电泳色谱（特别适合生物试样分析分离的高效分析仪器）、离子色谱（液相色谱的一种，以特制的离子交换树脂为固定相，不同 pH 值的水溶液为流动相）等。

二、色谱流出曲线与术语

（一）色谱流出曲线

组分进样后，经过色谱柱到达检测器所产生的响应信号对时间或载气流出体积的曲线，称为色谱流出曲线，又称色谱图，如图 8-2 所示。

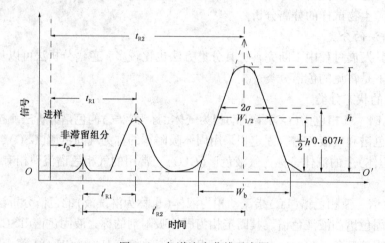

图 8-2　色谱流出曲线示意图

从谱图上可以得到以下信息：

① 在一定的条件下，可以看到组分多少及组分分离情况。

② 每个色谱峰的位置可由其流出曲线最高点对应的体积或时间表示，组分不同，峰的位置也不同，以此作为定性分析的依据。

③ 每一组分的含量与其峰高或峰面积相对应，峰高或峰面积作为定量分析的依据。

④ 判断柱效：通常的色谱分析中，色谱流出曲线多为正态分布曲线，可以通过观察峰的分离情况及扩展情况，判断柱效好坏。相对而言，峰越窄柱效越高，峰越宽柱效越低。

⑤ 判断仪器是否正常：色谱柱中只有流动相通过时，检测器响应信号的记录值称为基线，正常情况下基线应该是一条直线，因此可以观察基线的稳定情况来判断仪器是否正常。

（二）色谱曲线常用术语

① 色谱峰：组分通过色谱系统时所产生的响应信号的微分曲线。

② 基线：基线是指当色谱柱后没有组分进入，仅有流动相通过时，检测器所产生的响应值。稳定的基线是一条直线。基线漂移指的是基线定向的缓慢变化。

③ 噪声：噪声指的是由各种偶然因素所引起的基线起伏，表现为基线呈无规则的毛刺状。

（三）色谱基本参数

1. 保留值

保留值表示试样各组分在色谱柱中滞留时间的数值。通常用时间或用载气将组分带出色谱柱所用的体积来表示。

① 时间表示的保留值死时间(t_M)：不被固定相保留的组分(如空气)从进样开始到柱后出现浓度极大值所需要的时间，单位为 min。

保留时间(t_R)组分从进样到柱后出现浓度极大值时所需的时间。调整保留时间(t'_R)，保留时间扣除死时间后的值。

$$t'_R = t_R - t_M \qquad (8-1)$$

② 用体积表示的保留值死体积 V_M：不能被固定相滞留的组分从进样到柱后出现浓度最大值时所消耗的流动相的体积，单位为 mL。死体积与死时间之间的关系是

$$V_M = t_M \times F_0 \qquad (8-2)$$

式中 F_0 为流动相的流速，单位为 mL/min。

③ 保留体积 V_R 组分从进样到柱后出现浓度极大值时所需的流动相的体积。

$$V_R = t_R \times F_0 \qquad (8-3)$$

式中 F_0 为流动相的流速，单位为 mL/min。

④ 调整保留体积 V'_R 扣除死体积后的保留体积，是真实的将待测组分从固定相中携带出柱所需的流动相的体积。它比 V_R 更能反映待测组分的保留体积。

$$V'_{R'} = V_R - V_M \qquad (8-4)$$

⑤ 相对保留值 r_{21} 组分 2 与组分 1(标准物)在相同条件下的调整保留值之比。

$$r_{21} = t'_{R2} / t'_{R1} = V'_{R2'} / V'_{R1'} \qquad (8-5)$$

因为保留时间(或体积)不但由柱性质决定，还与操作条件(如柱长、柱温、流动相速度、相比等)有关，这给实验室之间保留值的重现性带来困难。如果将每一组分的调整保留值与标准物在同一柱上，相同的操作条件下进行比较，则相对保留值只与柱温和固定相的性质有关，与其他色谱操作条件无关，它表示了固定相对这两种组分的选择性，因此相对保留值也称选择系数，它是较理想的定性指标。

2. 峰高、峰宽及峰面积

① 峰高(h)：从峰的最大值到峰底的距离。

② 峰宽：也称作区域宽度。色谱峰区域宽度是色谱流出曲线的一个重要参数，从分离的角度讲，区域宽度越窄越好。表示色谱峰宽度的方法有以下三种：

标准偏差(σ)：0.607 倍峰高处色谱峰宽度的一半

半峰宽度($Y_{1/2}$)：峰高一半时色谱峰的宽度，$Y_{1/2} = 2.35\sigma$

峰底宽度(Y)：自峰两侧拐点处所作切线与峰底相交两点之间的距离，$Y = 4\sigma$。

③ 峰面积 A：色谱峰曲线所围的面积。色谱峰面积可由色谱仪中的微机处理器或积分仪求得，也可用计算方法求得。

对于对称的色谱峰：$A = 1.065hY_{1/2}$

对于非对称峰：$A = 1.065h(Y_{0.15} + Y_{0.85})/2$

式中 $Y_{0.15}$ 和 $Y_{0.85}$ 分别为色谱峰高 0.15 和 0.85 处对应的色谱峰宽度。

3. 分配系数 K

组分在固定相和流动相间发生的吸附、脱附，或溶解、挥发的过程叫做分配过程。分配系数是组分分配平衡时，组分在固定相与流动相中的浓度之比。在一定温度下，组分在两相

间分配达到平衡时的浓度(单位：g/mL)比用 K 表示。

$$K = \frac{组分在固定相中的浓度}{组分在流动相中的浓度} = \frac{C_S}{C_L} \tag{8-6}$$

分配系数是色谱分离的依据。试样中的各组分具有不同的 K 值是分离的基础，一定温度下，组分的分配系数 K 越大，表明其与固定相的作用越强，前进速率就越慢，保留时间就越长，因此出峰越慢，反之则越快出峰。假设某组分的 $K=0$ 时，表明该组分不被固定相保留，最先流出色谱柱。当试样一定时，K 主要取决于固定相性质。每个组分在各种固定相上的分配系数 K 不同，选择适宜的固定相可改善分离效果。

4. 分配比 k

在实际工作中，也常用分配比来表征色谱分配平衡过程。分配比是指在一定温度下，组分在两相间分配达到平衡时的质量比，分配比和分配系数之间存在如下关系：

$$k = \frac{组分在固定相中的质量}{组分在流动相中的质量} = \frac{m_S}{m_L} = \frac{C_S}{C_M} \cdot \frac{V_S}{V_M} = \frac{K}{\beta} \tag{8-7}$$

式中 β 称为相比。填充柱相比一般为 $6\sim35$，毛细管柱的相比一般为 $50\sim1500$。分配比越大，保留时间越长。V_M 为流动相体积，即柱内固定相颗粒间的空隙体积；V_S 为固定相体积，对不同类型色谱柱，V_S 的含义不同。对于气液色谱柱 V_S 为固定液体积，对于气固色谱柱 V_S 为吸附剂表面容量。

分配系数与分配比都是与组分及固定相的热力学性质有关的常数，随分离柱温度、柱压的改变而变化。分配系数与分配比都是衡量色谱柱对组分保留能力的参数，数值越大，该组分的保留时间越长。分配比可以由实验测得。由于分配平衡是在色谱柱的两相之间进行的，因此，分配比也可用组分停留在两相之间的保留值来表示：

$$k = \frac{t'_R}{t_M} = \frac{V'_R}{V_M} \tag{8-8}$$

从上式可以看出，分配比反映了组分在某一柱子上的调整保留时间(或体积)是死时间(或死体积)的多少倍。k 越大，说明组分在色谱柱中的停留时间越长，对该组分来说，相当于柱容量越大，因此，k 又称为容量因子或容量比。

三、色谱理论基础

色谱理论需要解决色谱分离过程的热力学和动力学问题，揭示影响分离及柱效的因素与提高柱效的途径，柱效与分离度的评价指标及其关系。例如组分保留时间为何不同？色谱峰为何变宽？组分保留时间受色谱过程的热力学因素控制，它与组分和固定液的结构和性质有关；色谱峰变宽受色谱过程的动力学因素控制，取决于组分在两相中的运动阻力和扩散。色谱基本理论主要包括塔板理论和速率理论。

(一) 塔板理论

塔板理论是1941年马丁提出来的半经验理论，它把整个色谱柱比作一个分馏塔，将色谱分离过程比拟作蒸馏过程，将连续的色谱分离过程分割成多次平衡过程的重复(类似于蒸馏塔塔板上的平衡过程)。塔板理论有以下基本假设：

① 在每一个平衡过程间隔内，平衡可以迅速达到；

② 将载气看作成脉动(间歇)过程；

③ 试样沿色谱柱方向的扩散可忽略；

④ 每次分配的分配系数相同。塔板理论将色谱柱的某一段距离(长度)假设为一层塔板,在此距离内完成的分离就相当于分馏塔的一块塔板所完成的分馏,据此就将色谱柱的这一段长度称为理论塔板高度。如果色谱柱的总长度为 L,虚拟的塔板高度为 H,色谱柱的理论塔板数为 n,则三者的关系为

$$n = L/H \qquad (8-9)$$

从上式可知,在柱子长度固定后,塔板数越多,则组分在柱中反复分配的次数就越多,分配系数相近的组分经过多次的重复分配之后,其间的细微差别得到放大,分离情况就越好,理论塔板数与色谱峰宽度之间的关系为

$$n = 5.54\left(\frac{t_R}{Y_{1/2}}\right)^2 = 16\left(\frac{t_R}{Y}\right)^2 \qquad (8-10)$$

n 和 H 可以作为描述柱效能的指标。单位柱长的塔板数越多,则组分在柱中的分配次数就越多,分离情况就越好;同一组分在出峰时就越集中,峰形就越窄。所以 n 越大,表明柱效越高,用不同物质计算可得到不同的理论塔板数。但是,此式中保留时间 t_R 包含死时间,在死时间内组分并不参与分配,因此计算出来的理论塔板高度和理论塔板数并不能完全地反映柱子真实的效能,于是引入有效塔板数和有效塔板高度的概念。

组分在 t_M 时间内不参与柱内分配,因此用扣除了 t_M 因素的调整保留时间 t'_R 来计算 n,得到的是有效塔板数和有效塔板高度:

$$n_{有效} = 5.54\left(\frac{t'_R}{Y_{1/2}}\right)^2 = 16\left(\frac{t'_R}{Y}\right)^2 \qquad (8-11)$$

$$H_{有效} = L/n_{有效} \qquad (8-12)$$

$n_{有效}$ 和 $H_{有效}$ 消除了死时间的影响,因此有效塔板高度和有效塔板数比理论塔板数和理论塔板高度更能真实地反映柱效的高低。但是,不论是 n 还是 $n_{有效}$ 都是针对某一物质而言的,无论是用有效塔板数还是用理论塔板数作为衡量柱效能的指标时,都应指明测定物质。

塔板理论形象地描述了某一物质在柱内进行多次分配的运动过程,n 越大,H 越小,柱效能越高,分离得越好。但是不同物质得以分离的前提还是分配系数不同,只有在 K 值有差别的情况下,设法提高塔板数,增加分配次数,提高柱效能,才能达到提高分离能力的目的。

但是塔板理论也有它的不足,柱效不能表示被分离组分的实际分离效果,当两组分的分配系数 K 相同时,无论该色谱柱的塔板数多大,都无法分离。此外,它的某些基本假设是不严格的,塔板理论忽略了在纵向上的扩散,分配系数与浓度的关系被忽略了,分配平衡被假设为瞬间达到等,因此塔板理论不能解释同一色谱柱在不同的载气流速下柱效不同的实验结果,也无法指出影响柱效的因素及提高柱效的途径。

(二)速率理论(影响柱效的因素)

1956 年,荷兰科学家范·弟姆特在塔板理论的基础上,结合影响塔板高度的动力学因素,提出了速率理论。速率理论把塔板高度与流动相流速、分子扩散和分子传质等因素的关系用以下方程式表述:

$$H = A + B/u + Cu \qquad (8-13)$$

此式称为范弟姆特方程式,式中,H 为理论塔板高度,A 为涡流扩散项,B/u 为分子扩散项,Cu 为传质阻力项,u 为载气的线速度(cm/s)。显然减小 A、B/u、Cu 三项可提高柱

效。那么这三项各与哪些因素有关呢?

(1) 涡流扩散项 A

组分随着流动相向前运动时,碰到固定相小颗粒使前进受阻,而产生在垂直于前进方向上的运动,称为"涡流"。涡流的产生使得组分分子通过柱子的路径长短不一,因此到达检测器的时间有先有后,结果使色谱峰峰形变宽。涡流扩散项可定量地用下式表述

$$A = 2\lambda d_{\mathrm{p}} \qquad (8-14)$$

式中　d_{p}——固定相的平均颗粒直径;

　　　λ——固定相的填充不均匀因子。

　　　A——与流动相性质、流动项速率无关,只与固定相的颗粒细度和填充均匀性有关。固定相颗粒越小,填充的越均匀,则 A 越小,H 也越小,因此 n 越大,柱效也就越高。

(2) 分子扩散项 B/u

待测组分在柱子中由于浓度梯度形成纵向扩散,导致组分分子不能同时到达检测器,引起峰形变宽。影响分子扩散项的因素可由下式表达

$$B = 2\nu D_{\mathrm{g}} \qquad (8-15)$$

式中,ν 为弯曲因子,是由固定相引起的。

对于填充柱色谱,由于固定相的阻挡,分子纵向扩散受阻,扩散程度减小,$\nu<1$;对于空心毛细管柱,因为没有固定相颗粒阻挡组分分子的扩散,所以 $\nu=1$。空心毛细管柱的 B 值要比填充柱大得多。式中 D_{g} 为试样组分分子在气相中的扩散系数,单位是 cm^2/s,在气相色谱中,载气流速越慢,组分在柱内停留时间越长,分子扩散越明显;此外,D_{g} 还与载气分子量有关,$D_{\mathrm{g}} \propto 1/\sqrt{M_{\mathrm{r}}}$,载气分子量越大,$D_{\mathrm{g}}$ 越小。根据上述原理,在气相色谱中为了减小纵向扩散,应采用较大的载气流速,选择分子量较大的气体作载气。

组分分子在气相中的扩散系数要比在液相中的扩散严重得多,在气相中的扩散系数大约是液相中的 10^5 倍,因此在液相色谱中,分子纵向扩散引起的塔板高度增加以及由此引起的峰形扩张都很小,B/u 项不是主要的影响因素。与此相反,在气相色谱中纵向扩散对塔板高度的影响很大,所以纵向扩散主要是针对气相色谱来讨论的。

(3) 传质阻力项 Cu

传质阻力包括气相传质阻力 C_{g} 和液相传质阻力 C_{L},指组分分子在流动相和固定相之间进行质量交换时受到的阻力。即

$$C = (C_{\mathrm{g}} + C_{\mathrm{L}}) \qquad (8-16)$$

$$C_{\mathrm{g}} = \frac{0.01k}{(1+k)^2} \cdot \frac{d_{\mathrm{p}}^2}{D_{\mathrm{g}}} \qquad (8-17)$$

$$C_{\mathrm{L}} = \frac{2}{3} \cdot \frac{k}{(1+k)^2} \cdot \frac{d_{\mathrm{f}}^2}{D_{\mathrm{L}}} \qquad (8-18)$$

流动相传质阻力 C_{g} 指组分分子从气相(流动相)移向固定相表面,在两相之间进行质量交换时所受到的阻力。C_{L} 为固定相传质阻力,组分分子由流动相进入固定相之后,扩散到固定相内部,达到分配平衡后,又回到界面并溢出,被流动相带走,影响这一过程的阻力都称为固定相传质阻力。k 为容量因子,D_{g}、D_{L} 分别为组分在气相和液相中的扩散系数。d_{p} 为固定相的平均颗粒直径,d_{f} 为固定相液膜厚度。

从式(8-17)可以看出，减小担体粒度，采用扩散系数大的流动相，即选择小分子量的气体作载气，可降低流动相传质阻力；从式(8-18)可以看出，为了减小固定相的传质阻力，必须减小固定相的液膜厚度，增大组分在固定相中的扩散系数 D_L，提高柱温是增大 D_L 的方法之一。

从范弟姆特方程可以看出，塔板数和塔板高度与流动相的流速有关，控制最佳的流动相流速是重要的操作条件之一。从方程式还可以看出，柱效能与柱的种类、柱的填充均匀性、担体的颗粒度、载气的种类和相对分子量、固定液种类、液膜的涂敷厚度和均匀性、柱温、柱的形状等多种因素有关。范弟姆特方程是指导选择分离操作条件的依据。

(三) 载气流速与柱效的关系

载气流速高时，传质阻力项是影响柱效的主要因素；载气流速低时，分子扩散项成为影响柱效的主要因素。由于流速对这两项完全相反的作用，流速对柱效的总影响使得存在着一个最佳流速值，以塔板高度 H 对应载气流速 u 作图，曲线最低点的流速即为最佳流速。(如图8-3所示)

气相色谱中的最佳流速可以通过实验和计算方法求出。将式(8-13)微分得

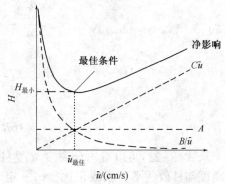

图8-3 气相色谱中 $H-u$ 关系曲线

$$\mathrm{d}H/\mathrm{d}u = -B/u^2 + C = 0$$

$$B/u^2 = C$$

$$u_{最佳} = \sqrt{B/C} \qquad (8-19)$$

$$H_{最小} = A + 2\sqrt{BC} \qquad (8-20)$$

要求最佳流速和对应的最小塔板数，必须先确定 A、B、C 的数值。可在一定的色谱条件下测得三种不同的载气流速对应的 H 值，再根据速率方程组成一个三元一次方程组，解得 A、B、C 的数值，进而求得 $H_{最小}$ 和 $u_{最佳}$。

(四) 分离度

塔板理论和速率理论都难以描述难分离物质对的实际分离程度，即柱效为多大时，相邻两组分能够被完全分离。两个组分要完全分离，其在色谱图上的两峰不能重叠，且必须有足够的距离，也即 t_R 有足够的差别、峰形较窄，才可以认为两峰是彼此分离开了。据此，分离度 R 被定义为相邻两色谱峰的保留值之差与两峰宽度平均值之比

$$R = \frac{(t_{R2} - t_{R1})}{\frac{1}{2}(Y_2 + Y_1)} = \frac{2(t_{R2} - t_{R1})}{Y_2 + Y_1} \qquad (8-21)$$

由式(8-21)可见，两峰的保留值相差越大，峰越窄，相邻两组分的分离就越好。一般来说，$R<1$ 时，两峰总有部分重叠，例如 $R=0.8$ 时两峰的分离程度可达89%，$R=1$ 时分离程度达94%，当 $R=1.5$ 时，分离程度达99.7%，通常以 $R=1.5$ 作为两峰完全分离的标准。

若令 $Y_2 = Y_1 = Y$(相邻两峰的峰底宽近似相等)，引入相对保留值和塔板数，可导出下式：

$$R = \frac{2(t_{R2} - t_{R1})}{Y_2 + Y_1} = \frac{t_{R2} - t_{R1}}{Y}$$

将 $\qquad n = 16\left(\frac{t_{R2}}{Y}\right)^2$，$Y = \frac{4}{\sqrt{n}} t_{R2}$ 带入上式

得

$$R = \frac{\sqrt{n}}{4} \cdot \frac{(t_{R2} - t_{R1})}{t_{R2}} = \frac{\sqrt{n}}{4} \cdot \frac{(t'_{R2} - t'_{R1})}{(t'_{R2} + t_M)}$$

$$R = \frac{\sqrt{n}}{4} \cdot \frac{(t'_{R2} - t'_{R1})}{t'_{R2}} \cdot \frac{t'_{R2}}{(t'_{R2} + t_M)}$$

$$= \frac{\sqrt{n}}{4} \cdot \frac{(t'_{R2} - t'_{R1})/t'_{R1}}{t'_{R2}/t'_{R1}} \cdot \frac{t'_{R2}/t_M}{(t'_{R2} + t_M)/t_M}$$

$$= \frac{\sqrt{n}}{4} \cdot \frac{(r_{21} - 1)}{r_{21}} \cdot \frac{k}{k + 1} \qquad (8-22)$$

或者 $$n = 16R^2 \left(\frac{r_{21}}{r_{21} - 1}\right)^2 \left(\frac{k+1}{k}\right) \qquad (8-23)$$

从式(8-22)可以看出分离度 R 受柱效 n、选择系数 r_{21} 和容量因子 k 三个参数的制约。分离度与柱效的平方根成正比，r_{21} 一定时，增加柱效，可提高分离度，但组分保留时间增加且峰扩展，分析时间长。从式(8-23)可以得出分离度 R 与 r_{21} 的关系，增大 r_{21} 是提高分离度的最有效方法，增大 r_{21} 的最有效方法是选择合适的固定液。

在实际应用中，往往用 $n_{有效}$ 代替 n，得到下式

$$R = \frac{\sqrt{n_{有效}}}{4} \cdot \frac{(r_{21} - 1)}{r_{21}} \qquad (8-24)$$

$$n_{有效} = 16R^2 \left(\frac{r_{21}}{r_{21} - 1}\right)^2 \qquad (8-25)$$

例8-1 在一定条件下，两个组分的调整保留时间分别为85s和100s，死时间为5s，要达到完全分离，即 $R = 1.5$，计算需要多少块有效塔板。若填充柱的塔板高度为0.1 cm，柱长是多少？

解：

$$r_{21} = 100/85 = 1.18$$

$$n_{有效} = 16R^2 [r_{21}/(r_{21} - 1)]^2 = 16 \times 1.5^2 \times (1.18 / 0.18)^2 = 1547(块)$$

$$L_{有效} = n_{有效} \cdot H_{有效} = 1547 \times 0.1 = 155 \text{ cm}$$

即柱长为1.55m时，两组分可以得到完全分离。

例8-2 在一定条件下，两个组分的保留时间分别为12.2s和12.8s，色谱柱的塔板数为3600，计算分离度。

解：

$$Y_1 = 4 \frac{t_{R1}}{\sqrt{n}} = \frac{4 \times 12.2}{\sqrt{3600}} = 0.8133$$

$$Y_2 = 4 \frac{t_{R2}}{\sqrt{n}} = \frac{4 \times 12.8}{\sqrt{3600}} = 0.8533$$

$$R = \frac{2 \times (12.8 - 12.2)}{0.8533 + 0.8133} = 0.72$$

四、色谱定性与定量分析方法

（一）定性分析方法

色谱定性分析就是要确定色谱图中每个色谱峰究竟代表什么物质，在通常的色谱仪中，检测器主要是进行定量的测定，不能进行定性检测，除非与质谱、红外检测器联用，依靠色谱强有力的分离能力，质谱、红外检测器再给出每个峰的具体定性信息，最终确定各组分。但仪器联用价格很高，一般色谱仪所使用的检测器，再加上色谱知识，也能给出一些定性信息。

1. 利用纯物质定性

利用保留值定性：对组成不太复杂的样品，可选择一系列与未知组分相接近的标准物质，依次进样，在相同的色谱条件下，通过对比试样中具有与纯物质相同保留值的色谱峰，来确定试样中是否含有该物质。如果保留值相同，可能是同一物质。这种方法很简单，在组分性质和范围较确定，色谱条件非常稳定的条件下，这种方法很适用，它不适用于不同仪器上获得的数据之间的对比。

此外还可利用加入法定性，即将纯物质加入到试样中，观察各组分色谱峰的相对变化，若某组分色谱峰明显增高，则表明试样中含有此物质。

2. 利用文献保留值定性和利用相对保留值 r_{21} 定性

保留值定性法有其局限性，因为保留时间相同的物质可能有多种，单纯依靠 t_R 来判断是否同一种物质，证据还不够充分，而且不是每一种组分都能得到色谱纯的标样。为克服上述缺点，可采用相对保留值进行定性。相对保留值 r_{21} 仅与柱温和固定液性质有关，与操作条件无关，是比较好的定性指标，定性的可靠性比保留值要大一些。在色谱手册中都列有各种物质在不同固定液、不同柱温下的保留数据，可以用来进行定性鉴定。

3. 保留指数

保留指数又称 Kovats 指数 (I)，是一种重现性较好的定性参数。测定方法是将正构烷烃作为标准，规定其保留指数为分子中碳原子个数乘以 100（如正己烷的保留指数为 600）。其他物质的保留指数 (I_X) 是通过选定两个碳原子数相邻的正构烷烃，设其分别具有 Z 和 $Z+1$ 个碳原子，被测物质 X 的调整保留时间总能落在相邻两个正构烷烃的调整保留值之间。如图 8-4 所示。

保留指数计算方法如下

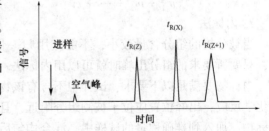

图 8-4　保留指数测定示意图

$$I_X = 100 \left[\frac{\lg t'_{R(X)} - \lg t'_{R(Z)}}{\lg t'_{R(Z+1)} - \lg t'_{R(Z)}} + Z \right] \qquad (8-26)$$

例如，在阿皮松 L 柱上，柱温为 100℃ 时，测得某组分的调整保留值为 310.0mm（以记录纸距离表示），又测得正庚烷和正辛烷的调整保留时间分别为 174.0mm 和 373.4mm，则

该未知组分的保留指数为

$$I = 100 \times \left(\frac{\lg 310.0 - \lg 174.0}{\lg 373.4 - \lg 174.0} + 7 \right) = 777.63$$

从文献上查得该色谱条件下，这个未知物是乙酸正丁酯。

4. 与其他分析仪器联用的定性方法

由于大规模集成电路以及计算机的发展，联用仪器的体积越来越小，自动化程度越来越高，小型化的台式色质谱联用仪(GC-MS；LC-MS)以及色谱-红外光谱仪联用仪(GC-RIR)可进行组分的结构鉴定。

(二) 定量分析方法

色谱分析的重要作用之一是对样品定量分析。定量分析的依据就是被测组分的量与它对应的峰高或峰面积成正比。即

$$w_i = f_i \cdot A_i \tag{8-27}$$

或

$$w_i = f_{hi} \cdot h_i$$

其比例常数称为定量校正因子，通常也称绝对校正因子。事实证明，不同的物质在同一检测器上有不同的响应信号，同一物质在不同的检测器上响应信号也不同。为了使检测器产生的响应信号能真实地反映物质的量，通常对响应值进行校正而引入定量校正因子。在气相色谱中，实际使用的是相对质量校正因子，即某组分(i)与标准物质(S)的绝对校正因子之比。

准确进行定量分析必须得到准确的定量校正因子，准确地测定峰高或峰面积，然后选择合适的定量方法。常用的定量分析方法有以下几种。

1. 归一化法

在所有组分都能出峰的情况下可采用此法。该法的特点是简便、准确；进样量的准确性和操作条件的变动对测定结果影响不大；仅适用于试样中所有组分全出峰的情况。设有 n 个组分，每个组分的量分别为 m_1、m_2、m_3...m_n，f_1、f_2... f_n 为各组分相应的质量校正因子，组分 i 的含量为

$$w_i = \frac{m_i}{m_1 + m_2 + \cdots + m_n} \times 100\% = \frac{A_i f_i}{A_1 f_1 + A_2 f_2 + \cdots + A_n f_n} \times 100\% \tag{8-28}$$

2. 内标法

当被分析的组分含量较小，不能应用归一化法，或是被分析组分中并非所有组分都出峰，只要所要求的组分出峰时就可以用内标法。

内标物要满足以下要求：试样中不含有该物质；与被测组分性质比较接近；不与试样发生化学反应；出峰位置应位于被测组分附近，且能分离开。方法是将准确称量的纯物质作为内标物，加入到准确称量的试样中，混合均匀后进样分析。根据样品、内标物的质量及在色谱图上产生的相应峰面积，计算组分含量。设内标物质量和试样质量分别为 m_s 和 m_i，对应的峰面积分别为 A_s 和 A_i，则 i 组分的含量计算式为

$$\frac{w_i}{w_s} = \frac{A_i}{A_s} \tag{8-29}$$

$$w_i = \frac{A_i}{A_s} w_s = A_i K_i \tag{8-30}$$

内标法的准确性较高，操作条件和进样量的稍许变动对定量结果的影响不大。每个试样的分析，都要进行两次称量，不适合大批量试样的快速分析。

3. 外标法

外标法实际上是常用的标准曲线法，即用待测组分的纯物质配成不同浓度的标样进行色谱分析，获得各种浓度下对应的峰面积。将系列标准溶液的浓度 c_1、$c_2\cdots c_n$ 作为横坐标，相应的峰面积作为纵坐标，做标准曲线。分析待测试样时，在相同的色谱条件下，进同样体积的分析样品，根据所得的响应值从标准曲线上查得对应的浓度 c_i。

外标法操作和计算都很简单，不必使用校正因子，准确性较高，但要求操作条件稳定，对进样量的准确性控制要求较高，适用于大批量试样的快速分析。

五、气相色谱仪

气相色谱仪主要由气路系统、进样系统、分离系统、检测记录系统和温度控制系统组成。其基本设备见图 8-5。

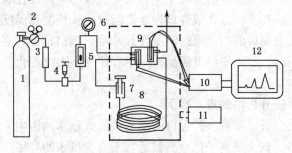

图 8-5　气相色谱仪基本设备示意图

1—载气钢瓶；2—减压阀；3—净化干燥管；4—针形阀；5—流量计；6—压力表；
7—进样器；8—色谱柱；9—检测器；10—放大器；11—温度控制器；12—记录仪

（一）载气系统

载气系统包括气源、净化干燥管和载气流速控制和测量部件。常用的载气有氢气、氮气、氦气等。净化干燥管的作用是去除载气中微量的水、有机物等杂质（依次通过分子筛、活性炭等）。载气流速通过压力表、流量计、针形稳压阀调节，以控制载气流速恒定。

（二）进样系统

进样系统包括进样器和气化室。气体进样器通常采用微量注射器或六通阀，六通阀有推拉式和旋转式两种。试样首先充满定量管，切入后，载气携带定量管中的试样气体进入分离柱。液体进样器采用不同规格的专用注射器。填充柱色谱常用 10μL 的微量注射器；毛细管色谱常用 1μL 的微量注射器。新型仪器带有全自动液体进样器，清洗、润冲、取样、进样、换样等过程自动完成，一次可放置数十个试样。气化室是将液体试样瞬间气化的装置，无催化作用。

（三）分离系统（色谱柱）

色谱柱是色谱仪的核心部件，色谱柱的选择是完成分析的关键。色谱柱分为填充柱和毛细管柱两种。现在填充柱的柱材质通常为不锈钢管或玻璃管，内径 2~6mm，长度 1~5m，可根据需要确定。柱填料为粒度 60~80 或 80~100 目的色谱固定相。液-固色谱采用固体吸附剂；液-液色谱采用担体+固定液作固定相。毛细管通常为内径 0.1~0.5mm，长 30~300m

的石英玻璃柱,柱内表面涂一层固定液。这种柱子渗透性好,分离效率高,缺点是制备复杂,允许进样量小。

柱制备对柱效有较大影响,填料装填太紧,柱前压力大,流速慢或将柱堵死,反之空隙体积大,柱效低。有关固定液性质及其选择见相关专著。

(四)检测系统

检测系统是色谱仪的眼睛,通常由检测元件、放大器、显示记录仪三部分组成。被色谱柱分离后的组分依次进入检测器,按其浓度或质量随时间的变化,转化成相应电信号,经放大后记录和显示,给出色谱图。常用的检测器有热导检测器、氢火焰离子化检测器。

(五)温度控制系统

温度是色谱分离条件的重要选择参数。汽化室、分离室、检测器三部分在色谱仪操作时均需加热和控温。由于各部分要求的温度不同,要有三套不同的温控装置。汽化室温度比色谱柱恒温箱的温度高30~70℃,保证液体试样能瞬间汽化;检测器温度与色谱柱恒温箱的温度相同或稍高,保证被分离后的组分通过时不在此冷凝;色谱柱分离室需要准确控制分离需要的温度。当试样复杂时,分离室温度需要按一定程序控制温度变化,让各组分在最佳温度下分离。

六、气相色谱在水质分析中的应用举例

气相色谱法在水质分析中要解决的关键问题是去除大量水的影响。解决办法主要是选择受水影响较小的检测器。氢火焰离子化检测器适宜于含少量水的样品。对不能进水的检测器如电子捕获检测器就要事先对样品除水或浓缩处理。

(一)气相色谱测定水中卤仿

饮用水采用氯消毒会产生 $CHCl_3$、CHI_4、$CHCl_2Br$、$CHClBr_2$、$CHBr_3$ 等有机卤代物,因其致癌致突变性引起人们的密切关注。国际卫生组织规定饮用水中氯仿含量小于30ppb,美国和日本规定饮用水中氯仿含量小于100ppb,我国规定饮用水中 $CHCl_3$ 含量小于60ppb。采用溶剂萃取气相色谱法测定水中氯仿,方法简单、准确度和灵敏度都很高,最低检出限可达零点几个 ppb,适用于饮用水、水源水和各种污水中氯仿的测定(如表8-1所示)。

表8-1　溶剂萃取气相色谱法测定饮用水中氯仿

分析样品		某自来水厂饮用水
分析项目		氯仿
分析方法		溶剂萃取气相色谱法(标准曲线法)
分析条件	固定相	OV-101 毛细管柱 50m×0.3mm, 64℃
	流动相	氮气,流速33.33cm/s,流量40mL/min
	检测器	电子捕获检测器 ECD,气化室210℃
	其他	尾吹 60L/h,纸速 60cm/h,脉冲宽度 8μS
分析流程		①正己烷-乙醚混合溶剂萃取水样
		② 微量注射器取有机相若干,进样
		③ 由峰高或峰面积在标准曲线上查出对应的氯仿含量

（二）污水中酚类化合物的测定（如表 8-2 所示）

表 8-2　气相色谱法测定污水中酚类化合物

分析样品		污水
分析项目		酚类化合物
分析方法		气相色谱法（标准曲线法）
分析条件	色谱柱	$(2\sim3m)\times(3\sim4mm)$ 不锈钢柱，$114\sim118℃$
	流动相	氮气 $20\sim30mL/min$，氢气 $25\sim30mL/min$，空气 $500mL/min$
	固定相	载体 ChromosorbW，$60\sim80$ 目，固定液 5%聚二乙醇-20M+1%对苯二甲酸
	检测器	氢火焰离子化检测器 FID，检测室温度 250℃，汽化室 300℃
分析流程		① 预蒸馏法消除污水中干扰物质 ② 微量注射器取水样 $1\sim3\mu L$ 进样 ③ 由标准曲线法查出对应的酚类化合物的含量

第二节　高效液相色谱法简介

高效液相色谱法是在 1964~1965 年发展起来的一项新颖快速的分离技术。它是在经典液相色谱法的基础上，引入了气相色谱的理论，发展起来的一种高分离速度、高分离效率、高检测灵敏度的现代液相色谱法。

液相色谱不受样品挥发性和稳定性的限制，是高沸点、热不稳定有机大分子、生化试样以及离子型物质的高效分离分析方法，这是气相色谱无能为力的。此外，液相色谱的流动相不仅起到推动样品沿色谱柱移动的作用，还与样品分子发生选择性的相互作用，为控制和改善分离条件提供了一个额外的可变因素。尽管如此，在实际应用中，凡是能用气相色谱法分析的样品，一般不用液相色谱法，这是因为气相色谱法更快、更方便，且耗费更低。

一、高压液相色谱仪

采用高压输液泵、高效固定相和高灵敏度检测器等装置的液相色谱仪称为高效液相色谱仪。虽然高效液相色谱仪的类型很多，但基本上都可以分为四个部分：高压输液系统、进样系统、分离系统和检测系统。此外，还可以根据一些特殊的要求，配备一些附属装置，如梯度洗脱、自动进样、自动收集及数据处理装置等。

高效液相色谱仪的工作流程与气相色谱仪相似，流动相由高压泵将储液罐中的溶剂经进样器送入色谱柱，待分离的样品从进样器进入，流经进样器的高速流动相将样品带入色谱柱进行分离，然后以先后顺序从检测器的出口流出，记录仪将进入检测器的信号记录下来，得到液相色谱图。图 8-6 是高效液相色谱仪的流程示意图。

（一）高压输液系统

高效液相色谱仪输液系统包括储液罐、高压输液泵、梯度淋洗装置等。

储液罐容积一般为 0.5~2L，用来供给足够数量的流动相以完成分析工作。高压输液泵是高效液相色谱仪的重要部件。它的压力高达 $(150\sim350)\times10^5Pa$，将流动相输入到柱系统，液体的流动相高速通过时，将产生很高的柱前压力，为了获得高柱效而使用粒度很小的固定相（$<10\mu m$）。由于采用了高压，流动相的速度很快，所以分析时间很短，因此又有高速的

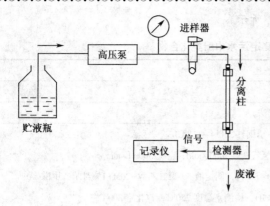

图 8-6　高压液相色谱流程示意图

特点。此外高压输液泵还应具有压力平稳、脉冲小、流量稳定可调、耐腐蚀等特性。

梯度淋洗装置的功能和气相色谱的程序升温一样，给色谱分离带来了很大的方便。所谓梯度淋洗就是将两种或多种极性不同的溶剂，在分离过程中按一定的程序连续地改变其浓度配比，则流动相的极性随之连续变化，以此改变分离组分的选择因子和保留时间，提高柱系统的选择性和峰容量。采用梯度淋洗技术，可以提高分离度、缩短分离时间、降低最小检测量和提高分析精度。梯度淋洗装置对于复杂混合物分离尤为有效。

梯度淋洗装置可以分为外梯度和内梯度两类。外梯度是利用两台高压输液泵，将两种不同极性的溶剂按一定的比例送入梯度混合室，混合后进入色谱柱。内梯度是用一台高压泵，通过比例调节阀，将两种或多种不同极性的溶剂按一定的比例抽入高压泵中混合。

（二）进样系统

进样系统是将分析样品引入色谱柱的装置。液相色谱进样装置要求重复性好，死体积小，保证从柱中心进样，进样时对色谱柱系统流量的波动小，便于实现自动化。进样系统包括取样和进样两个功能，有手动和自动两种操作方式。

流路中为高压力工作状态，通常使用耐高压的六通阀进样装置。此外还可采用 1 ~ 100μL 的进样器进样，以及采用微机或程序控制器控制的自动进样器进样。

（三）分离系统

担负分离作用的色谱柱是高效液相色谱仪的核心部件，通常采用直形的内部抛光的不锈钢管制作，内径 2~5mm，内部填充各种高效填料作为固定相，常见的有吸附剂（如硅胶、氧化铝）、离子交换树脂、多孔凝胶以及化学键合固定相。高效液相色谱仪的分离系统要求柱效高，选择性好，分析速率快，现在的发展趋势是减小填料粒度和柱径以提高柱效。

（四）检测系统

检测系统用于高效液相色谱中的检测器，应具有灵敏度高、线性范围宽、响应快、死体积小等特点，还应对温度和流速变化不敏感。检测器分为两大类：通用型检测器和选择性检测器。通用型检测器能检测的范围广，对试液和洗脱液均有响应，但受环境温度、流量变化等因素的影响较大，灵敏度较低，不适合做痕量分析，通常不能做梯度淋洗操作。选择性检测器应用范围较窄，只对某些化合物起响应，但选择性检测器灵敏度高，受外界因素影响较小，可用于梯度淋洗操作。一般一台性能完备的高效液相色谱仪，应当配备一台通用型检测器和几种选择性检测器。

紫外检测器应用最广，对大部分有机化合物都有响应。它灵敏度高，线形范围宽，流通池可做得很小（1mm×10mm，容积 8μL）。对流动相的流速和温度变化不敏感，波长可选，易于操作，可用于梯度洗脱。

示差折光检测器是除紫外检测器之外应用最多的检测器，可连续检测参比池和样品池中流动相之间的折光指数差值，差值与浓度呈正比。通用型示差折光检测器（每种物质具有不同的折光指数)灵敏度低、对温度敏感，不能用于梯度洗脱，有偏转式、反射式和干涉型三种。

光电二极管阵列检测器是紫外检测器的重要进展。光电二极管阵列检测器由 1024 个二极管阵列组成，各自检测特定波长，可用计算机快速处理，得到三维立体谱图。此外还有荧光检测器、红外检测器、放射性检测器等检测器。

二、高效液相色谱的类型

高效液相色谱按组分在两项间的分离机理的不同，主要可以分为以下类型：液-固吸附色谱，液-液分配色谱，离子交换色谱，化学键合相色谱，排阻色谱。

(一) 液-固吸附色谱

液-固吸附色谱的固定相为固体吸附剂，如硅胶、氧化铝、聚酰胺等，较常使用的是 $5\sim10\mu m$ 的硅胶吸附剂。流动相为各种不同极性的一元或多元溶剂。液固吸附色谱选择流动相的原则是，极性大的试样需要极性强的洗脱剂，极性弱的试样适宜用极性弱的洗脱剂。

液-固吸附色谱根据试样中各组分在固定相吸附剂上的吸附能力强弱不同而进行分离。液-固吸附色谱选择性好，最大允许进样量大，适用于分离相对分子质量中等的油溶性试样，对具有官能团的化合物和异构体也有较高选择性。缺点是不适宜强极性离子型样品和同系物的分离，非线性等温吸附常引起峰的拖尾。

(二) 液-液分配色谱

液-液分配色谱的固定相与流动相均为液体，根据组分在两种互不相溶(或部分相溶)的液体中溶解度的不同，有不同的分配，从而实现各组分的分离。根据固定相和流动相之间相对极性的大小，分配色谱法可分为正相分配色谱和反相分配色谱。对于亲水性固定液，采用疏水性流动相，即流动相的极性小于固定液的极性称为正相分配色谱，反之流动相的极性大于固定液的极性称为反相分配色谱。正相与反相的出峰顺序相反。固定相早期采用涂渍固定液的方法，因固定液易流失而较少采用，后采用化学键合固定相将各种不同基团通过化学反应键合到硅胶担体表面的游离羟基上。

液-液分配色谱广泛用于农药、烷烃、芳烃和稠环芳烃以及丙烯酸、丙酸等混合物的分离，同时十分适合分离同系物，例如它能分离水解蛋白质所产生的各种氨基酸、分离脂肪酸同系物等。

(三) 离子交换色谱

离子交换色谱的固定相采用阴阳离子交换树脂，流动相是水溶液。阴离子交换树脂作固定相时，采用酸性水溶液作流动相；阳离子离子交换树脂作固定相时，采用碱性水溶液作流动相。通过改变流动相的 pH 值、缓冲液类型、离子强度以及加入少量有机溶剂、配位剂等方式来改变交换剂的选择性，来改善色谱柱分离性能。

离子交换色谱依据组分与离子交换剂之间亲和力的大小进行分离。亲和力与离子半径、电荷、离子存在形式等有关，与离子交换树脂亲和力大的组分，交换能力越大，越易交换到树脂上，保留时间也就越长，反之亲和力小的组分离子，保留时间就短。离子交换色谱常用于无机化学和生物化学中离子型及可离解化合物的分析，例如碱金属、碱土金属、稀土金属等金属离子混合物的分离，性质相近的锕系和镧系元素的分离；食品中添加剂及污染物的分离，例如氨基酸、蛋白质、糖类、核糖核酸等混合物的分离。

（四）化学键合相色谱

化学键合相色谱是采用化学键合固定的色谱。化学键合相利用化学反应将有机分子键合到担体表面上，形成均一、牢固的单分子薄层而构成的。一般用硅胶作担体，以硅烷化反应键合。化学键合相表面均一，不易流失，能耐受各种溶剂，柱的稳定性和寿命较高，此外，担体还能键合不同的基团以改变选择性，提高柱的分离效能。

按照固定相键合的固定液极性与流动相极性的相对强弱，化学键合相色谱可以分为正相键合相色谱和反相键合相色谱。正相键合相采用极性固定相，非极性或弱极性溶剂为流动相，适合于中等极性样品的分离。反相键合相的固定相是非极性的，流动相则是极性的。溶质洗脱顺序与正相键合相色谱法的顺序相反。极性物质对极性流动相的亲和力较大，故最先洗脱；而非极性化合物则保留较强。反相键合相色谱适用于不溶于或微溶于水但溶于醇类或其他与水混溶的有机溶剂的组分。

通过改变化学键合相色谱的操作条件，如固定相和流动相的组成、强度、pH 值等，可以使化学键合相色谱的应用范围更为广泛，从非极性到极性样品，从中性分子到离解化合物，从小分子到大分子样品，都可通过化学键合相色谱得到很好的分离。

（五）排阻色谱

排阻色谱也叫凝胶色谱，采用具有一定孔隙大小分布的凝胶作为固定相，流动相为水溶液或有机溶剂，依据分子大小进行分离。小分子可以扩散到凝胶空隙内部，最后从柱中通过，出峰最慢；中等分子只能通过部分凝胶空隙，中速通过色谱柱；而大分子被排斥在外，出峰最快。

排阻色谱广泛用于测定高聚物的相对分子质量分布，以及各种混合物的平均相对分子量，可以分离相对分子质量在 $100 \sim 10^5$ 范围内的化合物。排阻色谱法进行分离时，要求样品中不同组分的相对分子质量必须有较大的差别。

三、高效液相色谱在水质分析中的应用举例

高效液相色谱以其高压、高速、高效率、高灵敏度的特点，广泛应用于环境保护、卫生检验、生命科学和石油化工等领域，尤其适宜于分离、分析不易挥发、热稳定性差和各种离子型化合物。在几百万种化合物中，约有 80% 的可用高效液相色谱法分离分析。

（一）离子色谱法测定降水中的阴离子（如表 8-3 所示）

表 8-3　离子色谱法同时测定降水中八种阴离子

分析样品		雨水
分析项目		SO_4^{2-}、SO_3^{2-}、NO_3^-、NO_2^-、PO_4^{3-}、F^-、Cl^-、Br^-
分析方法		离子色谱法（标准曲线法）
分析条件	色谱柱	YSA-2 型阴离子分离柱
	淋洗液	4mmol/L Na_2CO_3+3mmol/L $NaHCO_3$，流速 1.6mL/min
	电解液	0.2mol/L H_2SO_4+0.1mol/L H_3BO_3
	检测器	电导池检测器 XYZ-1 型，电导值 30.2μS，电流值 55.5mA
分析流程		① 水样经 0.45μm 微孔滤膜过滤 ② 用微量注射器取水样 100 μL 进样，用标准曲线法定量

（二）高效液相色谱测定水中丙稀酰胺（如表8-4所示）

丙稀酰胺在水处理中作絮凝剂，次生油回收中作助凝剂，丙稀酰胺是有毒物质。用高效液相色谱仪测定丙稀酰胺方法简单，准确度和灵敏度都很高。

表8-4 高效液相色谱测定污水中丙稀酰胺

分析样品		污水
分析项目		丙稀酰胺
分析方法		高压液相色谱法 LC-3A 型，CR-24 积分仪（标准曲线法）
分析条件	色谱柱	ZORPAC ODS C_{18}反相柱 4.6mm×250mm，35℃，柱压 9316.32kPa
	流动相	K_2HPO_4+ KH_2PO_4 的缓冲液，pH=5.8，流速 1mL/min
	检测器	紫外检测器，检测波长 210nm，灵敏度 0.02AUFS
	其他	纸速 5mm/min，进样量 100μL
分析流程		① 100mL 水样经 4.5μm 滤膜过滤，盛于具塞试管中 ② 微量注射器取 100 μL 水样进样，用标准曲线法由峰面积定量

第三节 电位分析法

一、电化学分析法概述

（一）电化学分析法分类

电化学分析法是利用物质的电学及电化学性质进行分析测试的一种方法。它通常是使待测试液构成一化学电池，而后再依据该电池的某些物理量（如电位、电流或电量、电阻等）与其化学量之间的内在联系进行测定。电化学分析法从宏观上可以分为三类：

① 在某一特定的条件下，通过试液的浓度与化学电池中某些物理量的关系进行分析。如：以电极电位为物理量的电位分析法；以电阻为物理量的电导分析法；以电量为测定参数的库仑分析法以及以电流-电压曲线为依据的伏安分析法等。

② 以上述这些物理量的突变来指示滴定终点的方法称为电容量分析法，这类方法又包括电位滴定、电流滴定、电导滴定及库仑滴定法等。

③ 将试液中的待测组分通过电极反应转化为固相（金属或金属氧化物），再根据电极上所析出的金属或金属氧化物的重量进行分析的电重量分析法，该法又称电解分析法。这种方法在分析化学中是一种重要的分离手段。

电化学分析法灵敏度高、准确度好、应用范围也很广，同时很容易实现自动和连续分析。水质分析中的很多项目都可以用电化学分析方法进行分析。本章将主要介绍电位分析法，伏安与极谱法，库仑与电解法以及电导分析法。

（二）电化学分析法新进展

随着科学技术的飞速发展，电化学分析法也取得了很多新进展。

1. 扫描电化学显微法

以微电极为基础发展起来，可研究界面性质的瞬时变化和活性位的分布，可观察寿命为 1μS 的物种。

2. 光谱电化学

电化学与光谱研究方法的结合，研究从宏观进入微观，进入分子水平新时代。

3. 生物电化学

研制出各种生物电化学传感器，如气敏生物传感器，用以观测动物的呼吸机能，酶联免疫传感器用作传染病的诊断，DNA 探针用作 DNA 指纹鉴定等。

二、电位分析法原理

电位分析法作为电化学分析法的重要分支，它的实质是通过零电流条件下测定两电极间的电位差来进行分析。此状态下，电极上的电极过程处于平衡状态，电极电位与溶液中参与电极反应的物质的活度服从能斯特方程。对于某一氧化还原体系有

$$\varphi = \varphi^0_{Ox/Red} + \frac{RT}{nF}\ln\frac{\alpha_{Ox}}{\alpha_{Red}} \tag{8-31}$$

对于金属电极，由于还原态为纯金属，故

$$\varphi = \varphi^0_{M^{n+}/M} + \frac{RT}{nF} + \ln\alpha_{M^{n+}} \tag{8-32}$$

根据上式，在一定条件下测定了电极电位，即可确定离子的活度(或浓度)，这就是电位测定法的依据。若在滴定容器中浸入一对适当的电极，则在滴定进行到终点附近时，可根据电位突跃来指示终点的到达，这就是电位滴定法(又称间接电位法)。

三、电位法测定溶液的 pH 值

电位测定法应用最早，也最广泛的实例就是溶液 pH 值的测定。由于离子选择性电极的迅速发展，使得电位测定法有了新的突破，可以实现很多其他阴阳离子的测定。现以电位法测定 pH 值的典型电极体系为例，说明电位测定法的过程与原理。

玻璃电极的主要组成部分是一个玻璃泡，泡的下半部分为特殊组成的玻璃薄膜(Na_2O：22%，CaO：6%，SiO_2：72%)，膜厚 30~100μm。泡中装有 pH 值一定的溶液(称内参比溶液或内部溶液，通常为 0.1mol/L 的 HCl 溶液)，其中插一根 Ag-AgCl 内参比电极。

内参比电极的电位是恒定的，与被测试液的 pH 值无关，玻璃电极的指示作用，主要在玻璃膜上。当玻璃电极浸入被测溶液时，玻璃膜处于内部溶液和待测溶液之间，这时跨越玻璃膜产生一电位差 $\Delta\varphi_M$，若内部溶液和待测溶液的 H^+ 活度分别为 $\alpha_{H^+,内}$、$\alpha_{H^+,试}$，则膜电位 $\Delta\varphi_M$ 与 H^+ 活度之间遵循 Nernst 公式，即

$$\Delta\varphi_M = \frac{2.303RT}{nF}\lg\frac{\alpha_{H^+,试}}{\alpha_{H^+,内}} \tag{8-33}$$

因为 $\alpha_{H^+,内}$ 为一常数，故

$$\Delta\varphi_M = \frac{2.303RT}{nF}\lg\alpha_{H^+,试} + K = K - \frac{2.303RT}{F}pH_{试} \tag{8-34}$$

从理论上讲，当玻璃膜内外的 H^+ 活度相等时，$\Delta\varphi_M = 0$，但实质上 $\Delta\varphi_M$ 并不等于零，跨越膜仍存在一定的电位差，该电位差称不对称电位 $\Delta\varphi_{不对称}$，它是由玻璃膜内外表面的情况不同而产生的。

当用玻璃电极作指示电极，饱和甘汞电极(SCE)作参比电极时，可组成下列原电池

　(-)Ag｜AgCl, 0.1mol/L HCl｜玻璃膜｜试液‖KCl(饱和), Hg_2Cl_2｜Hg(+)

该电池的电动势为

$$E = \varphi_{SCE} - \varphi_{玻} = \varphi_{SCE} - (\varphi_{AgCl/Ag} + \Delta\varphi_M) \qquad (8-35)$$

在电动势中，除了应考虑不对称电位的影响外，还应考虑液体接界面电位 $\Delta\varphi_L$。$\Delta\varphi_L$ 是由于浓度或组成不同的两种电解质溶液接触时，正负离子扩散速度不同，破坏了界面附近原溶液正负电荷分布的均匀性而产生的，该电位又称扩散电位。通常利用盐桥连接两种电解质溶液而使 $\Delta\varphi_L$ 减至最小。这样便有

$$E = \varphi_{SCE} - \varphi_{玻} = \varphi_{SCE} - (\varphi_{AgCl/Ag} + \Delta\varphi_M) + \Delta\varphi_{不对称} + \Delta\varphi_L$$

$$= \varphi_{SCE} - \varphi_{AgCl/Ag} + \Delta\varphi_{不对称} + \Delta\varphi_L - K + \frac{2.303RT}{nF}pH_{试液} \qquad (8-36)$$

在一定的条件下，φ_{SCE}、$\varphi_{AgCl/Ag}$、$\Delta\varphi_{不对称}$、$\Delta\varphi_L$ 及 K 均为常数，令其等于 K'，则

$$E = K' + \frac{2.303RT}{F}pH_{试液} \qquad (8-37)$$

由此可见，原电池的电动势与溶液的 pH 值之间呈线性关系。其斜率为 $2.303RT/F$，与温度有关，在 25℃ 下为 0.05916。即当溶液 pH 值变化一个单位时，电池电动势变化 59.16mV。这就是电位法测溶液 pH 值的依据。

四、离子选择电极

（一）离子选择性电极与膜电位

离子选择性电极是一种以电位法测量溶液中某些特定离子活度的指示电极。测定的灵敏度高，可达 10^{-6} 数量级，特效性好。上述的 pH 玻璃电极就是对 H^+ 有特殊响应（即有专属性）的典型离子选择性电极。目前，已制成了几十种离子选择性电极，如对 Na^+ 有选择性的 Na^+ 玻璃电极，以氟化镧单晶膜制作的氟离子选择性电极。除此之外，还有卤素离子选择性电极，硫离子选择性电极，Ca^{2+} 选择性电极等。

各种离子选择性电极的构造随电极薄膜（敏感膜）的不同而略有不同，通常都由薄膜及其支持体、内参比溶液（含有待测离子）、内参比电极（如 AgCl/Ag）等组成。

离子选择性电极对某一特定离子的测定，一般是基于内部溶液与外部溶液之间产生的电位差（膜电位）进行的。虽然膜电位的形成机制较为复杂，但有关的研究已证明，膜电位的形成主要是溶液中离子与电极膜上离子之间发生交换作用的结果。

（二）离子选择性电极的选择性

理想的离子选择性电极应仅对某一特定的离子有电位响应。但实际上，每一种离子选择性电极对于与这种特定离子共存的其他离子都有不同程度的响应，即在不同程度上，一些共存离子对离子选择性电极的膜电位会产生一定的影响。例如，pH 玻璃电极，在测定溶液的 pH 值时，若 pH>9，则玻璃电极就会对溶液中的碱金属离子（如 Na^+）产生一定的响应，使得其膜电位与 pH 的理想线性关系发生偏离，产生测量误差，这种误差称为"钠误差"或"碱性误差"。产生这种现象的原因，就是 pH 玻璃电极不仅对 H^+ 有响应，且在一定条件下对 Na^+ 也有响应。当 H^+ 浓度较高时，电极对 H^+ 的响应占主导，但当 H^+ 浓度较低时，Na^+ 存在的影响就显著了。所以，对于此时 pH 玻璃电极的膜电位即应修正为：

$$\Delta\varphi_M = K \pm \frac{2.303RT}{nF}lg(\alpha_{H^+} + \alpha_{Na^+} \cdot K_{H^+, Na^+}) \qquad (8-38)$$

式中 α_{Na^+} 为溶液中共存的 Na^+ 的活度，K_{H^+, Na^+} 为 Na^+ 对 H^+ 的选择性系数。若设 i 为某离子的选择性电极的欲测离子，j 为与 i 共存的干扰离子，n_i 与 n_j 分别为两种离子的电荷，则

一般离子选择性电极的膜电位通式可表示为：

$$\Delta\varphi_M = K \pm \frac{2.303RT}{nF}\lg\left[\alpha_i + K_{i,j}\cdot(\alpha_j)^{n_i/n_j}\right] \tag{8-39}$$

$K_{i,j}$ 可理解为在其他条件相同时，提供相同电位的 i 离子与 j 离子的活度比，即

$$K_{i,j} = \frac{\alpha_i}{(\alpha_j)^{n_i/n_j}} \tag{8-40}$$

若 $n_i = n_j = 1$，设 $K_{i,j} = 10^{-2}$，则 $\alpha_i = 0.01\alpha_j$，$\alpha_j = 100\alpha_i$。也就是说，当 α_j 一百倍于 α_i 时，j 离子所提供的电位才等于 i 所提供的电位，亦即只有在 $\alpha_j = 100\alpha_i$ 的条件下，j 离子的存在才能对 i 的电位测定产生影响(因为该电极对 i 离子的敏感度比对 j 离子大于 100 倍)，但当 $K_{i,j} = 100$ 时，与 i 离子比较，j 离子是主响应离子，所以，$K_{i,j}$ 值越小越好。

显然，$K_{i,j}$ 的大小说明了 j 对 i 的干扰程度，$K_{i,j}$ 越小，离子选择性电极对待测离子的选择性就越高。不过，$K_{i,j}$ 的大小与离子活度和实验条件及测定方法等有关，因此不能用 $K_{i,j}$ 的文献数据作为分析测定时的干扰校正。

(三) 离子选择电极的分类

离子选择性电极的种类很多，1975 年国际纯粹化学与应用化学协会，根据离子选择性电极大多是膜电极这个特点，依膜的特征，推荐将离子选择性电极分为以下二类：

1. 原电极

这类电极包括晶体(膜)电极、非晶体(膜)电极和活性载体电极。晶体电极又分为均相膜电极和非均相膜电极(如：以 LaF_3 为敏感膜的 F^- 选择性电极；以 Ag_2S 为敏感膜的 S^{2-} 选择性电极；以 AgX 为敏感膜的 X^- 选择性电极等)；非晶体膜电极又称硬质电极(如钠玻璃电极)；而活性载体电极则是以浸有某种液体离子交换剂的惰性多孔膜作为电极膜的一类电极，所以又称液膜电极(如 Ca^{2+} 选择性电极)。

2. 敏化电极

敏化电极又分为气敏电极和酶电极两类。前者是以微多孔性气体渗透膜为电极膜而测定溶液中气体含量的选择性电极，所以又称为气体传感器；而后者是在相应的感应膜上涂渍生物酶，并通过酶的催化作用，使待测物生成能在电极上产生响应讯号的化合物或离子，从而间接地测定待测物的含量。

五、电位滴定法

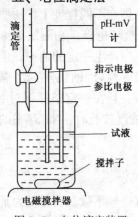

图 8-7　电位滴定装置

电位滴定法是基于滴定过程中电极电位的突跃来指示滴定终点的一种容量分析方法。在待测试液中插入指示电极和参比电极，组成一个化学电池，实验时随着滴定剂的加入，待测离子浓度不断变化，指示电极的电位也相应地发生变化，在理论终点附近，待测离子浓度发生突变而导致电位的突变，因此，测定电池电动势的变化可以确定滴定终点，待测组分的含量仍可以通过耗用滴定剂的量来计算。滴定装置示意图如图 8-7 所示。

在滴定的过程中，每滴定一定量的滴定剂，测量一个 E 值，直到达到滴定计量点为止。应该注意的是，在化学等计量点附近要相应地增加测量点的数目(一般是每滴加 0.1~0.2mL

就测量一次溶液体系的 E 值）。为便于计算，每次所滴加的滴定剂的量应相等（如 0.1mL）。与普通的滴定分析相比，电位滴定一般比较麻烦，需要离子计、搅拌器等。但电位滴定可用于浑浊、有色溶液及缺乏合适指示剂的滴定，也可用于浓度较稀、反应不完全的弱酸、碱的滴定，还可用于混合溶液的连续滴定以及非水介质中的滴定，且易于实现自动滴定。

六、电位分析法在水质分析中的应用举例

（一）离子选择电极分析法的应用

离子选择电极分析法是水质分析领域的一个新手段，在水质分析和生产中已显示出其特点，目前的商品离子选择电极主要分为阴离子选择电极和阳离子选择电极。氟离子选择电极是目前应用最广泛的一种阴离子选择电极，可用之测定天然水、饮用水和海水中微量 F^- 的含量。此外，氟离子选择电极还可作气相色谱的检测器，对氟化物响应的灵敏度比其他有机化合物大几万倍，能检测出 5×10^{-11} mol 的氟苯。其他卤素离子选择电极也是应用比较广泛的阴离子电极，用氯离子选择电极可直接测定饮用水、天然水、牛奶中的 Cl^-；溴离子、碘离子、氰离子选择电极可分别进行天然水中的 Br^-、有机物中的 I^-、水中的 CN^- 的测定。

硝酸根离子选择电极用于河水、潮水中 NO_3^--N 含量的测定。有的硝酸根离子选择电极也具有 ClO_4^- 选择性。若将硝酸根离子选择电极内的液体离子交换剂换成 HBF_4 形式，则变成氟硼酸根离子选择电极。

阳离子选择电极除 pH 玻璃电极外，还有钠离子、钾离子、钙离子选择电极。钙离子选择电极可允许在千倍 Na^+、K^+ 存在情况下测定海水中的 Ca^{2+}，也可用钙离子选择电极作指示电极进行络和滴定测定水中的 Ca^{2+}。表 8-5 是近年来有关离子选择电极在水质分析中的部分应用情况。

表 8-5 离子选择电极在水质分析中的应用

电极品种	测定对象	电极品种	测定对象
F^-	天然水、污水	Pb^{2+}	水和废水中 SO_4^{2-}
Cl^-	饮用水、天然水	Cd^{2+}	天然水、污水
CN^-	有机化工废水	Hg^{2+}	天然水、工业废水
NO_3^-	天然水、工业废水	溶解氧电极	天然水、污水
CO_3^{2-}	天然水、锅炉用水	SO_2 气敏电极	水
Ag^+	废水	HCN 气敏电极	废水

（二）电位滴定法的应用

水质分析中常用的各种化学分析滴定，如酸碱滴定、沉淀滴定、络合滴定、氧化还原滴定以及非水滴定等，都可用电位滴定法替代分析，与之不同的地方是不用指示剂来指示终点，而是根据指示电极的电位"突跃"来指示终点。因此，电位滴定法要根据不同的滴定反应，选择不同的指示电极。下面简要介绍电位滴定在水质分析中的应用。

1. 酸碱滴定

酸碱滴定过程中，随着滴定剂的加入，溶液中 H^+ 浓度发生变化，在化学计量点发生突跃，在水质分析中常用电位滴定法测定水中的酸度或碱度，一般采用玻璃电极为指示电极，饱和甘汞电极为参比电极组成对电极，或者采用复合电极如 pH 计或电位滴定仪来指示反应

的终点，用滴定曲线，确定 NaOH 或 HCl 标准溶液的消耗量，从而计算水样中的酸度或碱度。

一些弱酸弱碱或不易溶于水而易溶于有机溶剂的酸或碱，可用非水滴定法进行测定，很多非水滴定都可用电位滴定法指示终点。例如在乙醇介质中用 HCl 溶液滴定三乙醇胺，在乙二胺介质中滴定苯酚，在丙酮介质中滴定高氯酸、盐酸、水杨酸的混合物，就以电位法指示终点，这是酸碱指示剂法办不到的。

2. 沉淀滴定

在水质分析中，常用银电极作为指示电极，甘汞电极作为参比电极，测定水中的 Cl^-、Br^-、I^-、S^{2-} 和 CN^- 等离子。当滴定剂与数种被测离子生成的沉淀溶度积相差较大时，可以不进行预分离而连续滴定。硫离子选择电极电位滴定法测定制革、化工、造纸、印染等工业废水以及地面水中 S^{2-} 时，最低检测限达到 0.2mg/L；氯离子选择电极测定地表水和工业废水中 Cl^- 时，最低检测限可达 10^{-4}mol/L。

3. 络合滴定

络合滴定中多用离子选择电极指示络合滴定的终点，例如，用氟离子选择电极为指示电极，以氟化物滴定 Al^{3+}；用钙离子选择电极为指示电极，以 EDTA 测定 Ca^{2+}。

4. 氧化还原滴定

氧化还原反应的化学计量点附近，氧化还原电对组成的氧化还原体系的电位会发生突跃，因此很容易用电位滴定法指示终点。一般以铂电极为指示电极，以汞为参比电极进行测定。例如，用高锰酸钾标准溶液滴定 Fe^{2+}、Sn^{2+}、$C_2O_4^{2-}$ 等离子；用 K_2CrO_7 标准溶液滴定 Fe^{2+}、Sn^{2+}、I^-。

传统的电位滴定法采用电位仪，pH 计等只能记录平衡电位，在传统的电位滴定法基础上衍生出一些其他的电位滴定方法，如示波电位法，可以灵敏地反映出指示电极上电极电位的瞬时变化，准确地确定指示终点。示波器上荧光点的位置反应的是指示电极的瞬时电位或电位差，可将作图滴定法改为目视滴定法，使得测定更为简便、快速。

第四节 极谱分析法

一、极谱分析原理与过程

伏安分析法是以测定电解过程中的电流-电压曲线为基础的电化学分析方法，极谱分析法是采用滴汞电极或表面做周期性更新的液态电极的伏安分析法。极谱法与伏安法可对有机物和无机物进行选择性的定量分析，并且有较高的灵敏度。目前，极谱与伏安法广泛应用于环境检测、生物化学、药学、地质学以及工业质量控制等领域。

极谱分析是在特殊条件下进行的电解分析。特殊性表现在使用了一支极化电极和另一支去极化电极作为工作电极，在溶液静止的情况下进行非完全的电解过程。如果一支电极通过无限小的电流，便引起电极电位发生很大变化，这样的电极称之为极化电极，如滴汞电极，反之电极电位不随电流变化的电极叫做理想的去极化电极，如甘汞电极或大面积汞层电极。

图 8-8 是经典极谱法的基本电路和装置，由一个表面积较大、电极电位恒定、没有浓差极化现象的饱和甘汞电极（SCE）作为参比电极，另一表面积很小的滴汞电极（DME）作工作电极，将这一对电极插入待测溶液中，由直流电源 E，可变电阻 R 和滑动电阻 P 构成电

解线路，在静止和加入大量支持电解质的情况下，移动触键 C，逐渐增加外加电压进行电解。电路中电流和电压变化可以通过连接在电路中的电压表 V 和电流表 G 测量。从而绘制出相应的电流-电压曲线图，即极谱图，见图 8-9。

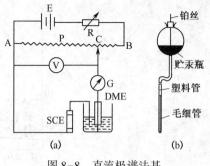

图 8-8 直流极谱法基本装置示意图
（a）极谱分析装置；（b）滴汞电极

极谱曲线形成条件是：待测物质的浓度要小，能快速形成浓度梯度，且溶液保持静止，使扩散层厚度稳定，待测物质仅依靠扩散到达电极表面。电解液中需含有大量的惰性电解质，使待测离子在电场作用力下的迁移运动降至最小。电解过程使用两支不同性能的电极，保证在电极表面形成浓差极化。

以 Pb^{2+}（$C=10^{-3}$ mol/L）溶液为例，说明直流极谱波产生的基本原理。电压由 0.2V 逐渐增加到 0.7 V 左右，以电流 i 为纵坐标，电压 V 为横坐标绘制电流-电压曲线，分段解析如下。

1. ①~②段，残余电流部分

当工作电极（滴汞电极）电位从 0V 起增加，在未达到 Pb^{2+} 的分解电位时，仅有微小的电流流过，这时的电流称为"残余电流"或背景电流。

2. ②~④段，极限扩散电流部分

当外加电压到达 Pb^{2+} 的析出电位时，Pb^{2+} 开始在滴汞电极上迅速反应，此时产生电解电流，工作电极上的电位稍有增加，电流就迅速增加。由于滴汞电极面积较小，电流密度较大，电极附近的铅离子在电极表面迅速反应，浓度迅速减小，此时产生浓度梯度（厚度约 0.05mm 的扩散层），电极反应受浓度扩散控制，在④处达到扩散平衡。而扩散速率与离子在电极表面的浓度 C 和本底溶液中的浓度 C_s 之差成正比，即

$$i = K_s(C - C_s) \tag{8-41}$$

3. ④~⑤段

当工作电极电位大到足以使 Pb^{2+} 在电极表面瞬间还原，此时 C_s 趋向于零，离子扩散速率达到恒定值，电流也达到最大值，称为极限电流 i_{max}，在极谱曲线上表现为一个电流平台。该电流与残余电流的差之就是极限扩散电流 i_d。在一定条件下，i_d 与本体溶液中可电解的离子浓度成正比，即

$$i_d = K_s C \tag{8-42}$$

这就是极谱定量分析的基本原理。电流为极限扩散电流一半时对应的电位，称为半波电位 $\varphi_{1/2}$，该值在给定的介质下，只与待电解离子的性质有关，不同的离子，其半波电位不相同，因此 $\varphi_{1/2}$ 是一特征值，这是极谱定性分析的依据。

二、极谱与伏安分析的电极

极谱与伏安分析的工作电极可采用滴汞电极、悬汞电极、固体电极等。固体电极上还可以用高分子膜、有机试剂进行修饰，成为具有特殊功能和选择性的各种修饰电极。

（一）滴汞电极

滴汞电极的结构见图 8-8（b）。通常滴汞电极作为负极，汞滴通过毛细管周期性地滴落，待测物质在汞滴上发生电极反应。电极毛细管口处的汞滴很小，易形成浓差极化；汞滴

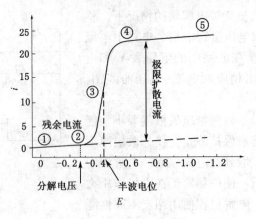

图 8-9 Pb^{2+} 的极谱图

不断滴落，使电极表面不断更新，重复性好。氢在汞上的超电位较大，只有在很负的电位下才会析出氢气。汞电极通常用于研究分解电位较负的物质。金属与汞生成汞齐，降低其析出电位，使碱金属和碱土金属也可分析。

（二）悬汞电极

悬汞电极的结构见图 8-10(a) 和图 8-10(b)。玻璃毛细管连接密封的金属储汞器，旋转顶端的螺旋可将汞挤出，汞滴大小由螺旋圈数来调节。

（三）固体电极

固体电极的结构见图 8-10(c)。常用的固体电极有碳电极（玻碳电极、石墨电极、碳糊电极）、金电极、银电极、铂电极等。许多固体电极经过修饰后，可获得新的功能，如选择催化、吸附、配位等。

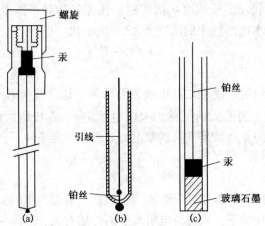

图 8-10 极谱分析电极示意图

(a)机械挤压式；(b) 挂吊式；(c)玻碳电极示意图

三、极谱分析法的应用

（一）应用范围

凡是能在滴汞电极上氧化还原反应的物质，如金属离子、金属络合物、阴离子和有机物均可用极谱法测定。即使是某些不直接在电极上发生电极反应的物质，也可用间接测定，再加上许多新的极谱分析方法的出现，如极谱催化波、示波极谱、脉冲极谱以及阳极溶出伏安法等，使得极谱法的灵敏度显著提高，应用范围更加广泛。

无机分析方面：元素周期表内的大多数元素都可用极谱法进行测定，特别适合于金属、合金、矿物及化学试剂中微量杂质的测定，如金属锌中的微量 Cu、Pb、Cd、Pb、Cd；钢铁中的微量 Cu、Ni、Co、Mn、Cr；铝镁合金中的微量 Cu、Pb、Cd、Zn、Mn；矿石中的微量 Cu、Pb、Cd、Zn、W、Mo、V、Se、Te 等的测定。

另外，卤素离子以及 S^{2-}、CN^-、OH^- 等阴离子可形成汞盐而产生阳极波，也可进行极谱测定。阴极还原波还可用于很多含氧酸根离子的测定，如 BrO_3^-、IO_3^-、$S_2O_3^{2-}$、SeO_3^{2-}、TeO_3^{2-} 以及高碘酸盐、亚硫酸盐等的测定。

有机分析方面：凡是能在电极上进行氧化还原反应的有机物均可用极谱法进行测定。如分析氧、过氧化氢、硫和氮的氧化物以及不饱和的共轭烃或芳香烃、羰基化合物、硝基、亚硝基类、偶氮类化合物。极谱法还可鉴别某些对位、间位、邻位化合物，因为这三种化合物的半波电位不一样。

极谱分析法在理论研究中也有其用武之地。极谱分析法可以通过半波电位测量一些有机和无机化合物的标准电极电位；还可测定一些物理或化学物理常数如溶解度、稳定常数等。极谱分析法还是研究氧化还原过程、表面吸附过程以及电极过程动力学的有力工具。

（二）极谱法在水质分析中的应用举例

1. 极谱法测定 Cd^{2+}（见表 8-6）

采用阳极溶出法测定 Cd^{2+}。该方法是使被测定的金属离子溶液，在适当的条件下预电解一段时间，使金属离子沉积在工作电极（阴极）上，然后改用反向电流，使富集在电极上的金属离子重新溶出，并记录其溶出伏安曲线，根据溶出峰的电位定性，根据溶出峰的高度定量。

表 8-6 阳极溶出法测定水中 Cd^{2+}

分析样品	饮用水、地下水、地面水
分析项目	Cd^{2+}
分析方法	阳极溶出伏安法（标准曲线法）
分析条件	悬汞电极为工作电极，Ag-AgCl 电极为参比电极 扫描电压范围为 -1.30~+0.05V，在 -1.30V 电压下富集 3min
分析流程	①取一定量 Cd^{2+} 标准溶液 +1mL 支持电解质于 10mL 比色管中稀释至刻度，倒入电解池，在 -1.30V 预电解 ②由阴极向阳极方向扫描，记录溶出曲线，对峰高空白校正，绘制峰高-Cd^{2+} 浓度标准曲线 ③取一定量水样 +1mL 支持电解质于 10mL 比色管中稀释至刻度，按上述相同步骤，校正后的峰电流高度，在标准曲线上查对应的浓度

2. 示波极谱法测定锌（见表 8-7）

采用阴极射线示波器作为测量工具的极谱分析称为示波极谱法。主要有两类示波极谱，一类与普通极谱相似，加到电解池两端的也是直流电压，不同的是在其上加一变化极快的极化电压，通过记录伏安曲线进行分析，叫做线性扫描示波极谱，在分析化学中用得较多；另一类是使用恒振幅的交流电压的示波极谱，用示波器记录电压随时间的变化，称为交流示波极谱法。

表 8-7 示波极谱法测定 Zn^{2+}

分析样品	水样(试剂、尿样、血液)
分析项目	Zn^{2+}
分析方法	示波极谱法(直接比较法)
分析条件	滴汞电极为工作电极，参比电极为饱和甘汞电极在 $NH_4Cl-NH_3H_2O$ 介质中测定 Zn^{2+} 的还原波
分析流程	①试样预处理：蒸发除 NO_3^-，用 Na_2SO_3 除 O_2，用动物胶抑制极谱极大 ②配制 Zn^{2+} 标准溶液，测定标准溶液极谱波平均峰高； ③测定试样极谱波的平均峰高，按 $c_x = \dfrac{h_x}{h_s}c_s$ 定量，式中 c_x，c_s 分别为试样和标准溶液的浓度，h_x，h_s 分别为试样和标准溶液的平均峰高

第五节　电解与库仑分析法

一、电解分析法

电解分析是以称量沉积于电极表面沉积物质量的一种电分析方法，又称电重量法，有时也作为一种分离手段，用以去除试液中的某些杂质。

（一）电解分析原理与过程

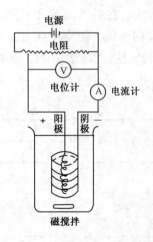

图 8-11　电解装置示意图

电解过程是在电解池的两个电极上施加外加电压，借助外电源的作用，使电化学反应向着非自发的方向进行，电解质溶液便在电极上发生氧化还原反应。电解的主要装置是电解电池，一般由正极(阳极)、负极(阴极)和电解液组成。电解的装置如图 8-11 所示。现在以在 $0.1mol/L$ 的 H_2SO_4 介质中电解 $0.1mol/L$ 的 $CuSO_4$ 为例，说明电解的过程。

将两个铂电极插入溶液中，接通电源，当外电压从零开始逐渐增加时，开始没有明显的电流，直到铂电极两端达到足够大的电压时，便发生电极反应，通过试液的电流随之增大。电解时，电解池中发生如下过程：试液中带正电荷的 Cu^{2+} 在电场作用下移向阴极，从阴极上获得电子还原成金属铜。同时带负电荷的阴离子移向阳极，并释放电子，OH^- 比 SO_4^{2-} 更容易释放电子，因此在阳极上是 OH^- 发生电极反应，释放电子并产生氧气。电解池中发生了如下反应：

阴极反应：$Cu^{2+} + 2e === Cu$

阳极反应：$2OH^- === H_2O + \dfrac{1}{2}O_2 + 2e$

通过称量电解前后铂电极的质量，即可精确地得到金属铜的质量，从而计算出试液中铜的含量。这就是电解分析法定量分析的原理。

（二）电解分析方法

① 恒电流电重量分析法

该方法不需要控制阴极电位，通常加到电解池上的电压比分解电压高相当数值，以使电解加速进行，电解电流一般保持在 2~5A 之间，电解过程中通过变化电压，保持电流基本恒定不变，电位最终稳定在 H_2 的析出电位。该方法分析时间短，但选择性差，是铜合金的标准分析方法。也可测定锌、镉、钴、镍、锡、铅、铋、汞及银等金属元素。

② 控制阴极电位电重量分析法

若待测试液中含有两种以上金属离子时，随着外加电压的增大，第二种离子可能被还原，为了分别测定或分离就需要采用控制阴极电位的电解法。通常采用三电极系统，可自动调节外电压，阴极电位保持恒定，选择性好。A、B 两物质分离的必要条件是 A 物质析出完全时，阴极电位未达到 B 物质的析出电位。

二、库仑分析法

（一）库仑分析原理

库仑分析法始建于 1940 年左右，它是在电解分析法的基础上建立起来的。库仑分析法也是对试样溶液进行电解，但是不需要将待测成分电解析出称量，而是通过测量电解完全时所消耗的电量，依据法拉第电解定律计算待测物质含量，所以这种方法又称为电量分析法。库仑分析法的基本要求是电极反应必须要单纯，保证电流效率为 100%。其理论基础是法拉第电解定律。

法拉第电解定律表明，通过电解池的电量与在电解池电极上发生的电化学反应的物质的量成正比。用公式表达即为

$$W = \frac{Q}{F} \times \frac{M}{n} \tag{8 - 43}$$

式中，W 为电解时在电极上析出的物质的质量，g；M 为物质的摩尔质量；Q 为通过的电量（单位为库仑 C，1 库仑 = 1 安培×1 秒），F 为法拉第常数（96487C/mol）；n 为电极反应中转移的电子数。

（二）控制电位库仑分析法

控制电位分析法是在固定的电位下，完成待测物的全部电解，测量电解所需要的总电量，根据电量与物质的量的关系，即可测定出待测物的量，这种方法又称恒电位库仑分析法。控制电位库仑分析法使用的仪器装置与控制阴极电位电解法相似，只不过是在电解电路中串联一个库仑计，以测量电解过程中消耗的电量。在实际电解过程中要选择适当的的电解电位，并且保证电流效率 100%。

在库仑分析过程之前要求预电解，以消除电活性杂质，同时通 N_2 除氧，以保证电流效率 100%。预电解达到背景电流，不接通库仑计；然后将一定体积的试样溶液加入到电解池中，接通库仑计电解，当电解电流降低到背景电流时停止，由库仑计记录的电量计算待测物质的含量。

电解开始后，由于待电解离子浓度随着电解的延续而不断下降，因此阴极电位和阳极电位不断变化，在电位控制中，一般控制工作电极的电位，使之保持恒定，使待电解物质以 100%电流效率进行电解。由于电解和浓差极化，电流逐渐减小，工作电极电位发生变化，为保证工作电极电位恒定，就必须不断减小外加电压，而外加电压的减小必然导致电流的减小，当电流趋近于零时，表示该物质已被完全电解。因此在电路上串联一个库仑计或电子积分仪，可以指示消耗的电量，于是根据库仑电解定律可以得到待测物质的量。

（三）恒电流库仑分析(库仑滴定)

恒电流库仑分析是让电流维持恒定值，测量电解完全时所用的时间，由 $Q=it$ 求出电量，然后再根据电解定律求出分析结果。该法必须保证恒电流条件下维持 100% 的电流效率，并且有合适的指示终点的方法。

恒电流库仑分析法的基本原理与普通容量法相似，不同之处是在于恒电流库仑分析中滴定剂不是由滴定管滴加的，而是通过恒电流电解在试液内部产生的。实际上，恒电流库仑分析是一种以电子作"滴定剂"的容量分析方法，所以恒电流库仑分析也称电量滴定法。理论上，恒电流库仑滴定可以有两种反应类型，一种是被测物质直接在电极上起反应，另一种是在试液中加入辅助剂，辅助剂经电解后产生一种试剂，然后被测物质再与所产生的试剂按化学计量起反应。实际上，恒电流库仑分析一般采用间接法，即在特定的电解液中和恒电流条件下，以电极反应产物作为滴定剂(电生滴定剂，相当于化学滴定中的标准溶液)与待测物质定量作用借助于电位法或指示剂来指示滴定终点。故恒电流库仑分析并不需要化学滴定和其他仪器滴定分析中的标准溶液和体积计量。该方法不仅可以克服恒电位库仑分析法电解时间长的缺点，而且可使电量测定更加方便。

第六节　电导分析法

一、电导法基本原理

通过测定电解质溶液的电导值来确定物质含量的分析方法，称为电导分析法。电导是表征溶液传导电流能力的物理量。在测定溶液的电导时，一般将两个铂电极插入电解质溶液当中组成一个电导池，并在两电极上施加一定的电压，溶液中便有电流通过。电流是电荷的移动，在金属导体中是靠电子的移动，而在电解质溶液中是靠荷电正负离子的反向迁移来实现的，因此溶液的导电能力与溶液的浓度和性质有关。导电能力用电导 G 来表示，它是电阻 R 的倒数，根据欧姆定律有：

$$G = 1/R = \frac{1A}{\rho L} = k\frac{A}{L} = k\frac{1}{\theta} \tag{8-44}$$

式中，ρ 为电阻率，$\Omega \cdot cm$；A 为导体截面积，cm^2；L 为导体长度，cm，k 为电导率，S/cm。对于一定的电导电极，面积 A 与电极间距 L 是固定的，因此 L/A 是定值，称为电导池常数，用符号 θ 表示。

溶液的电导率与溶液中正负离子的数目、离子所带的电荷量以及离子的迁移速率有关。在一定范围内，离子的浓度越大，单位体积内的离子数目就多，电导率就越大；离子的价数越高，电导率也越大。此外，离子的迁移速率越快，电导率就越大，因此电导率与离子种类有关，还与影响离子迁移速率的外部因素以有关，如温度、溶剂、黏度等。

但当外部条件固定时，对于同一电解质，离子的迁移速率和离子的价数是确定的，这样溶液的电导率就取决于溶液的浓度。在此引入摩尔电导率的概念来比较不同电解质的导电能力。摩尔电导率是在距离为 1cm 的两电极间含有溶质的物质的量为 1mol 时电解质溶液所具有的电导。摩尔电导率只和电解质的物质的量有关，而和体积无关，它和电导率的关系是

$$\Lambda_m = \frac{k}{c} \tag{8-45}$$

在电极一定、温度一定的电解质稀溶液中，电导与电解质浓度的关系是

$$G = \Lambda_m \theta c \qquad (8-46)$$

由于电极和温度确定，因此 Λ_m 和 θ 均为定值，实际上溶液的电导与浓度成正比

$$G = Kc \qquad (8-47)$$

当测定溶液的电导时，向电导池中插入一对电极，通以直流电进行测量。因电导是电阻的倒数，因此测溶液的电导实际上就是测其电阻。如果测量结果以电导率来表示就是

$$k = G\theta \qquad (8-48)$$

由于两极间的距离以及极板面积不易测准，所以电导率不易直接测准，一般是用已知电导率的标准溶液（通常采用电导率已知的 KCl 溶液为标准溶液），测出其电导池常数 θ，再测出待测溶液的电导率。溶液的电导率可用专门的电导仪来测定，电导仪上有电导池常数的校正装置，电导仪可直接显示电导率的值。

二、电导分析方法及应用

(一)直接电导法

直接电导法利用溶液的电导与溶液中离子浓度成正比的关系进行定量分析。即

$$G = Kc$$

式中 K 与实验条件有关，当实验条件一定时 K 为常数。定量方法可以采用标准曲线法、直接比较法和标准加入法。

1. 标准曲线法

配制一系列已知浓度的标准溶液，分别测定其电导，然后绘制 G-C 标准曲线，在相同的条件下测定待测试液的电导 G_x，从标准曲线上查得对应的 C_x。

2. 直接比较法

在相同的条件下，同时测定待测试液和一个标准溶液的电导 C_x 和 G_s，根据式(8-47)有

$$G_x = KC_x \quad 和 \quad G_s = KC_s$$

将两式相除并整理得

$$C_x = C_s \frac{G_x}{G_s} \qquad (8-49)$$

3. 标准加入法

待测试液的体积为 V_x，设其浓度为 C_x，测得其电导为 G_1，再向待测试液中加入已知量的标准溶液，浓度为 C_s，其体积约为待测试液的 1/100，计为 V_s，然后测得混合液的电导为 G_2，根据式(8-47)有

$$G_1 = KC_x \quad 和 \quad G_2 = K \frac{V_x C_x + V_s C_s}{V_x + V_s}$$

由于加入的标准溶液的体积较小，令 $V_x + V_s \approx V_x$，整理得到

$$C_x = \frac{G_1}{G_2 - G_1} \frac{V_s C_s}{V_x} \qquad (8-50)$$

直接电导法灵敏度高，仪器简单，测量方便，不仅可以用于定量分析，还可以用来测量各种物理化学常数，如介电常数、弱电解质的离解常数等。由于直接电导法的选择性较差，定量分析中主要用来测离子的总浓度。纯水的电导率很小，当水被污染而溶解各种盐类时，水的电导率增加，通过测定其电导率可以间接推测水中离子成分的总浓度，了解水源矿物质

污染的程度，饮用水电导率在 $50\sim150mS/m$(毫西门子/米)之间。某些工业用水对水的纯度也有较高的要求，如超高压锅炉、原子反应堆、电子工业等均需超高纯水，要求电导率在 $0.1\sim0.3\mu S/cm$(微西门子/厘米)，此外在工业废水、天然水、实验室制备去离子水时，电导率也是一个很重要的指标，可以通过测定电导率来判定水质纯度，因此电导法在水质分析中得到了广泛的应用。

电导法检验水质纯度。检验高纯水的质量，电导法是最适宜的方法。25℃时，绝对纯水的理论电导率为 $0.055\mu S/cm$，电解质含量增加，电导率随之增加，因此水的纯度可以直接通过电导率反映出来。实验室测量水的电导常用 DDS-1 和 DDS-2 型电导率仪。

电导法判断水质状况。虽然一些非导电物质，如有机物、细菌、藻类及其他悬浮杂质不能在电导率上反映出来，但是仍然可以通过电导率的测定，初步判断天然水和工业废水被污染的状况。例如，饮用水的电导率为 $50\sim1500\mu S/cm$，清洁河水的电导率为 $100\mu S/cm$，天然水的电导率为 $50\sim500\mu S/cm$，矿化水的电导率为 $50\sim1000\mu S/cm$ 或更高，海水的电导率为 $30000\mu S/cm$，一些工业废水的电导率为 $10000\mu S/cm$ 以上。

电导法估算水中溶解氧。一些化合物与水中的溶解氧反应产生能导电的离子，由此可测定溶解氧。例如，氮氧化物与溶解氧作用生成 NO_3^-，使电导率增加，于是测定电导率就可以求出溶解氧；也可利用金属铊与水中的溶解氧生成 Tl^+ 和 OH^-，使电导率增加。一般，每增加 $0.035\mu S/cm$ 的电导率相当于 1ppb 溶解氧。通常用来估算锅炉管道水中的溶解氧。

电导法估算水中可滤残渣。水中所含各种溶解型矿物盐类的总量称为水的总含盐量或总矿化度。水中所含溶解盐种类越多，水中的离子数目越多，水的电导率就越高。对于多数天然水，可滤残渣与电导率之间的关系由如下经验式估计：

$$FR = (0.55\sim0.70)\times K \tag{8-51}$$

其中，FR 表示水中的可滤残渣量，mg/L；K 表示 25℃时水的电导率，$\mu S/cm$。$0.55\sim0.70$ 是系数，随水质不同而异，一般估算取 0.67。

(二) 电导滴定法

电导滴定法是根据滴定过程中被滴定溶液电导的突变来确定滴定终点的滴定分析方法。如果滴定反应产物的电导与反应物的电导有差别，那么在滴定过程中，随着反应物和产物的浓度变化，被滴定溶液的电导也随之变化，在化学计量点时滴定曲线出现转折点，可指示滴定终点。例如酸碱滴定，用 NaOH 滴定 HCl，H^+ 和 OH^- 的电导率都很大，而 Na^+ 和产物 H_2O 的电导率都很小。滴定开始前，H^+ 的浓度很大，所以电导率也很大；随着滴定的进行，H^+ 逐渐被 Na^+ 取代，使溶液的电导下降，在化学计量点时所有的 H^+ 都被 Na^+ 取代，电导率下降到最小；计量点之后，由于 NaOH 的加入，Na^+ 和 OH^- 增大，溶液的电导率又开始增大。故电导滴定的终点可由滴定曲线的转折点确定。

电导滴定可以滴定极弱的酸或碱，也可用于滴定弱酸盐或弱碱盐，以及强弱混合酸。在普通滴定或电位滴定中都是无法进行的，这是电导滴定法的一大优点。此外电导滴定还可用于反应物和产物电导相差较大的沉淀滴定、络合滴定和氧化还原滴定。

思 考 题

1. 气相色谱法分离的基本原理是什么？

2. 举例说明在水质分析中如何选用 ECD、TCD、FID 和 FPD 检测器。

3. 简要阐述气相色谱法的定性和定量方法。

4. 参比电极和指示电极的作用是什么?

5. 玻璃电极使用之前为什么必须在蒸馏水中浸泡 24h 以上?

6. 离子选择电极的膜电位的数学表达式中各参数的物理意义是什么?

习　题

1. 用气相色谱法测定水中 A、B、C 3 种物质(假设水中不含其他物质)。其相对校正因子 $f_{i/s}$ 和对应的峰面积数据如下表,用归一法求算水中 A、B、C 3 种组分的含量(%)。

组　分	A	B	C
$f_{i/s}$	1.00	1.65	1.75
峰面积	1.50	1.01	2.28

2. 用玻璃电极测定水样 pH 值。将玻璃电极和另一参比电极浸入 pH＝4 的标准缓冲溶液中,组成的原电池的电极电位为 -0.14V;将标准缓冲溶液换成水样,测得电池的电极电位为 0.03V,计算水样的 pH 值。

3. 将钙离子选择电极和一参比电极浸入 100mL 含 Ca^{2+} 水样中,测得电池的电极电位为 0.415V。加入 3ml 0.145mol/L 的 Ca^{2+} 标准溶液,测得电位为 0.430V,计算 Ca^{2+} 的量浓度(mol/L)。

附　　录

附录 1　生活饮用水标准(GB 5749—2006)

附表 1-1　水质常规指标及限值

指　　标	限　　值
1. 微生物指标	
总大肠菌数(MPN/100mL 或 CFU/100mL)	不得检出
耐热大肠菌数(MPN/100mL 或 CFU/100mL)	不得检出
大肠埃希氏菌(MPN/100mL 或 CFU/100mL)	不得检出
菌落总数(CFU/mL)	100
2. 毒理指标	
砷(mg/L)	0.01
镉(mg/L)	0.005
铬(六价，mg/L)	0.05
铅(mg/L)	0.01
汞(mg/L)	0.001
硒(mg/L)	0.01
氰化物(mg/L)	0.05
氟化物(mg/L)	1.0
硝酸盐(以 N 计，mg/L)	10
	地下水源限制时为 20
三氯甲烷(mg/L)	0.06
四氯化碳(mg/L)	0.002
溴酸盐(使用臭氧时，mg/L)	0.01
甲醛(使用臭氧时，mg/L)	0.9
亚氯酸盐(使用二氧化氯消毒时，mg/L)	0.7
氯酸盐(使用复合二氧化氯消毒时，mg/L)	0.7
3. 感官性状和一般化学指标	
色度(铂钴色度单位)	15
浑浊度(NTU-散色浊度单位)	1
	水源与净水技术条件限制时为 3
嗅和味	无异臭、异味
肉眼可见物	无

续表

指　标	限　值
pH(pH 单位)	不小于 6.5 且不大于 8.5
铝(mg/L)	0.2
铁(mg/L)	0.3
锰(mg/L)	0.1
铜(mg/L)	1
锌(mg/L)	1
氯化物(mg/L)	250
硫酸盐(mg/L)	250
溶解性总固体(mg/L)	1000
总硬度(以 $CaCO_3$ 计，mg/L)	450
耗氧量(COD_{Mn} 法，以 O_2 计，mg/L)(高锰酸盐指数)	3 水源限制，原水耗氧量>6mg/L 时为 5
挥发酚类(以苯酚计，mg/L)	0.002
阴离子合成洗涤剂(mg/L)	0.3
4. 放射性指标	指导值
总 α 放射性(Bq/L)	0.5
总 β 放射性(Bq/L)	1

附表 1-2　饮用水中消毒剂常规指标及要求

消毒剂名称	与水接触时间	出厂水中限值	出厂水中余量	管网末梢水中余量
氯气及游离氯制剂(游离氯，mg/L)	至少 30min	4	≥0.3	≥0.05
一氯胺(总氯，mg/L)	至少 120min	3	≥0.5	≥0.05
臭氧(O_3，mg/L)	至少 12min	0.3		0.02 如加氯，总氯≥0.05
二氧化氯(ClO_2，mg/L)	至少 30min	0.8	≥0.1	≥0.02

附表 1-3　水质非常规指标及限值

指　标	限　值
1. 微生物指标	
贾第鞭毛虫(个/10L)	<1
隐孢子虫(个/10L)	<1
2. 毒理指标	
锑(mg/L)	0.005
钡(mg/L)	0.7
铍(mg/L)	0.002
硼(mg/L)	0.5
钼(mg/L)	0.07
镍(mg/L)	0.02

指　标	限　值
银(mg/L)	0.05
铊(mg/L)	0.0001
氯化氢(mg/L)	0.07
一氯二溴甲烷(mg/L)	0.1
二氯一溴甲烷(mg/L)	0.06
二氯乙酸(mg/L)	0.05
1，2-二氯乙烷(mg/L)	0.03
二氯甲烷(mg/L)	0.02
三卤甲烷(三氯甲烷、一氯二溴甲烷、二氯一溴甲烷、三溴甲烷的总和)	该类化合物中各种化合物的实测浓度与其各自限值的比值之和不超过1
1，1-三氯乙烷(mg/L)	2
三氯乙酸(mg/L)	0.1
三氯乙醛(mg/L)	0.01
2，4，6-三氯酚(mg/L)	0.2
三溴甲烷(mg/L)	0.1
七氯(mg/L)	0.0004
马拉硫磷(mg/L)	0.25
五氯酚(mg/L)	0.009
六六六(总量，mg/L)	0.005
六氯苯(mg/L)	0.001
乐果(mg/L)	0.08
对硫磷(mg/L)	0.003
灭草松(mg/L)	0.3
甲基对硫磷(mg/L)	0.02
百菌清(mg/L)	0.01
呋喃丹(mg/L)	0.007
林丹(mg/L)	0.002
毒死蜱(mg/L)	0.03
草甘膦(mg/L)	0.7
敌敌畏(mg/L)	0.001
莠去津(mg/L)	0.002
溴氰菊酯(mg/L)	0.02
2，4-滴(mg/L)	0.03
滴滴涕(mg/L)	0.001
乙苯(mg/L)	0.3
二甲苯(mg/L)	0.5
1，1-二氯乙烯(mg/L)	0.03
1，2-二氯乙烯(mg/L)	0.05
1，2-二氯苯(mg/L)	1
1，4-二氯苯(mg/L)	0.3
三氯乙烯(mg/L)	0.07
三氯苯(总量，mg/L)	0.02
六氯丁二烯(mg/L)	0.0006

续表

指 标	限 值
丙烯酰胺(mg/L)	0.0005
四氯乙烯(mg/L)	0.04
甲苯(mg/L)	0.7
邻苯二甲酸二(2-乙基己基)酯(mg/L)	0.008
环氧氯丙烷(mg/L)	0.0004
苯(mg/L)	0.01
苯乙烯(mg/L)	0.02
苯并[a]芘(mg/L)	0.00001
氯乙烯(mg/L)	0.005
氯苯(mg/L)	0.3
微囊藻毒素-LR(mg/L)	0.001
3. 感官性状和化学指标	
氨氮(以 N 计,mg/L)	0.5
硫化物(mg/L)	0.02
钠(mg/L)	200

附表 1-4 农村小型集中式供水和分散式供水部分水质指标及限值

指 标	限 值
1. 微生物指标	
菌落总数	500
2. 毒理指标	
砷(mg/L)	0.05
氟化物(mg/L)	1.2
硝酸盐(以 N 计,mg/L)	20
3. 感官性状和一般化学指标	
色度(铂钴色度单位)	20
浑浊度(NTU-散色浊度单位)	3 水源与净水技术条件限制时为 5
pH(pH 单位)	不小于 6.5 且不大于 9.5
溶解性总固体(mg/L)	1500
总硬度(以 $CaCO_3$ 计,mg/L)	550
耗氧量(COD_{Mn}法,以 O_2 计,mg/L)(高锰酸盐指数)	5
铁(mg/L)	0.5
锰(mg/L)	0.3
氯化物(mg/L)	300
硫酸盐(mg/L)	300

附录2 欧盟饮用水水质指令 (98/83/EC)

说明：欧共体(欧盟前身)理事会在 1980 年对各成员国提出《饮用水水质指令》(80/778/EC)，指标比较完整，要求也比较高。该指令成为欧洲各国制订本国水质标准的主要框架。1991 年底，欧盟成员国供水协会对《饮用水水质指令》(80/778/EC)实施以来的情况作了总结，认为尽管该指令对 10 年来欧洲饮用水水质的改善起到重要的推动作用，但在执行过程中也暴露出一些缺点：未能提供合适的法律架构以应对原水水质的变化，以及生产、输送饮用水所遇到技术困难；此外，该指令在 1975 年开始起草，其中的指导思想和水质参数在当时的情况下是适宜的，但没有将近来水行业的科技进行纳入其中。由此，1995 年，欧盟对 80/778/EC 进行了修正，1998 年 11 月通过了新指令 80/778/EC。指标参数由 66 项减少至 48 项(瓶装水为 50 项)。新指令更加强调指标值的科学性，与 WHO 指导标准的一致性。

附表 2-1 微生物学参数

指 标	指标值/(个/mL)
埃希氏大肠杆菌	0
肠道球菌	0

以下指标用于瓶装或桶装饮用水：

指 标	指 标 值
埃希氏大肠杆菌	0 个/250mL
肠道球菌	0 个/250mL
铜绿假单胞菌	0 个/250mL
细菌总数(22℃)	100 个/mL
细菌总数(37℃)	20 个/mL

附表 2-2 化学物质参数

指 标	指 标 值	单 位
丙烯酰胺	0.10	μg/L
锑	5.0	μg/L
砷	10	μg/L
苯	1.0	μg/L
苯并[a]芘	0.01	μg/L
硼	1.0	mg/L
溴酸盐	10	μg/L
镉	5.0	μg/L
铬	50	μg/L
铜	2.0	mg/L
氰化物	50	μg/L
1, 2-二氯乙烷	3.0	μg/L

续表

指　标	指 标 值	单　位
环氧氯丙烷	0.10	μg/L
氟化物	1.5	mg/L
铅	10	μg/L
汞	1.0	μg/L
镍	20	μg/L
硝酸盐	50	mg/L
亚硝酸盐	0.50	mg/L
农药	0.10	μg/L
农药(总)	0.50	μg/L
多环芳烃	0.10	μg/L
硒	10	μg/L
四氯乙烯和三氯乙烯	10	μg/L
三卤甲烷(总)	100	μg/L
氯乙烯	0.50	μg/L

附表 2-3　指示参数

指　标		指 标 值	单　位
色度		用户可以接受且无异常	
浊度		用户可以接受且无异常	
嗅		用户可以接受且无异常	
味		用户可以接受且无异味	
氢离子浓度		6.5~9.5	pH 单位
电导率		2500	μS/cm(20℃)
氯化物		250	mg/L
硫酸盐		250	mg/L
钠		200	mg/L
耗氧量		5.0	mgO_2/L
氨		0.50	mg/L
TOC		无异常变化	
铁		200	μg/L
锰		50	μg/L
铝		200	μg/L
细菌总数		无异常变化	
产气荚膜梭菌		0	个/100mL
大肠杆菌		0	个/100mL
放射性参数	氚	100	Bq/L
	总指示用量	0.10	mSv/年

附录3　世界卫生组织《饮用水水质标准》(2005)

附表3-1　用于饮用水的微生物质量验证准则值

微 生 物	准 则 值
各种直接饮用水	
埃希氏大肠杆菌或耐热性大肠菌群	100mL 水样中不得检出
即将进入供水系统的已处理过的水	
埃希氏大肠杆菌或耐热性大肠菌群	100mL 水样中不得检出
供水系统中已处理过的水	
埃希氏大肠杆菌或耐热性大肠菌群	100mL 水样中不得检出

附表3-2　饮用水中有健康意义的化合物准则

英文名称	中文名称	准则值/(mg/L)	说　明
Acrylamide	丙烯酰胺	0.0005	
Alachlor	甲草胺, 草不绿	0.02	
Aldicarb	涕灭威	0.01	用于砜与亚砜化合物
Aldrin and dieldrin	艾氏剂和异艾氏剂	0.00003	两者之和
Antimony	锑	0.02	
Arsenic	砷	0.01(P)	
Atrazine	莠去津	0.002	
Barium	钡	0.7	
Benzene	苯	0.01	
Benzo [a] pyrene	苯并[a]芘	0.0007	
	硼	0.5(T)	
Bromate	溴酸盐	0.01	
Bromodichloromethare	一溴二氯甲烷	0.06	
Bromofom	溴仿	0.1	
Cadmium	镉	0.003	
Carbofurn	呋喃丹, 卡巴呋喃, 克百威	0.007	
Carbon tetrachloride	四氯化碳	0.004	
Chlorate	氯酸盐	0.7(D)	
Chlordane	氯丹	0.0002	
Chlorine	氯	5(C)	用于有效消毒
Chlorite	亚氯酸盐	0.7(D)	
Chloroform	氯仿	0.3	
Chlorotoluron	绿麦隆	0.03	
Chlorpyrifos	毒死蜱	0.03	
Chromium	铬	0.05(P)	总铬
Copper	铜	2	低于此值时所洗衣物和卫生洁具有可能着色
Cyanazine	氰乙酰肼	0.0006	
Cyanide	氰化物	0.07	
Cyangen choride	氯化氰	0.07	总氰化物(以游离氰根计)
2, 4-D (2, 4-dichlorophenoxy-acetic acid)	2, 4-滴(2, 4-二氯酚羟基醋酸)	0.03	用于游离酸

英文名称	中文名称	准则值/(mg/L)	说　明
2，4-DB	丁基-2，4-二氯酚羟基醋酸	0.09	
DDT and metabolites	滴滴涕和代谢物	0.001	
Di(2-ethylhexyl) phthalate	二(2-乙基己基)邻苯二甲酸盐(或酯)	0.008	
dibromoacetonitrile	二溴乙腈	0.07	
Dibromochloromethane	二溴氯甲烷	0.1	
Dibromo - 3 - chloropropane，1，2-	1，2-二溴-3-氯丙烷	0.001	
Diromoethane，1，2-	1，2-二溴乙烷	0.004	
Dichloroacetate	二氯乙酸	0.05	
Dichloroacetonitrile	二氯乙腈	0.02	
Dichlorobenzene，1，2-	1，2-二氯苯	1(C)	
Dichlorobenzene，1，4-	1，4-二氯苯	0.3(C)	
Dichloroethane，1，2-	1，2-二氯乙烷	0.03	
Dichloroethene，1，2-	1，2-二氯乙烯	0.05	
Dichloromethane	二氯甲烷	0.02	
Dichloropropane，1，2-(1，2-DCP)	1，2-二氯丙烷	0.04	
Dichloroethene，1，3-	1，3-二氯丙烯	0.02	
Dichlorprop	2，4-滴丙酸	0.1	
Dimethoate	乐果	0.006	
Dioxane，1，4-	1，4-二恶烷，1，4-二氧杂环乙烷	0.05	
Edtic acid (EDTA)	EDTA，乙二胺四乙酸	0.6	用于游离酸
Endrin	异狄氏剂	0.0006	
Epichlorohydrin	环氧氯丙烷，表氯醇	0.0004(P)	
Ethylbenzene	乙苯	0.3(C)	
Fenoprop	2，4，5-涕丙酸	0.009	
Fluoride	氟化物	1.5	设定国家标准时应考虑饮用水量和其他来源的摄入量
Hexachlorobutadiene	六氯丁二烯	0.0006	
Isoproturon	异丙隆	0.009	
Lead	铅	0.01	
Lindane	林丹，高丙体666	0.002	
Manganese	锰	0.4(C)	
MCPA	2-甲基-4-氯苯氧基乙酸	0.002	
Mecoprop	2-甲基-4-氯丙酸	0.01	
Mercury	汞	0.006	无机汞
Methoxychlor	甲氧滴滴涕	0.02	
Metolachlor	甲氧毒草安	0.01	
Microcystin-LR	微囊草毒素-LR	0.001(P)	总量(游离和细胞结合的)
Molinate	禾草特，环草丹，草达灭	0.006	
Molybdenum	钼	0.07	
Monochloramine	一氯胺	3	
Monochloroacetate	一氯醋酸盐	0.02	
Nickel	镍	0.07	
Nitrite (as NO_3^{2-})	硝酸盐(以 NO_3^- 计)	50	短期暴露
Nitrilotriacetic acid(NTA)	次氨基三乙酸(NTA)	0.2	

续表

英文名称	中文名称	准则值/(mg/L)	说明
Nitrite(as NO_2^{2-})	亚硝酸盐	3	短期暴露
		0.2(P)	长期暴露
Pendimethalin	二甲戊乐灵	0.02	
Pentachlorophenol	五氯酚	0.009(P)	
Permethrin	氯菊酯	0.3	仅作为杀幼虫剂用于公共卫生目的
Pyriproxyfen	吡丙酯	0.3	
Selenium	硒	0.01	
Simazine	西玛津,西玛三嗪	0.002	
Styrene	苯乙烯	0.02(C)	
2,4,5-T	2,4,5-涕	0.009	
Terbuthylazine	特丁津	0.007	
Tetrachloroethene	四氯乙烯	0.04	
Toluene	甲苯	0.7(C)	
Trichloroacetate	三氯乙酸盐	0.2	
Trichloroethene	三氯乙烯	0.02(P)	
Trichlorophenol, 2,4,6-	2,4,6-三氯酚	0.2(C)	各组分浓度与各自准则值的比值之总和 ≤1 只涉及铀的化学性质
Trifluralin	氟乐灵	0.02	
Trihalomethanes	三卤甲烷		
Uranium	铀	0.015(P, T)	
Vinyl chloride	氯乙烯	0.0003	
Xylenes	二甲苯(类)	0.5(C)	

附表3-3 水处理用的化学物和各种接触饮用水材料产生的化学物(未制定准则值)

化学物	未制定准则值得理由
消毒剂	
二氧化氯	二氧化氯迅速分解,而且,亚氯酸盐的暂行准则值对预防二氧化氯的可能毒性有保护作用
二氯胺	用已有资料不足以得到基于健康的准则值
碘	用已有资料不足以得到基于健康的准则值,而且因水消毒而终身接触碘也不可能
银	用已有资料不足以得到基于健康的准则值
三氯胺	用已有资料不足以得到基于健康的准则值
消毒副产品	
溴氯乙酸	用已有资料不足以得到基于健康的准则值
溴氯乙腈	用已有资料不足以得到基于健康的准则值
水合氯醛(三氯乙醛)	饮用水中存在的浓度远低于产生毒性作用的浓度
氯丙铜类	对于任何一种氯丙铜来说,用已有资料不足以得到基于健康的准则值
2-氯酚	用已有资料不足以得到基于健康的准则值
氯化苦	用已有资料不足以得到基于健康的准则值
二溴醋酸	用已有资料不足以得到基于健康的准则值
2,4-二氯酚	用已有资料不足以得到基于健康的准则值
甲醛	饮用水中存在的浓度远低于产生毒性作用的浓度
溴氯酸	用已有资料不足以得到基于健康的准则值
MX	出现在饮用水中浓度大大低于产生可能出现毒性作用的浓度
三氯乙腈	用已有资料不足以得到基于健康的准则值

续表

化 学 物	未 制 定 准 则 值 得 理 由
水处理用化学物中所含的污染物	
铝	由于缺乏作为人模型的动物资料和有关人群资料的表演确定性，不能得到基于健康的准则值；但却推导出了实际应用浓度，这是在使用含铝凝聚剂的饮用水设备中以达到最佳凝聚效应为基础的：大型水处理设备：0.1mg/L 或更少；小型设备：0.2mg/L 或更少
铁	饮用水中常见的浓度对健康并无影响，但即使浓度低于基于健康的数值时仍可影响水的口感和外观
水管和零配件带来的污染物	
石棉	没有始终一致的证据表明射入石棉能危害健康
二烃基锡类	对于任何一种二烃基锡类来说，用已有资料不足以得到基于健康的准则值
蒽	出现在饮用水中浓度大大低于产生可能出现毒性作用的浓度
无机锡	出现在饮用水中浓度大大低于产生可能出现毒性作用的浓度
锌	饮用水中常见的浓度对健康并无影响，但可影响饮用水质量的接收程度

附录4 主要工业部门废水中有毒物质的主要发生源

附表4-1 工业废水中的主要污染物

部门	工业	主要污染物
冶金工业	黑色冶金(选矿、烧结、炼焦、炼钢、轧钢)	悬浮物、酸度、酚、氰化物、油类、化学需氧物质、生化需氧物质、色度、硫化物、多环芳烃
	有色冶金(选矿、烧结、冶炼、电解、精炼)	悬浮物、铜、锌、铅、汞、银、砷、镉、氟化物、化学需氧物质、酸度
化学工业	基础化学工业(酸、碱、无机和有机原料)	汞、砷、铬、酚、氰化物、硫化物、苯、醛、醇类、油类、悬浮物、氟化物、酸、碱、化学需氧物质
	肥料工业(合成氨、氮肥、磷肥)	悬浮物、化学需氧物质、砷、酸、碱、氟化物、氨、总磷
	化学纤维工业	化学需氧物质、溶解性固体、总有机碳、生化需氧物质、酸、碱、悬浮物、锌、铜、二硫化碳
	合成橡胶工业	苯胺、烯类、总有机碳、化学需氧物质、生化需氧物质、油类、铜、锌、铬、酸、碱、多环芳烃
	塑料工业	化学需氧物质、汞、有机氯、砷、酸、碱、铅、多环芳烃
	农药、制药、油漆工业	有机氯、有机磷、氯苯、氯醛、次氯酸钠、酸度、化学需氧物质、生化需氧物质、悬浮物、油类、多环芳烃
轻工业	印染工业	悬浮物、碱、生化需氧物质、化学需氧物质、氯、酚、硫化物、汞、木质素
	纺织印染工业	酸、碱、硫化物、悬浮物、化学需氧物质、生化需氧物质、总有机碳
	食品工业	化学需氧物质、生化需氧物质、悬浮物、酸、碱、大肠杆菌、总细菌
	皮革工业	酸、碱、铬、硫化物、生化需氧物质、化学需氧物质、总有机碳、悬浮物、硝酸盐
机械工业	电子工业	酸、铬、镉、锌、铜、汞、悬浮物
	农机、通用机械、机械加工	酸、碱、氰化物、铬、镉、铜、锌、镍、油类、悬浮物
石油化工	炼油、蒸馏、裂解	生化需氧物质、化学需氧物质、油类、酚、氰化物、苯、多环芳烃、醛、醇、悬浮物
建材工业	水泥、石棉、玻璃工业	悬浮物、酸、碱、酚、氰
采矿工业	采煤、有色金属矿和黑色金属矿开采	酸、碱、悬浮物、重金属、放射性物质

附录5　污水综合排放标准（GB 8978—1996）

附表5-1　第一类污染物最高允许排放浓度　　　　　　　　　　　　　　　　　　mg/L

序　号	污　染　物	最高允许排放浓度
1	总汞	0.05
2	烷基汞	不得检出
3	总镉	0.1
4	总铬	1.5
5	六价铬	0.5
6	总砷	0.5
7	总铅	1.0
8	总镍	1.0
9	苯并[a]芘	0.00003
10	总铍	0.005
11	总银	0.5
12	总α放射性	1Bq/L
13	总β放射性	10Bq/L

附表5-2　第二类污染物最高允许排放浓度（1997年12月31日之前建设的单位）

序号	污　染　物	适　用　范　围	一级标准	二级标准	三级标准
1	pH值	一切排污单位	6~9	6~9	6~9
2	色度稀释倍数	染料工业	50	180	—
		其他排污单位	50	80	—
3	悬浮物（SS）	采矿、选矿、选煤工业	100	300	—
		脉金选矿	100	500	—
		边远地区砂金选矿	100	800	—
		城镇二级污水处理厂	20	30	—
		其他排污单位	70	200	400
4	五日生化需氧量（BOD₅）	甘蔗制糖、苎麻脱胶、湿法纤维板工业	30	100	600
		甜菜制糖、酒精、味精、皮革、化纤浆粕工业	30	150	600
		城镇二级污水处理厂	20	30	—
		其他排污单位	30	60	300
5	化学需氧量（COD）	甜菜制糖、焦化、合成脂肪酸、湿法纤维板、染料、洗毛、有机磷农药工业	100	200	1000
		味精、酒精、医药原料药、生物制药、苎麻脱胶、皮革、化纤浆粕工业	100	300	1000
		石油化工工业（包括石油炼制）	100	150	500
		城镇二级污水处理厂	60	120	—
		其他排污单位	100	150	500

续表

序号	污染物	适用范围	一级标准	二级标准	三级标准
6	石油类	一切排污单位	10	10	30
7	动植物油	一切排污单位	20	20	100
8	挥发酚	一切排污单位	0.5	0.5	2.0
9	总氰化合物	电影洗片(铁氰化合物)	0.5	5.0	5.0
		其他排污单位	0.5	0.5	1.0
10	硫化物	一切排污单位	1.0	1.0	2.0
11	氨氮	医药原料药、染料、石油化工工业	15	50	—
		其他排污单位	15	25	—
12	氟化物	黄磷工业	10	20	20
		低氟地区(水含氟量<0.5mg/L)	10	20	30
		其他排污单位	10	10	20
13	磷酸盐(以P计)	一切排污单位	0.5	1.0	—
14	甲醛	一切排污单位	1.0	2.0	5.0
15	苯胺类	一切排污单位	1.0	2.0	5.0
16	硝基苯类	一切排污单位	2.0	3.0	5.0
17	阴离子表面活性剂(LAS)	合成洗涤剂工业	5.0	15	20
		其他排污单位	5.0	10	20
18	总铜	一切排污单位	0.5	1.0	2.0
19	总锌	一切排污单位	2.0	5.0	5.0
20	总锰	合成脂肪酸工业	2.0	5.0	5.0
		其他排污单位	2.0	2.0	5.0
21	彩色显影剂	电影洗片	2.0	3.0	5.0
22	显影剂及氧化物总量	电影洗片	3.0	6.0	6.0
23	元素磷	一切排污单位	0.1	0.3	0.3
24	有机磷农药(以P计)	一切排污单位	不得检出	0.5	0.5
25	粪大肠菌群数	医院、兽医院及医疗机构含病原体污水	500个/L	1000个/L	5000个/L
		传染病、结核病医院污水	100个/L	500个/L	1000个/L
26	总余氯(采用氯化消毒的医院污水)	医院、兽医院及医疗机构含病原体污水	<0.5	>3(接触时间≥1h)	>2(接触时间≥1h)
		传染病、结核病医院污水	<0.5	>6.5(接触时间≥.51h)	>5(接触时间≥1.5h)

附表5-3　部分行业最高允许排水量(1997年12月31日之前建设的单位)

序号	行业类别			最高允许排放量或最低允许水量重复利用率
1	矿山工业	有色金属系统选矿		水重复利用率75%
		其他矿山工业采矿、选矿、选煤等		水重复利用率90%(选煤)
		脉金选矿	重选	16.0m³/t(矿石)
			浮选	9.0m³/t(矿石)
			氰化	8.0m³/t(矿石)
			碳浆	8.0m³/t(矿石)

续表

序号	行业类别			最高允许排放量或最低允许水量
2	焦化企业(煤气厂)			1.2m³/t(焦炭)
3	有色金属冶炼及金属加工			水重复利用率80%
4	石油炼制工业(不包括直排水炼油厂)加工深度分类: A. 燃料型炼油; B. 燃料+润滑油型炼油厂; C. 燃料+润滑油型+炼油化工型炼油厂;(包括加工高含硫原油页岸油和石油添加剂生产基地的炼油厂)			A>500万 t,1.0m³/t(原油) 250万~500万 t,1.2m³/t(原油) <250万 t,1.5 m³/t(原油) B>500万 t,1.5m³/t(原油) 250万~500万 t,2.0m³/t(原油) <250万 t,2.0m³/t(原油) C>500万 t,2.0m³/t(原油) 250万~500万 t,2.5m³/t(原油) <250万 t,2.5m³/t(原油)
5	合成洗涤剂工业		氯化法生产烷基苯	200.0(烷基苯)
			裂解法生产烷基苯	70.0m³/t(烷基苯)
			烷基苯生产合成洗涤剂	10.0m³/t(产品)
6	合成脂肪酸工业			200.0m³/t(产品)
7	湿法生产纤板工业			30.0m³/t(板)
8	制糖工业		甘蔗制糖	10.0m³/t(甘蔗)
			甜菜制糖	4.0m³/t(甜菜)
9	皮革工业		猪盐湿皮	60.0m³/t(原皮)
			牛干皮	100.0m³/t
			羊干皮	150.0m³/t
10	发酵酿造工业	酒精工业	以玉米为原料	150.0m³/t(酒精)
			以薯类为原料	100m³/t(酒精)
			以糖蜜为原料	80.0m³/t(酒)
		味精工业		600.0m³/t(味精)
		啤酒工业(排水量不包括麦芽水部分)		16.0m³/t(啤酒)
11	铬盐工业			5.0m³/t(产品)
12	硫酸工业			15.0m³/t(硫酸)
13	苎麻脱胶工业			500m³/t(原麻)或750m³/t(精干麻)
14	化纤浆粕			本色:150m³/t(浆) 漂白:240m³/t(浆)
15	粘胶纤维工业(单纯纤维)		短纤维	300m³/t(纤维)
			长纤维	800m³/t(纤维)
16	铁路货车洗刷			5.0m³/辆
17	电影胶片			5m³/1000m(35mm 的胶片)
18	石油沥青工业			冷却池的水循环利用率95%

附表 5-4　第二类污染物最高允许排放浓度

（1998 年 12 月 31 日之前建设的单位）　　　　　　　　　　mg/L

序号	污染物	适用范围	一级标准	二级标准	三级标准
1	pH 值	一切排污单位	6~9	6~9	6~9
2	色度（稀释倍数）	一切排污单位	50	80	—
3	悬浮物（SS）	采矿、选矿、选煤工业	70	300	—
		脉金选矿	70	400	—
		边远地区砂金选矿	70	800	—
		城镇二级污水处理厂	20	30	—
		其他排污单位	70	150	400
4	五日生化需氧量（BOD_5）	甘蔗制糖、芒麻脱胶、湿法纤维板、染料、洗毛工业	20	60	600
		甜菜制糖、酒精、味精、皮革、化纤浆粕工业	20	100	600
		城镇二级污水处理厂	20	30	—
		其他排污单位	20	30	300
5	化学需氧量（COD）	甜菜制糖、焦化、合成脂肪酸、湿法纤维板、染料、洗毛、有机磷农药工业	100	200	1000
		味精、酒精、医药原料药、生物制药、芒麻脱胶、皮革、化纤浆粕工业	100	300	1000
		石油化工工业（包括石油炼制）	60	130	500
		城镇二级污水处理厂	60	120	500
		其他排污单位	100	150	500
6	石油类	一切排污单位	5	10	20
7	动植物油	一切排污单位	10	15	100
8	挥发酚	一切排污单位	0.5	0.5	1.0
9	总氰化合物	其他排污单位	0.5	0.5	1.0
10	硫化物	一切排污单位	1.0	1.0	1.0
11	氨氮	医药原料药、染料、石油化工工业	15	50	
		其他排污单位	15	25	—
12	氟化物	黄磷工业	10	15	20
		低氟地区（水含氟量<0.5mg/L）	10	20	30
		其他排污单位	10	10	20

续表

序号	污染物	适用范围	一级标准	二级标准	三级标准
13	磷酸盐(以P计)	一切排污单位	0.5	1.0	—
14	甲醛	一切排污单位	1.0	2.0	5.0
15	苯胺类	一切排污单位	1.0	2.0	5.0
16	硝基苯类	一切排污单位	2.0	3.0	5.0
17	阴离子表面活性剂(LAS)	其他排污单位	5.0	10	20
18	总铜	一切排污单位	0.5	1.0	2.0
19	总锌	一切排污单位	2.0	5.0	5.0
20	总锰	合成脂肪酸工业	2.0	5.0	5.0
		其他排污单位	2.0	2.0	5.0
21	彩色显影剂	电影洗片	1.0	2.0	3.0
22	显影剂及氧化物总量	电影洗片	3.0	3.0	6.0
23	元素磷	一切排污单位	0.1	0.1	0.3
24	有机磷农药(以P计)	一切排污单位	不得检出	0.5	0.5
25	乐果	一切排污单位	不得检出	1.0	2.0
26	对硫磷	一切排污单位	不得检出	1.0	2.0
27	甲基对硫磷	一切排污单位	不得检出	1.0	2.0
28	马拉硫磷	一切排污单位	不得检出	5.0	10
29	五氯酚及五氯酚钠(以五氯酚计)	一切排污单位	5.0	8.0	10
30	可吸附有机卤化物(AOX)(以Cl计)	一切排污单位	1.0	5.0	8.0
31	三氯甲烷	一切排污单位	0.3	0.6	1.0
32	四氯甲烷	一切排污单位	0.03	0.06	0.5
33	三氯乙烯	一切排污单位	0.3	0.6	1.0
34	四氯乙烯	一切排污单位	0.1	0.2	0.5
35	苯	一切排污单位	0.1	0.2	0.5
36	甲苯	一切排污单位	0.1	0.2	0.5
37	乙苯	一切排污单位	0.4	0.6	1.0
38	邻-二甲苯	一切排污单位	0.4	0.6	1.0
39	对-二甲苯	一切排污单位	0.4	0.6	1.0
40	间-二甲苯	一切排污单位	0.4	0.6	1.0
41	氯苯	一切排污单位	0.2	0.4	1.0
42	邻-二氯苯	一切排污单位	0.4	0.6	1.0
43	对-二氯苯	一切排污单位	0.4	0.6	1.0
44	对-硝基氯苯	一切排污单位	0.5	1.0	5.0
45	2,4-二硝基氯苯	一切排污单位	0.5	1.0	5.0

序 号	污染物	适用范围	一级标准	二级标准	三级标准
46	苯酚	一切排污单位	0.3	0.4	1.0
47	间-甲酚	一切排污单位	0.1	0.2	0.5
48	2,4-二氯酚	一切排污单位	0.6	0.8	1.0
49	2,4,6-三氯酚	一切排污单位	0.6	0.8	1.0
50	邻苯二甲酸二丁脂	一切排污单位	0.2	0.4	2.0
51	邻苯二甲酸二辛脂	一切排污单位	0.3	0.6	2.0
52	丙烯腈	一切排污单位	2.0	5.0	5.0
53	总硒	一切排污单位	0.1	0.2	0.5
54	粪大肠菌群数	医院、兽医院及医疗机构含病原体污水	500 个/L	1000 个/L	5000 个/L
		传染病、结核病医院污水	100 个/L	500 个/L	1000 个/L
55	总余氯(采用氯化消毒的医院污水)	医院、兽医院及医疗机构含病原体污水	<0.5	>3(接触时间≥1h)	>2(接触时间≥1h)
		传染病、结核病医院污水	<0.5	>6.5(接触时间≥1.51h)	>5(接触时间≥1.5h)
56	总有机碳(TOC)	合成脂肪酸工业	20	40	—
		苎麻脱胶工业	20	60	—
		其他排污单位	20	30	—

附录6　地表水环境质量标准（GB 3838—2002）

附表 6-1　地表水环境质量标准基本项目标准限值　　mg/L

序号	项　目　　标准值　　分类		I类	II类	III类	IV类	V类
1	水温(℃)		人为造成的环境水温变化应限制在：周平均最大温伸≤1　周平均最大温伸≤2				
2	pH值(无量纲)		6~9				
3	溶解氧	≥	饱和率90%(或7.5)	6	5	3	2
4	高锰酸盐指数	≤	2	4	6	10	15
5	化学需氧量(COD)	≤	15	15	20	30	40
6	五日生化需氧量(BOD_5)	≤	3	3	4	6	10
7	氨氮(NH_3—N)	≤	0.15	0.5	1.0	1.5	2.0
8	总磷(以P计)	≤	0.02	0.1	0.2	0.3	0.4
9	总氮(以N计)	≤	0.2	0.5	1.0	1.5	2.0
10	铜	≤	0.01	1.0	1.0	1.0	1.0
11	锌	≤	0.05	1.0	1.0	2.0	2.0
12	氟化物(以F^-计)	≤	1.0	1.0	1.0	1.5	1.5
13	硒	≤	0.01	0.01	0.01	0.02	0.02
14	砷	≤	0.05	0.05	0.05	0.1	0.1
15	汞	≤	0.00005	0.00005	0.0001	0.001	0.001
16	镉	≤	0.001	0.005	0.005	0.005	0.01
17	铬(六价)	≤	0.01	0.05	0.05	0.05	0.1
18	铅	≤	0.01	0.01	0.05	0.05	0.1
19	氰化物	≤	0.005	0.05	0.2	0.2	0.2
20	挥发酚	≤	0.002	0.002	0.005	0.01	0.01
21	石油类	≤	0.05	0.05	0.05	0.5	1.0
22	阴离子表面活性剂	≤	0.2	0.2	0.2	0.3	0.3
23	硫化物	≤	0.05	0.1	0.2	0.5	1.0
24	粪大肠菌群/(个/L)	≤	200	2000	10000	20000	40000

附表 6-2　集中式生活饮用水地表水源地补充项目标准限值　　mg/L

序　号	项　目	标准值
1	硫酸盐(以SO_4^{2-}计)	250
2	氯化物(以Cl^-计)	250
3	硝酸盐(以N计)	10
4	铁	0.3
5	锰	0.1

水分析化学（第二版）

附表 6-3　集中式生活饮用水地表水源地特定项目标准限值　　　　　　　mg/L

序号	项　　目	标准值	序号	项　　目	标准值
1	三氯甲烷	0.06	41	丙烯酰胺	0.0005
2	四氯化碳	0.002	42	丙烯腈	0.1
3	三溴甲烷	0.1	43	邻苯二甲酸二甲酯	0.003
4	二氯甲烷	0.02	44	邻苯二甲酸(2-乙基己基)己酯	0.008
5	1，2-二氯乙烷	0.03	45	水合肼	0.01
6	环氧氯丙烷	0.02	46	四乙基铅	0.0001
7	氯乙烯	0.005	47	吡啶	0.2
8	1，1-二氯乙烯	0.03	48	松节油	0.2
9	1，2-二氯乙烯	0.05	49	苦味酸	0.5
10	三氯乙烯	0.07	50	丁基黄原酸	0.005
11	四氯乙烯	0.04	51	活性氯	0.01
12	氯丁二烯	0.002	52	滴滴涕	0.001
13	六氯丁二烯	0.0006	53	林丹	0.002
14	苯乙烯	0.02	54	环氧七氯	0.0002
15	甲醛	0.9	55	对硫磷	0.003
16	乙醛	0.05	56	甲基对硫磷	0.002
17	丙烯醛	0.1	57	马拉硫磷	0.05
18	三氯乙醛	0.01	58	乐果	0.08
19	苯	0.01	59	敌敌畏	0.05
20	甲苯	0.7	60	敌百虫	0.05
21	乙苯	0.3	61	内吸磷	0.03
22	二甲苯	0.5	62	百菌清	0.01
23	异丙苯	0.25	63	甲萘威	0.05
24	氯苯	0.3	64	溴氰菊酯	0.02
25	1，2-二氯苯	1.0	65	阿特拉津	0.003
26	1，4-二氯苯	0.3	66	苯并[a]芘	2.8×10^{-6}
27	三氯苯	0.02	67	甲基汞	1.0×10^{-6}
28	四氯苯	0.02	68	多氯联苯	2.0×10^{-6}
29	六氯苯	0.05	69	微囊藻毒素-LR(mg/L)	0.001
30	硝基苯	0.017	70	黄磷	0.003
31	二硝基苯	0.5	71	钼	0.07
32	2，4-二硝基甲苯	0.0003	72	钴	1.0
33	2，4，6-三硝基甲苯	0.5	73	铍	0.002
34	硝基氯苯	0.05	74	硼	0.5
35	2，4-二硝基氯苯	0.5	75	锑	0.005
36	2，4-二氯苯酚	0.093	76	镍	0.02
37	2，4，6-三氯苯酚	0.2	77	钡	0.7
38	五氯苯	0.009	78	钒	0.05
39	苯胺	0.1	79	钛	0.1
40	联苯胺	0.0002	80	铊	0.0001

附录 7 地下水质量标准(GB/T 14848—2017)

附表 7-1 地下水质量常规性指标及限值

序号	指　标	I 类	II 类	III 类	IV 类	V 类
	感官性状及一般化学指标					
1	色(铂钴色度单位)	≤5	≤5	≤15	≤25	>25
2	嗅和味	无	无	无	无	有
3	浑浊度(NTU)	≤3	≤3	≤3	≤10	>10
4	肉眼可见物	无	无	无	无	有
5	pH		$6.5 \leq pH \leq 8.5$		$5.5 \leq pH \leq 6.5$ $8.5 \leq pH \leq 9.0$	$pH < 5.5$ 或 $pH > 9$
6	总硬度(以 $CaCO_3$ 计)/(mg/L)	≤150	≤300	≤450	≤650	>550
7	溶解性总固体/(mg/L)	≤300	≤500	≤1000	≤2000	>2000
8	硫酸盐/(mg/L)	≤50	≤150	≤250	≤350	>350
9	氯化物/(mg/L)	≤50	≤150	≤250	≤350	>350
10	铁(Fe)/(mg/L)	≤0.1	≤0.2	≤0.3	≤2.0	>2.0
11	锰(Mn)/(mg/L)	≤0.05	≤0.05	≤0.1	≤1.5	>1.5
12	铜(Cu)/(mg/L)	≤0.01	≤0.05	≤1.0	≤1.5	>1.5
13	锌(Zn)/(mg/L)	≤0.05	≤0.5	≤1.0	≤5.0	>5.0
14	铝(Mo)/(mg/L)	≤0.01	≤0.05	≤0.2	≤0.5	>0.5
15	挥发性酚类(以苯酚计)/(mg/L)	≤0.001	≤0.001	≤0.002	≤0.01	0.01
16	阴离子合成洗涤剂/(mg/L)	不得检出	≤0.1	≤0.3	≤0.3	>0.3
17	耗氧量(COD_{Mn}法,以 O_2 计)/(mg/L)	≤1.0	≤2.0	≤3.0	≤10	>10
18	氨氮(以 N 计)/(mg/L)	≤0.02	≤0.1	≤0.2	≤0.5	>0.5
19	硫化物/(mg/L)	≤0.005	≤0.01	≤0.02	≤0.1	>0.1
20	钠/(mg/L)	≤100	≤150	≤200	≤400	>400
	微生物指标					
21	总大肠菌群/(MPN[b]/100mL 或 FU/100mL)	≤3.0	≤3.0	≤3.0	≤100	>100
22	细菌总数/(CFU/100mL)	≤100	≤100	≤100	≤1000	>1000
	毒理学指标					
23	亚硝酸盐(以 N 计)/(mg/L)	≤0.01	≤0.1	≤1.0	≤4.8	>4.8
24	硝酸盐(以 N 计)/(mg/L)	≤2.0	≤5.0	≤20	≤30	>30
25	氰化物/(mg/L)	≤0.001	≤0.01	≤0.05	≤0.1	>0.1
26	氟化物/(mg/L)	≤1.0	≤1.0	≤1.0	≤2.0	>2.0
27	碘化物/(mg/L)	≤0.04	≤0.04	≤0.08	≤0.5	>0.5
28	汞(Hg)/(mg/L)	≤0.0001	≤0.0001	≤0.001	≤0.002	>0.002
29	砷(As)/(mg/L)	≤0.001	≤0.001	≤0.01	≤0.05	>0.05
30	硒(Se)/(mg/L)	≤0.01	≤0.01	≤0.01	≤0.1	>0.1
31	镉(Cd)/(mg/L)	≤0.0001	≤0.001	≤0.005	≤0.01	>0.01
32	铬(六价)/(mg/L)	≤0.005	≤0.01	≤0.05	≤0.1	>0.1
33	铅(Pb)/(mg/L)	≤0.005	≤0.005	≤0.01	≤0.1	>0.1
34	三氯甲烷/(μg/L)	≤0.5	≤6	≤60	≤300	>300
35	四氯化碳/(μg/L)	≤0.5	≤0.5	≤2.0	≤50	>50
36	苯/(μg/L)	≤0.5	≤1.0	≤10	≤120	>120
37	甲苯/(μg/L)	≤0.5	≤140	≤700	≤1400	>1400

附录8　城镇污水处理厂排放标准（GB 18918—2002）

附表8-1　基本控制项目最高允许排放浓度（日均值）　　　　　　　　　　　　mg/L

序　号	基本项目控制		一级标准		二级标准	三级标准
			A 标准	B 标准		
1	化学需氧量（COD）		50	60	100	120
2	生化需氧量（BOD_5）		10	20	30	60
3	悬浮物（SS）		10	20	30	50
4	动植物油		1	3	5	20
5	石油类		1	3	5	15
6	阴离子表面活性剂		0.5	1	2	5
7	总氮		15	20	—	—
8	氨氮		5（8）	8（15）	25（30）	—
9	总磷（以 P 计）	2005 年 12 月 31 日前建设的	1	1.5	3	5
		2006 年 1 月 1 日起建设的	0.5	1	3	5
10	色度（稀释倍数法）		30	30	40	50
11	pH					
12	粪大肠杆菌/（个/L）		10^3	10^4	10^4	—

附表8-2　部分一类污染物最高允许排放浓度（日均值）　　　　　　　　　　　　mg/L

序　号	项　目	标准值
1	总汞	0.001
2	烷基汞	不得检出
3	总镉	0.01
4	总铬	0.1
5	六价铬	0.05
6	总砷	0.1
7	总砷	0.1

附表8-3　选择控制项目最高允许排放浓度（日均值）　　　　　　　　　　　　mg/L

序　号	选择控制项目	标准值	序　号	选择控制项目	标准值
1	总镍	0.05	23	三氯乙烯	0.3
2	总铍	0.002	24	四氯乙烯	0.1
3	总银	0.1	25	苯	0.1
4	总铜	0.5	26	甲苯	0.1

序　号	选择控制项目	标准值	序　号	选择控制项目	标　准　值
5	总锌	1.0	27	间-二甲苯	0.1
6	总锰	2.0	28	邻-二甲苯	0.1
7	总硒	0.1	29	对-二甲苯	0.1
8	苯并[a]芘	0.00003	30	乙苯	0.1
9	挥发酚	0.5	31	氯苯	0.3
10	总氰化物	0.5	32	1,4-二氯苯	0.1
11	硫化物	1.0	33	1,2-二氯苯	1.0
12	甲醛	1.0	34	对-硝基氯苯	0.5
13	苯胺类	0.5	35	2,4-二硝基氯苯	0.3
14	总硝基化合物	2.0	36	苯酚	0.1
15	有机磷农药(以P计)	0.5	37	间-甲酚	0.6
16	马拉磷酸	1.0	38	2,4,-二氯酚	0.6
17	乐果	0.5	39	2,4,6-三氯酚	0.6
18	对硫磷	0.05	40	邻苯二甲酸二丁酯	0.1
19	甲基对硫磷	0.2	41	邻苯二甲酸二辛酯	0.1
20	五氯酚	0.5	42	丙烯腈	2.0
21	三氯甲烷	0.3	43	可吸附有机卤化物(AOX)(以Cl计)	1.0
22	四氯化碳	0.03			

附录9   弱酸在水溶液中的解离常数

附表 9-1   弱酸在水溶液中的解离常数(25℃)

名　称	化学式	K_a	pK_a
偏铝酸	$HAlO_2$	6.3×10^{-13}	12.20
亚砷酸	H_3AsO_3	6.0×10^{-10}	9.22
砷酸	H_3AsO_4	$6.3 \times 10^{-3}(K_1)$	2.20
		$1.05 \times 10^{-7}(K_2)$	6.98
		$3.2 \times 10^{-12}(K_3)$	11.50
硼酸	H_3BO_3	$5.8 \times 10^{-10}(K_1)$	9.24
		$1.8 \times 10^{-13}(K_2)$	12.74
		$1.6 \times 10^{-14}(K_3)$	13.80
次溴酸	$HBrO$	2.4×10^{-9}	8.62
氢氰酸	HCN	6.2×10^{-10}	9.21
碳酸	H_2CO_3	$4.2 \times 10^{-7}(K_1)$	6.38
		$5.6 \times 10^{-11}(K_2)$	10.25
次氯酸	$HClO$	3.2×10^{-8}	7.50
氢氟酸	HF	6.61×10^{-4}	3.18
亚硝酸	HNO_2	5.1×10^{-4}	3.29
次磷酸	H_3PO_2	5.9×10^{-2}	1.23
亚磷酸	H_3PO_3	$5.0 \times 10^{-2}(K_1)$	1.30
		$2.5 \times 10^{-7}(K_2)$	6.60
磷　酸	H_3PO_4	$7.52 \times 10^{-3}(K_1)$	2.12
		$6.31 \times 10^{-8}(K_2)$	7.20
		$4.4 \times 10^{-13}(K_3)$	12.36
焦磷酸	$H_4P_2O_7$	$3.0 \times 10^{-2}(K_1)$	1.52
		$4.4 \times 10^{-3}(K_2)$	2.36
		$2.5 \times 10^{-7}(K_3)$	6.60
		$5.6 \times 10^{-10}(K_4)$	9.25
氢硫酸	H_2S	$1.3 \times 10^{-7}(K_1)$	6.88
		$7.1 \times 10^{-15}(K_2)$	14.15
亚硫酸	H_2SO_3	$1.23 \times 10^{-2}(K_1)$	1.91
		$6.6 \times 10^{-8}(K_2)$	7.18
硫　酸	H_2SO_4	$1.0 \times 10^3(K_1)$	-3.0
		$1.02 \times 10^{-2}(K_2)$	1.99
硫代硫酸	$H_2S_2O_3$	$2.52 \times 10^{-1}(K_1)$	0.60
		$1.9 \times 10^{-2}(K_2)$	1.72

续表

名　称	化学式	K_a	pK_a
硅　酸	H_2SiO_3	$1.7\times10^{-10}(K_1)$	9.77
		$1.6\times10^{-12}(K_2)$	11.80
		$1.8\times10^{-8}(K_2)$	7.74
甲　酸	$HCOOH$	1.8×10^{-4}	3.75
乙　酸	CH_3COOH	1.74×10^{-5}	4.76
草　酸	$(COOH)_2$	$5.4\times10^{-2}(K_1)$	1.27
		$5.4\times10^{-5}(K_2)$	4.27
甘氨酸	$CH_2(NH_2)COOH$	1.7×10^{-10}	9.78
丙　酸	CH_3CH_2COOH	1.35×10^{-5}	4.87
丙烯酸	$CH_2{=}CHCOOH$	5.5×10^{-5}	4.26
乳酸(丙醇酸)	$CH_3CHOHCOOH$	1.4×10^{-4}	3.86
丙二酸	$HOCOCH_2COOH$	$1.4\times10^{-3}(K_1)$	2.85
		$2.2\times10^{-6}(K_2)$	5.66
丙酮酸	$CH_3COCOOH$	3.2×10^{-3}	2.49
α-丙胺酸	CH_3CHNH_2COOH	1.35×10^{-10}	9.87
β-丙胺酸	$CH_2NH_2CH_2COOH$	4.4×10^{-11}	10.36
正丁酸	$CH_3(CH_2)_2COOH$	1.52×10^{-5}	4.82
异丁酸	$(CH_3)_2CHCOOH$	1.41×10^{-5}	4.85
酒石酸	$HOCOCH(OH)CH(OH)COOH$	$1.04\times10^{-3}(K_1)$	2.98
		$4.55\times10^{-5}(K_2)$	4.34
正戊酸	$CH_3(CH_2)_3COOH$	1.4×10^{-5}	4.86
异戊酸	$(CH_3)_2CHCH_2COOH$	1.67×10^{-5}	4.78
正己酸	$CH_3(CH_2)_4COOH$	1.39×10^{-5}	4.86
异己酸	$(CH_3)_2CH(CH_2)_3{-}COOH$	1.43×10^{-5}	4.85
柠檬酸	$HOCOCH_2C(OH)(COOH)CH_2COOH$	$7.4\times10^{-4}(K_1)$	3.13
		$1.7\times10^{-5}(K_2)$	4.76
		$4.0\times10^{-7}(K_3)$	6.40
苯　酚	C_6H_5OH	1.1×10^{-10}	9.96
葡萄糖酸	$CH_2OH(CHOH)_4COOH$	1.4×10^{-4}	3.86
苯甲酸	C_6H_5COOH	6.3×10^{-5}	4.20
水杨酸	$C_6H_4(OH)COOH$	$1.05\times10^{-3}(K_1)$	2.98
		$4.17\times10^{-13}(K_2)$	12.38
		$4.0\times10^{-6}(K_2)$	5.40
乙二胺四乙酸(EDTA)	$\begin{array}{l}CH_2{-}N(CH_2COOH)_2\\|\\CH_2{-}N(CH_2COOH)_2\end{array}$	$1.0\times10^{-2}(K_1)$	2.0
		$2.14\times10^{-3}(K_2)$	2.67
		$6.92\times10^{-7}(K_3)$	6.16
		$5.5\times10^{-11}(K_4)$	10.26

附录 10　弱碱在水溶液中的解离常数

附表 10-1　弱碱在水溶液中的解离常数(25℃)

名　称	化学式	K_b	pK_b
氢氧化铝	$Al(OH)_3$	$1.38 \times 10^{-9}(K_3)$	8.86
氢氧化银	$AgOH$	1.10×10^{-4}	3.96
氢氧化钙	$Ca(OH)_2$	3.72×10^{-3}	2.43
		3.98×10^{-2}	1.40
氨水	NH_3+H_2O	1.78×10^{-5}	4.75
肼(联氨)	$N_2H_4+H_2O$	$9.55 \times 10^{-7}(K_1)$	6.02
		$1.26 \times 10^{-15}(K_2)$	14.9
羟氨	NH_2OH+H_2O	9.12×10^{-9}	8.04
氢氧化铅	$Pb(OH)_2$	$9.55 \times 10^{-4}(K_1)$	3.02
		$3.0 \times 10^{-8}(K_2)$	7.52
氢氧化锌	$Zn(OH)_2$	9.55×10^{-4}	3.02
甲胺	CH_3NH_2	4.17×10^{-4}	3.38
尿素(脲)	$CO(NH_2)_2$	1.5×10^{-14}	13.82
乙胺	$CH_3CH_2NH_2$	4.27×10^{-4}	3.37
乙醇胺	$H_2N(CH_2)_2OH$	3.16×10^{-5}	4.50
乙二胺	$H_2N(CH_2)_2NH_2$	$8.51 \times 10^{-5}(K_1)$	4.07
		$7.08 \times 10^{-8}(K_2)$	7.15
二甲胺	$(CH_3)_2NH$	5.89×10^{-4}	3.23
三甲胺	$(CH_3)_3N$	6.31×10^{-5}	4.20
三乙胺	$(C_2H_5)_3N$	5.25×10^{-4}	3.28
丙胺	$C_3H_7NH_2$	3.70×10^{-4}	3.432
异丙胺	$i\text{-}C_3H_7NH_2$	4.37×10^{-4}	3.36
三丙胺	$(CH_3CH_2CH_2)_3N$	4.57×10^{-4}	3.34
三乙醇胺	$(HOCH_2CH_2)_3N$	5.75×10^{-7}	6.24
丁胺	$C_4H_9NH_2$	4.37×10^{-4}	3.36
异丁胺	$C_4H_9NH_2$	2.57×10^{-4}	3.59
叔丁胺	$C_4H_9NH_2$	4.84×10^{-4}	3.315
己胺	$H(CH_2)_6NH_2$	4.37×10^{-4}	3.36
辛胺	$H(CH_2)_8NH_2$	4.47×10^{-4}	3.35
苯胺	$C_6H_5NH_2$	3.98×10^{-10}	9.40
苄胺	C_7H_9N	2.24×10^{-5}	4.65
环己胺	$C_6H_{11}NH_2$	4.37×10^{-4}	3.36
吡啶	C_5H_5N	1.48×10^{-9}	8.83

名　　称	化　学　式	K_b	pK_b
六亚甲基四胺	$(CH_2)_6N_4$	1.35×10^{-9}	8.87
2-氯酚	C_6H_5ClO	3.55×10^{-6}	5.45
3-氯酚	C_6H_5ClO	1.26×10^{-5}	4.90
4-氯酚	C_6H_5ClO	2.69×10^{-5}	4.57
邻甲苯胺	$(o)CH_3C_6H_4NH_2$	2.82×10^{-10}	9.55
间甲苯胺	$(m)CH_3C_6H_4NH_2$	5.13×10^{-10}	9.29
对甲苯胺	$(p)CH_3C_6H_4NH_2$	1.20×10^{-9}	8.92
8-羟基喹啉(20℃)	$8-HO—C_9H_6N$	6.5×10^{-5}	4.19
二苯胺	$(C_6H_5)_2NH$	7.94×10^{-14}	13.1
联苯胺	$H_2NC_6H_4C_6H_4NH_2$	$5.01\times10^{-10}(K_1)$	9.30
		$4.27\times10^{-11}(K_2)$	10.37

附录11 金属-无机配位体配合物的稳定常数

附表 11-1 金属-无机配位体配合物的稳定常数(25℃, $I=0$)

配位体	金属离子	配位体数目 n	$\lg\beta_n$
NH₃	Ag^+	1, 2	3.24, 7.05
	Au^{3+}	4	10.3
	Cd^{2+}	1, 2, 3, 4, 5, 6	2.65, 4.75, 6.19, 7.12, 6.80, 5.14
	Co^{2+}	1, 2, 3, 4, 5, 6	2.11, 3.74, 4.79, 5.55, 5.73, 5.11
	Co^{3+}	1, 2, 3, 4, 5, 6	6.7, 14.0, 20.1, 25.7, 30.8, 35.2
	Cu^+	1, 2	5.93, 10.86
	Cu^{2+}	1, 2, 3, 4, 5	4.31, 7.98, 11.02, 13.32, 12.86
	Fe^{2+}	1, 2	1.4, 2.2
	Hg^{2+}	1, 2, 3, 4	8.8, 17.5, 18.5, 19.28
	Mn^{2+}	1, 2	0.8, 1.3
	Ni^{2+}	1, 2, 3, 4, 5, 6	2.80, 5.04, 6.77, 7.96, 8.71, 8.74
	Pd^{2+}	1, 2, 3, 4	9.6, 18.5, 26.0, 32.8
	Pt^{2+}	6	35.3
	Zn^{2+}	1, 2, 3, 4	2.37, 4.81, 7.31, 9.46
Br⁻	Ag^+	1, 2, 3, 4	4.38, 7.33, 8.00, 8.73
	Bi^{3+}	1, 2, 3, 4, 5, 6	2.37, 4.20, 5.90, 7.30, 8.20, 8.30
	Cd^{2+}	1, 2, 3, 4	1.75, 2.34, 3.32, 3.70,
	Ce^{3+}	1	0.42
	Cu^+	2	5.89
	Cu^{2+}	1	0.30
	Hg^{2+}	1, 2, 3, 4	9.05, 17.32, 19.74, 21.00
	In^{3+}	1, 2	1.30, 1.88
	Pb^{2+}	1, 2, 3, 4	1.77, 2.60, 3.00, 2.30
	Pd^{2+}	1, 2, 3, 4	5.17, 9.42, 12.70, 14.90
	Sc^{3+}	1, 2	2.08, 3.08
	Sn^{2+}	1, 2, 3	1.11, 1.81, 1.46
	Tl^{3+}	1, 2, 3, 4, 5, 6	9.7, 16.6, 21.2, 23.9, 29.2, 31.6
	U^{4+}	1	0.18
	Y^{3+}	1	1.32
Cl⁻	Ag^+	1, 2, 4	3.04, 5.04, 5.30
	Bi^{3+}	1, 2, 3, 4	2.44, 4.7, 5.0, 5.6
	Cd^{2+}	1, 2, 3, 4	1.95, 2.50, 2.60, 2.80
	Co^{3+}	1	1.42

配 位 体	金属离子	配位体数目 n	$\lg\beta_n$
	Cu^+	2, 3	5.5, 5.7
	Cu^{2+}	1, 2	0.1, -0.6
	Fe^{2+}	1	1.17
	Fe^{3+}	2	9.8
	Hg^{2+}	1, 2, 3, 4	6.74, 13.22, 14.07, 15.07
	In^{3+}	1, 2, 3, 4	1.62, 2.44, 1.70, 1.60
	Pb^{2+}	1, 2, 3	1.42, 2.23, 3.23
Cl^-	Pd^{2+}	1, 2, 3, 4	6.1, 10.7, 13.1, 15.7
	Pt^{2+}	2, 3, 4	11.5, 14.5, 16.0
	Sb^{3+}	1, 2, 3, 4	2.26, 3.49, 4.18, 4.72
	Sn^{2+}	1, 2, 3, 4	1.51, 2.24, 2.03, 1.48
	Tl^{3+}	1, 2, 3, 4	8.14, 13.60, 15.78, 18.00
	Th^{4+}	1, 2	1.38, 0.38
	Zn^{2+}	1, 2, 3, 4	0.43, 0.61, 0.53, 0.20
	Zr^{4+}	1, 2, 3, 4	0.9, 1.3, 1.5, 1.2
	Ag^+	2, 3, 4	21.1, 21.7, 20.6
	Au^+	2	38.3
	Cd^{2+}	1, 2, 3, 4	5.48, 10.60, 15.23, 18.78
	Cu^+	2, 3, 4	24.0, 28.59, 30.30
CN^-	Fe^{2+}	6	35.0
	Fe^{3+}	6	42.0
	Hg^{2+}	4	41.4
	Ni^{2+}	4	31.3
	Zn^{2+}	1, 2, 3, 4	5.3, 11.70, 16.70, 21.60
	Al^{3+}	1, 2, 3, 4, 5, 6	6.11, 11.12, 15.00, 18.00, 19.40, 19.80
	Be^{2+}	1, 2, 3, 4	4.99, 8.80, 11.60, 13.10
	Bi^{3+}	1	1.42
	Co^{2+}	1	0.4
	Cr^{3+}	1, 2, 3	4.36, 8.70, 11.20
	Cu^{2+}	1	0.9
F^-	Fe^{2+}	1	0.8
	Fe^{3+}	1, 2, 3, 5	5.28, 9.30, 12.06, 15.77
	Ga^{3+}	1, 2, 3	4.49, 8.00, 10.50
	Hf^{4+}	1, 2, 3, 4, 5, 6	9.0, 16.5, 23.1, 28.8, 34.0, 38.0
	Hg^{2+}	1	1.03
	In^{3+}	1, 2, 3, 4	3.70, 6.40, 8.60, 9.80

配位体	金属离子	配位体数目 n	$\lg\beta_n$
F⁻	Mg^{2+}	1	1.30
	Mn^{2+}	1	5.48
	Ni^{2+}	1	0.50
	Pb^{2+}	1, 2	1.44, 2.54
	Sb^{3+}	1, 2, 3, 4	3.0, 5.7, 8.3, 10.9
	Sn^{2+}	1, 2, 3	4.08, 6.68, 9.50
	Th^{4+}	1, 2, 3, 4	8.44, 15.08, 19.80, 23.20
	TiO^{2+}	1, 2, 3, 4	5.4, 9.8, 13.7, 18.0
	Zn^{2+}	1	0.78
	Zr^{4+}	1, 2, 3, 4, 5, 6	9.4, 17.2, 23.7, 29.5, 33.5, 38.3
I⁻	Ag^+	1, 2, 3	6.58, 11.74, 13.68
	Bi^{3+}	1, 4, 5, 6	3.63, 14.95, 16.80, 18.80
	Cd^{2+}	1, 2, 3, 4	2.10, 3.43, 4.49, 5.41
	Cu^+	2	8.85
	Fe^{3+}	1	1.88
	Hg^{2+}	1, 2, 3, 4	12.87, 23.82, 27.60, 29.83
	Pb^{2+}	1, 2, 3, 4	2.00, 3.15, 3.92, 4.47
	Pd^{2+}	4	24.5
	Tl^+	1, 2, 3	0.72, 0.90, 1.08
	Tl^{3+}	1, 2, 3, 4	11.41, 20.88, 27.60, 31.82
OH⁻	Ag^+	1, 2	2.0, 3.99
	Al^{3+}	1, 4	9.27, 33.03
	As^{3+}	1, 2, 3, 4	14.33, 18.73, 20.60, 21.20
	Be^{2+}	1, 2, 3	9.7, 14.0, 15.2
	Bi^{3+}	1, 2, 4	12.7, 15.8, 35.2
	Ca^{2+}	1	1.3
	Cd^{2+}	1, 2, 3, 4	4.17, 8.33, 9.02, 8.62
	Ce^{3+}	1	4.6
	Ce^{4+}	1, 2	13.28, 26.46
	Co^{2+}	1, 2, 3, 4	4.3, 8.4, 9.7, 10.2
	Cr^{3+}	1, 2, 4	10.1, 17.8, 29.9
	Cu^{2+}	1, 2, 3, 4	7.0, 13.68, 17.00, 18.5
	Fe^{2+}	1, 2, 3, 4	5.56, 9.77, 9.67, 8.58
	Fe^{3+}	1, 2, 3	11.87, 21.17, 29.67
	Hg^{2+}	1, 2, 3	10.6, 21.8, 20.9
	In^{3+}	1, 2, 3, 4	10.0, 20.2, 29.6, 38.9

配位体	金属离子	配位体数目 n	$\lg\beta_n$
OH⁻	Mg^{2+}	1	2.58
	Mn^{2+}	1, 3	3.9, 8.3
	Ni^{2+}	1, 2, 3	4.97, 8.55, 11.33
	Pa^{4+}	1, 2, 3, 4	14.04, 27.84, 40.7, 51.4
	Pb^{2+}	1, 2, 3	7.82, 10.85, 14.58
	Pd^{2+}	1, 2	13.0, 25.8
	Sb^{3+}	2, 3, 4	24.3, 36.7, 38.3
	Sc^{3+}	1	8.9
	Sn^{2+}	1	10.4
	Th^{3+}	1, 2	12.86, 25.37
	Ti^{3+}	1	12.71
	Zn^{2+}	1, 2, 3, 4	4.40, 11.30, 14.14, 17.66
	Zr^{4+}	1, 2, 3, 4	14.3, 28.3, 41.9, 55.3
NO_3^-	Ba^{2+}	1	0.92
	Bi^{3+}	1	1.26
	Ca^{2+}	1	0.28
	Cd^{2+}	1	0.40
	Fe^{3+}	1	1.0
	Hg^{2+}	1	0.35
	Pb^{2+}	1	1.18
	Tl^+	1	0.33
	Tl^{3+}	1	0.92
$P_2O_7^{4-}$	Ba^{2+}	1	4.6
	Ca^{2+}	1	4.6
	Cd^{3+}	1	5.6
	Co^{2+}	1	6.1
	Cu^{2+}	1, 2	6.7, 9.0
	Hg^{2+}	2	12.38
	Mg^{2+}	1	5.7
	Ni^{2+}	1, 2	5.8, 7.4
	Pb^{2+}	1, 2	7.3, 10.15
	Zn^{2+}	1, 2	8.7, 11.0
SCN⁻	Ag^+	1, 2, 3, 4	4.6, 7.57, 9.08, 10.08
	Bi^{3+}	1, 2, 3, 4, 5, 6	1.67, 3.00, 4.00, 4.80, 5.50, 6.10
	Cd^{2+}	1, 2, 3, 4	1.39, 1.98, 2.58, 3.6
	Cr^{3+}	1, 2	1.87, 2.98

配位体	金属离子	配位体数目 n	$\lg\beta_n$
SCN$^-$	Cu$^+$	1, 2	12.11, 5.18
	Cu^{2+}	1, 2	1.90, 3.00
	Fe^{3+}	1, 2, 3, 4, 5, 6	2.21, 3.64, 5.00, 6.30, 6.20, 6.10
	Hg^{2+}	1, 2, 3, 4	9.08, 16.86, 19.70, 21.70
	Ni^{2+}	1, 2, 3	1.18, 1.64, 1.81
	Pb^{2+}	1, 2, 3	0.78, 0.99, 1.00
	Sn^{2+}	1, 2, 3	1.17, 1.77, 1.74
	Th^{4+}	1, 2	1.08, 1.78
	Zn^{2+}	1, 2, 3, 4	1.33, 1.91, 2.00, 1.60
S$_2$O$_3^{2-}$	Ag$^+$	1, 2	8.82, 13.46
	Cd^{2+}	1, 2	3.92, 6.44
	Cu$^+$	1, 2, 3	10.27, 12.22, 13.84
	Fe^{3+}	1	2.10
	Hg^{2+}	2, 3, 4	29.44, 31.90, 33.24
	Pb^{2+}	2, 3	5.13, 6.35
SO$_4^{2-}$	Ag$^+$	1	1.3
	Ba^{2+}	1	2.7
	Bi^{3+}	1, 2, 3, 4, 5	1.98, 3.41, 4.08, 4.34, 4.60
	Fe^{3+}	1, 2	4.04, 5.38
	Hg^{2+}	1, 2	1.34, 2.40
	In^{3+}	1, 2, 3	1.78, 1.88, 2.36
	Ni^{2+}	1	2.4
	Pb^{2+}	1	2.75
	Pr^{3+}	1, 2	3.62, 4.92
	Th^{4+}	1, 2	3.32, 5.50
	Zr^{4+}	1, 2, 3	3.79, 6.64, 7.77

附录 12　难溶化合物的溶度积常数

附表 12-1　难溶化合物的溶度积常数

分 子 式	K_{sp}	pK_{sp}
Ag_3AsO_4	1.0×10^{-22}	22.0
$AgBr$	5.0×10^{-13}	12.3
$AgBrO_3$	5.50×10^{-5}	4.26
$AgCl$	1.8×10^{-10}	9.75
$AgCN$	1.2×10^{-16}	15.92
Ag_2CO_3	8.1×10^{-12}	11.09
$Ag_2C_2O_4$	3.5×10^{-11}	10.46
$Ag_2Cr_2O_4$	1.2×10^{-12}	11.92
$Ag_2Cr_2O_7$	2.0×10^{-7}	6.70
AgI	8.3×10^{-17}	16.08
$AgIO_3$	3.1×10^{-8}	7.51
$AgOH$	2.0×10^{-8}	7.71
Ag_3PO_4	1.4×10^{-16}	15.84
Ag_2S	6.3×10^{-50}	49.2
$AgSCN$	1.0×10^{-12}	12.00
Ag_2SO_3	1.5×10^{-14}	13.82
Ag_2SO_4	1.4×10^{-5}	4.84
$Al(OH)_3$	4.57×10^{-33}	32.34
$AlPO_4$	6.3×10^{-19}	18.24
Al_2S_3	2.0×10^{-7}	6.7
$Au(OH)_3$	5.5×10^{-46}	45.26
$AuCl_3$	3.2×10^{-25}	24.5
AuI_3	1.0×10^{-46}	46.0
$Ba_3(AsO_4)_2$	8.0×10^{-51}	50.1
$BaCO_3$	5.1×10^{-9}	8.29
BaC_2O_4	1.6×10^{-7}	6.79
$BaCrO_4$	1.2×10^{-10}	9.93
$Ba_3(PO_4)_2$	3.4×10^{-23}	22.44
$BaSO_4$	1.1×10^{-10}	9.96
$Be(OH)_2$	1.6×10^{-22}	21.8
$Bi(OH)_3$	4.0×10^{-31}	30.4
$CaCO_3$	2.8×10^{-9}	8.54
$CaC_2O_4\cdot H_2O$	4.0×10^{-9}	8.4

分 子 式	K_{sp}	pK_{sp}
CaF_2	2.7×10^{-11}	10.57
$Ca(OH)_2$	5.5×10^{-6}	5.26
$Ca_3(PO_4)_2$	2.0×10^{-29}	28.70
$CaSO_4$	3.16×10^{-7}	5.04
$CaSiO_3$	2.5×10^{-8}	7.60
$CdCO_3$	5.2×10^{-12}	11.28
$CdC_2O_4 \cdot 3H_2O$	9.1×10^{-8}	7.04
$Cd_3(PO_4)_2$	2.5×10^{-33}	32.6
CdS	8.0×10^{-27}	26.1
$CoCO_3$	1.4×10^{-13}	12.84
CoC_2O_4	6.3×10^{-8}	7.2
$Co(OH)_2(新沉淀)$	1.58×10^{-15}	14.8
$Cr(OH)_3$	6.3×10^{-31}	30.2
$CuBr$	5.3×10^{-9}	8.28
$CuCl$	1.2×10^{-6}	5.92
$CuCN$	3.2×10^{-20}	19.49
$CuCO_3$	2.34×10^{-10}	9.63
CuI	1.1×10^{-12}	11.96
$Cu(OH)_2$	4.8×10^{-20}	19.32
$Cu_3(PO_4)_2$	1.3×10^{-37}	36.9
Cu_2S	2.5×10^{-48}	47.6
CuS	6.3×10^{-36}	35.2
$FeCO_3$	3.2×10^{-11}	10.50
$Fe(OH)_2$	8.0×10^{-16}	15.1
$Fe(OH)_3$	4.0×10^{-38}	37.4
$FePO_4$	1.3×10^{-22}	21.89
FeS	6.3×10^{-18}	17.2
Hg_2Br_2	5.6×10^{-23}	22.24
Hg_2Cl_2	1.3×10^{-18}	17.88
HgC_2O_4	1.0×10^{-7}	7.0
Hg_2CO_3	8.9×10^{-17}	16.05
$Hg_2(CN)_2$	5.0×10^{-40}	39.3
Hg_2CrO_4	2.0×10^{-9}	8.70
Hg_2I_2	4.5×10^{-29}	28.35
HgI_2	2.82×10^{-29}	28.55
$Hg_2(OH)_2$	2.0×10^{-24}	23.7

续表

分 子 式	K_{sp}	pK_{sp}
HgS(红)	4.0×10^{-53}	52.4
HgS(黑)	1.6×10^{-52}	51.8
$MgCO_3$	3.5×10^{-8}	7.46
$MgCO_3 \cdot 3H_2O$	2.14×10^{-5}	4.67
$Mg(OH)_2$	1.8×10^{-11}	10.74
$Mg_3(PO_4)_2 \cdot 8H_2O$	6.31×10^{-26}	25.2
$MnCO_3$	1.8×10^{-11}	10.74
$Mn(IO_3)_2$	4.37×10^{-7}	6.36
$Mn(OH)_4$	1.9×10^{-13}	12.72
MnS(粉红)	2.5×10^{-10}	9.6
MnS(绿)	2.5×10^{-13}	12.6
$NiCO_3$	6.6×10^{-9}	8.18
NiC_2O_4	4.0×10^{-10}	9.4
$Ni(OH)_2$(新)	2.0×10^{-15}	14.7
$Ni_3(PO_4)_2$	5.0×10^{-31}	30.3
$\alpha-NiS$	3.2×10^{-19}	18.5
$\beta-NiS$	1.0×10^{-24}	24.0
$\gamma-NiS$	2.0×10^{-26}	25.7
$PbBr_2$	4.0×10^{-5}	4.41
$PbCl_2$	1.6×10^{-5}	4.79
$PbCO_3$	7.4×10^{-14}	13.13
$PbCrO_4$	1.77×10^{-14}	13.43
PbF_2	2.7×10^{-8}	7.57
$Pb(OH)_2$	1.2×10^{-15}	14.93
$Pb(OH)_4$	3.2×10^{-66}	65.49
$Pb_3(PO_4)_3$	8.0×10^{-43}	42.10
PbS	1.0×10^{-28}	28.00
$PbSO_4$	1.6×10^{-8}	7.79
$Pd(OH)_2$	1.0×10^{-31}	31.0
$Pd(OH)_4$	6.3×10^{-71}	70.2
PdS	2.03×10^{-58}	57.69
$Pt(OH)_2$	1.0×10^{-35}	35.0
$Sm(OH)_3$	8.2×10^{-23}	22.08
$Sn(OH)_2$	1.4×10^{-28}	27.85
$Sn(OH)_4$	1.0×10^{-56}	56.0
SnS	1.0×10^{-25}	25.0

续表

分　子　式	K_{sp}	pK_{sp}
$SrCO_3$	1.1×10^{-10}	9.96
$SrC_2O_4 \cdot H_2O$	1.6×10^{-7}	6.80
SrF_2	2.5×10^{-9}	8.61
$SrSO_4$	3.2×10^{-7}	6.49
$Zn_3(AsO_4)_2$	1.3×10^{-28}	27.89
$ZnCO_3$	1.4×10^{-11}	10.84
$Zn(OH)_2$	2.09×10^{-16}	15.68
$Zn_3(PO_4)_2$	9.0×10^{-33}	32.04
$\alpha-ZnS$	1.6×10^{-24}	23.8
$\beta-ZnS$	2.5×10^{-22}	21.6
$ZrO(OH)_2$	6.3×10^{-49}	48.2

附录 13 标准电极电位表

附表 13-1 标准电极电位表

半 反 应	E^0/V
$F_2(气) + 2H^+ + 2e \Longrightarrow 2HF$	3.06
$O_3 + 2H^+ + 2e \Longrightarrow O_2 + 2H_2O$	2.07
$S_2O_8^{2-} + 2e \Longrightarrow 2SO_4^{2-}$	2.01
$H_2O_2 + 2H^+ + 2e \Longrightarrow 2H_2O$	1.77
$MnO_4^- + 4H^+ + 3e \Longrightarrow MnO_2(固) + 2H_2O$	1.695
$PbO_2(固) + SO_4^{2-} + 4H^+ + 2e \Longrightarrow PbSO_4(固) + 2H_2O$	1.685
$HClO_2 + H^+ + e \Longrightarrow HClO + H_2O$	1.64
$HClO + H^+ + e \Longrightarrow 1/2\ Cl_2 + H_2O$	1.63
$Ce^{4+} + e \Longrightarrow Ce^{3+}$	1.61
$H_5IO_6 + H^+ + 2e \Longrightarrow IO_3^- + 3H_2O$	1.60
$HBrO + H^+ + e \Longrightarrow 1/2\ Br_2 + H_2O$	1.59
$BrO_3^- + 6H^+ + 5e \Longrightarrow 1/2\ Br_2 + 3H_2O$	1.52
$MnO_4^- + 8H^+ + 5e \Longrightarrow Mn^{2+} + 4H_2O$	1.51
$Au(III) + 3e \Longrightarrow Au$	1.50
$HClO + H^+ + 2e \Longrightarrow Cl^- + H_2O$	1.49
$ClO_3^- + 6H^+ + 5e \Longrightarrow 1/2\ Cl_2 + 3H_2O$	1.47
$PbO_2(固) + 4H^+ + 2e \Longrightarrow Pb^{2+} + 2H_2O$	1.455
$HIO + H^+ + e \Longrightarrow 1/2\ I_2 + H_2O$	1.45
$ClO_3^- + 6H^+ + 6e \Longrightarrow Cl^- + 3H_2O$	1.45
$BrO_3^- + 6H^+ + 6e \Longrightarrow Br^- + 3H_2O$	1.44
$Au(III) + 2e \Longrightarrow Au(I)$	1.41
$Cl_2(气) + 2e \Longrightarrow 2Cl$	1.3595
$ClO_4^- + 8H^+ + 7e \Longrightarrow 1/2\ Cl_2 + 4H_2O$	1.34
$Cr_2O_7^{2-} + 14H^+ + 6e \Longrightarrow 2Cr^{3+} + 7H_2O$	1.33
$MnO_2(固) + 4H^+ + 2e \Longrightarrow Mn^{2+} + 2H_2O$	1.23
$O_2(气) + 4H^+ + 4e \Longrightarrow 2H_2O$	1.229
$IO_3^- + 6H^+ + 5e \Longrightarrow 1/2\ I_2 + 3H_2O$	1.20
$ClO_4^- + 2H^+ + 2e \Longrightarrow ClO_3^- + H_2O$	1.19
$Br_2(水) + 2e \Longrightarrow 2Br^-$	1.087
$NO_2 + H^+ + e \Longrightarrow HNO_2$	1.07
$Br_3^- + 2e \Longrightarrow 3Br^-$	1.05
$HNO_2 + H^+ + e \Longrightarrow NO(气) + H_2O$	1.00
$VO_2^+ + 2H^+ + e \Longrightarrow VO^{2+} + H_2O$	1.00

半　反　应	E^0/V
$HIO + H^+ + 2e = I^- + H_2O$	0.99
$NO_3^- + 3H^+ + 2e = HNO_2 + H_2O$	0.94
$ClO^- + H_2O + 2e = Cl^- + 2OH^-$	0.89
$H_2O_2 + 2e = 2OH^-$	0.88
$Cu^{2+} + I^- + e = CuI(固)$	0.86
$Hg^{2+} + 2e = Hg$	0.845
$NO_3^- + 2H^+ + e = NO_2 + H_2O$	0.80
$Ag^+ + e = Ag$	0.7995
$Hg_2^{2+} + 2e = 2Hg$	0.793
$Fe^{3+} + e = Fe^{2+}$	0.771
$BrO^- + H_2O + 2e = Br^- + 2OH^-$	0.76
$O_2(气) + 2H^+ + 2e = H_2O_2$	0.682
$AsO_8^- + 2H_2O + 3e = As + 4OH^-$	0.68
$2HgCl_2 + 2e = Hg_2Cl_2(固) + 2Cl^-$	0.63
$Hg_2SO_4(固) + 2e = 2Hg + SO_4^{2-}$	0.6151
$MnO_4^- + 2H_2O + 3e = MnO_2 + 4OH^-$	0.588
$MnO_4^- + e = MnO_4^{2-}$	0.564
$H_3AsO_4 + 2H^+ + 2e = HAsO_2 + 2H_2O$	0.559
$I_3^- + 2e = 3I^-$	0.545
$I_2(固) + 2e = 2I^-$	0.5345
$Mo(VI) + e = Mo(V)$	0.53
$Cu^+ + e = Cu$	0.52
$4SO_2(水) + 4H^+ + 6e = S_4O_6^{2-} + 2H_2O$	0.51
$HgCl_4^{2-} + 2e = Hg + 4Cl^-$	0.48
$2SO_2(水) + 2H^+ + 4e = S_2O_3^{2-} + H_2O$	0.40
$Fe(CN)_6^{3-} + e = Fe(CN)_6^{4-}$	0.36
$Cu^{2+} + 2e = Cu$	0.337
$VO^{2+} + 2H^+ + 2e = V^{3+} + H_2O$	0.337
$BiO^+ + 2H^+ + 3e = Bi + H_2O$	0.32
$Hg_2Cl_2(固) + 2e = 2Hg + 2Cl^-$	0.2676
$HAsO_2 + 3H^+ + 3e = As + 2H_2O$	0.248
$AgCl(固) + e = Ag + Cl^-$	0.2223
$SbO^+ + 2H^+ + 3e = Sb + H_2O$	0.212
$SO_4^{2-} + 4H^+ + 2e = SO_2(水) + H_2O$	0.17
$Cu^{2+} + e = Cu^-$	0.519
$Sn^{4+} + 2e = Sn^{2+}$	0.154

续表

半 反 应	E^0/V
$S + 2H^+ + 2e \rightleftharpoons H_2S(气)$	0.141
$Hg_2Br_2 + 2e \rightleftharpoons 2Hg + 2Br^-$	0.1395
$TiO^{2+} + 2H^+ + e \rightleftharpoons Ti^{3+} + H_2O$	0.1
$S_4O_6^{2-} + 2e \rightleftharpoons 2S_2O_3^-$	0.08
$AgBr(固) + e \rightleftharpoons Ag + Br^-$	0.071
$2H^+ + 2e \rightleftharpoons H_2$	0.000
$O_2 + H_2O + 2e \rightleftharpoons HO_2^- + OH^-$	−0.067
$TiOCl^+ + 2H^+ + 3Cl^- + e \rightleftharpoons TiCl_4^- + H_2O$	−0.09
$Pb^{2+} + 2e \rightleftharpoons Pb$	−0.126
$Sn^{2+} + 2e \rightleftharpoons Sn$	−0.136
$AgI(固) + e \rightleftharpoons Ag + I^-$	−0.152
$Ni^{2+} + 2e \rightleftharpoons Ni$	−0.246
$H_3PO_4 + 2H^+ + 2e \rightleftharpoons H_3PO_3 + H_2O$	−0.276
$Co^{2+} + 2e \rightleftharpoons Co$	−0.277
$Tl^+ + e \rightleftharpoons Tl$	−0.3360
$In^{3+} + 3e \rightleftharpoons In$	−0.345
$PbSO_4(固) + 2e \rightleftharpoons Pb + SO_4^{2-}$	0.3553
$SeO_3^{2-} + 3H_2O + 4e \rightleftharpoons Se + 6OH^-$	−0.366
$As + 3H^+ + 3e \rightleftharpoons AsH_3$	−0.38
$Se + 2H^+ + 2e \rightleftharpoons H_2Se$	−0.40
$Cd^{2+} + 2e \rightleftharpoons Cd$	−0.403
$Cr^{3+} + e \rightleftharpoons Cr^{2+}$	−0.41
$Fe^{2+} + 2e \rightleftharpoons Fe$	−0.440
$S + 2e \rightleftharpoons S^{2-}$	−0.48
$2CO_2 + 2H^+ + 2e \rightleftharpoons H_2C_2O_4$	−0.49
$H_3PO_3 + 2H^+ + 2e \rightleftharpoons H_3PO_2 + H_2O$	−0.50
$Sb + 3H^+ + 3e \rightleftharpoons SbH_3$	−0.51
$HPbO_2^- + H_2O + 2e \rightleftharpoons Pb + 3OH^-$	−0.54
$Ga^{3+} + 3e \rightleftharpoons Ga$	−0.56
$TeO_3^{2-} + 3H_2O + 4e \rightleftharpoons Te + 6OH^-$	−0.57
$2SO_3^{2-} + 3H_2O + 4e \rightleftharpoons S_2O_3^{2-} + 6OH^-$	−0.58
$SO_3^{2-} + 3H_2O + 4e \rightleftharpoons S + 6OH^-$	−0.66
$AsO_4^{3-} + 2H_2O + 2e \rightleftharpoons AsO_2^- + 4OH^-$	−0.67
$Ag_2S(固) + 2e \rightleftharpoons 2Ag + S^{2-}$	−0.69
$Zn^{2+} + 2e \rightleftharpoons Zn$	−0.763
$2H_2O + 2e \rightleftharpoons H_2 + 2OH^-$	−8.28

续表

半 反 应	E^0/V
$Cr^{2+} + 2e \Longrightarrow Cr$	−0.91
$HSnO_2^- + H_2O + 2e \Longrightarrow Sn^- + 3OH^-$	−0.91
$Se + 2e \Longrightarrow Se^{2-}$	−0.92
$Sn(OH)_6^{2-} + 2e \Longrightarrow HSnO_2^- + H_2O + 3OH^-$	−0.93
$CNO^- + H_2O + 2e \Longrightarrow CN^- + 2OH^-$	−0.97
$Mn^{2+} + 2e \Longrightarrow Mn$	−1.182
$ZnO_2^{2-} + 2H_2O + 2e \Longrightarrow Zn + 4OH^-$	−1.216
$Al^{3+} + 3e \Longrightarrow Al$	−1.66
$H_2AlO_3^- + H_2O + 3e \Longrightarrow Al + 4OH^-$	−2.35
$Mg^{2+} + 2e \Longrightarrow Mg$	−2.37
$Na^+ + e \Longrightarrow Na$	−2.71
$Ca^{2+} + 2e \Longrightarrow Ca$	−2.87
$Sr^{2+} + 2e \Longrightarrow Sr$	−2.89
$Ba^{2+} + 2e \Longrightarrow Ba$	−2.90
$K^+ + e \Longrightarrow K$	−2.925
$Li^+ + e \Longrightarrow Li$	−3.042

参 考 文 献

[1] 孟凡昌等. 分析化学. 北京：科学出版社，2005.
[2] 林树昌，胡乃非编. 分析化学(第1版). 北京：高等教育出版社，1993.
[3] 宫为民主编. 分析化学. 大连：大连理工大学出版社，2000.
[4] 大连理工大学《分析化学实验》编写组编. 分析化学实验. 大连理工大学出版社，1991.
[5] 刘万卉，王静馨. 动态模拟法在酸碱滴定中的应用. 分析化学，1994，27(10)：10~12.
[6] 许晓文等. 定量化学分析(第2版). 天津：南开大学出版社，2005.
[7] 华中师范大学编. 分析化学. 北京：高等教育出版社，1998.
[8] 蒋展鹏，祝万鹏编著. 环境工程监测(第1版). 北京：清华大学出版社，1990.
[9] 高职高专化学教研组编. 分析化学. 北京：高等教育出版社，2000.
[10] 武汉大学. 分析化学(第四版). 北京：高等教育出版社，2000.
[11] 北京大学化学系仪器分析教学组. 仪器分析教程. 北京：北京大学出版社，1997.
[12] 黄君礼. 水分析化学(第1版). 北京：中国建筑工业出版社，1997.
[13] 黄君礼，鲍冶宇编著. 紫外吸收光谱法及其应用(第1版). 北京：中国科学技术出版社，1992.
[14] 赵藻藩主编. 仪器分析. 北京：高等教育出版社，1990.